本书由国家科技基础资源调查专项"中国南方草地牧草资源调查"（2017FY100600）子课题"江西草地牧草资源调查"（2017FY100604-03）和江西现代农业科研协同创新专项"濒危药饲同源植物——金荞麦种质资源挖掘与创新利用研究"（JXXTCX202113）资助出版

江西草地资源与常见牧草

胡利珍　徐　俊 ◎ 主　编

孙占敏　李　凡　李翔宏 ◎ 副主编

中国林业出版社
China Forestry Publishing House

图书在版编目(CIP)数据

江西草地资源与常见牧草 / 胡利珍, 徐俊主编 ; 孙占敏, 李凡, 李翔宏副主编. -- 北京 : 中国林业出版社, 2023.12

ISBN 978-7-5219-2572-2

Ⅰ.①江… Ⅱ.①胡… ②徐… ③孙… ④李… ⑤李… Ⅲ.①草地资源－概况－江西②牧草－概况－江西 Ⅳ.①S812②S54

中国国家版本馆CIP数据核字(2024)第021206号

责任编辑：于界芬

———————————————

出版发行：中国林业出版社
　　　　　（100009，北京市西城区刘海胡同7号，电话010-83143542）
电子邮箱：cfphzbs@163.com
网址：www.forestry.gov.cn/lycb.html
印刷：北京博海升彩色印刷有限公司
版次：2023年12月第1版
印次：2023年12月第1次印刷
开本：787mm×1092mm　1 / 16
印张：27
字数：420千字
定价：178.00元

编委会

主　编　胡利珍　徐　俊

副主编　孙占敏　李　凡　李翔宏

编　者（按姓氏笔画排序）

韦启鹏　占今舜　史吟欣　刘　洋

孙占敏　李　凡　李翔宏　杨虎彪

谷德平　封　帆　胡　耀　胡利珍

钟小军　饶煜玲　徐　俊　郭　锐

郭英荣　蒋红萍　熊立根　黎毛毛

前 言

　　草地包括天然草地和栽培草地，是全球最大的陆地生态系统。牧草是指全部或者部分可以用作家畜饲料的植物，以草本植物为主，也包括半灌木、灌木和乔木等木本植物。草地资源是牧草的主要载体，是草地畜牧业的重要基础，也是自然风光的重要表现形式，在满足人民对美好生活需求中提供多种生态服务功能。总之，草地在解决人类面临的诸多全球性挑战、践行生态文明思想、实现可持续发展中，发挥着日益重要且不可替代的作用。

　　我国是世界草地大国，按 1988 年全国草原资源普查资料，草地面积占国土面积的 41.7%。最近完成的第三次国土资源调查的结果显示，草地面积仍然占到国土面积的近三分之一。我国草地资源主要分布于北方，淮河—秦岭以南、青藏高原以东广大区域的南方草地面积也很大，占全国草地总面积的 15%，占南方 19 省（自治区、直辖市）国土面积总和的 30%。江西位于长江中下游南岸，属中亚热带季风气候，四季变化分明。江西草地资源丰富，遍及全省各地，但集中成片草地主要分布在鄱阳、永修、武宁、修水、上高、高安、樟树、芦溪、莲花、安福、吉安、吉水、泰和、遂川、宁都、信丰、会昌、兴国、乐平、玉山、弋阳、铅山、南城、崇仁、石城等地。江西有记载的草地资源有热性草丛、热性灌草丛、低地草甸、暖性草丛、暖性灌草丛和零星草地 6 类。有记载的野生牧草有 84 科 323 属 509 种。由于长期以来缺乏对草地功能的全面认识和有效保护，垦草种粮、毁草植树等现象长期存在，加之自然灾害影响，草地资源遭到了一定破坏，草地面积锐减，部分野生草种灭绝。又因气候迁徙，自然杂交或人类和动物携带等，新的物种出现。总体上，江西草地牧草资源的情况相较于20世纪已经发生巨大变迁，掌握当前情况在江西省草地畜牧业发展中具有重要意义。

牧草种质资源是我国草牧业持续健康发展的重要物质基础，为拓宽草种业创新的基因材料，充分开发利用乡土草种资源，自2017年以来，在国家科技基础资源调查专项"中国南方草地牧草资源调查"（2017FY100600）子课题"江西草地牧草资源调查"（2017FY100604-03）和江西现代农业科研协同创新专项"濒危药饲同源植物——金荞麦种质资源挖掘与创新利用研究"（JXXTCX202113）等项目的支持下，对江西草地牧草资源进行调查和收集保护。总结多年研究成果，本书介绍了江西主要的草地类型、常见牧草和优异牧草种质资源的保护与利用，全书共收录350种（隶属于75科268属），配有形态特征图片信息和营养成分分析表。物种的鉴定依据为《中国植物志》。科顺序首先依照牧草经济和饲用意义，即禾本科、豆科、莎草科、菊科、蓼科、苋科，其他科依照哈钦松分类系统编排，各科内按学名字母顺序编排。本书中涉及植物的营养成分分析由湖北省农业科学院农产品加工与核农技术研究所和北京诺禾致远科技股份有限公司检测。在此一并感谢！

限于篇幅和时间，江西仍有部分牧草未纳入。由于水平有限，错误和不当之处敬请读者指正。

编　者

2023 年 10 月

目 录

前 言

第一篇 江西草地资源

一、江西草地资源概况 …………………… 2

二、江西主要草地类型 …………………… 3

三、江西特色草地 ………………………… 22

第二篇 江西常见牧草

禾本科 POACEAE ……………… 38

豆科 FABACEAE ……………… 117

莎草科 CYPERACEAE ……………… 152

菊科 ASTERACEAE ……………… 172

蓼科 POLYGONACEAE ……………… 215

苋科 AMARANTHACEAE ……………… 230

鸭跖草科 COMMELINACEAE ……… 239

谷精草科 ERIOCAULACEAE ………… 241

雨久花科 PONTEDERIACEAE ……… 242

菝葜科 SMILACACEAE ……………… 243

香蒲科 TYPHACEAE ……………… 245

鸢尾科 IRIDACEAE ……………… 246

薯蓣科 DIOSCOREACEAE ………… 247

灯芯草科 JUNCACEAE ……………… 248

小檗科 BERBERIDACEAE …………… 250

三白草科 SAURURACEAE …………… 251

白花菜科 CLEOMACEAE …………… 252

十字花科 BRASSICACEAE ………… 253

堇菜科 VIOLACEAE ……………… 257

石竹科 CARYOPHYLLACEAE ……… 259

粟米草科 MOLLUGINACEAE ……… 262

马齿苋科 PORTULACACEAE ……… 263

落葵科 BASELLACEAE ……………… 264

牻牛儿苗科 GERANIACEAE ……… 265

酢浆草科 OXALIDACEAE ·············· 266

柳叶菜科 ONAGRACEAE ·············· 267

小二仙草科 HALORAGACEAE ········ 268

葫芦科 CUCURBITACEAE ·············· 269

猕猴桃科 ACTINIDIACEAE ············ 271

桃金娘科 MYRTACEAE·················· 272

野牡丹科 MELASTOMATACEAE······· 273

金丝桃科 HYPERICACEAE ············ 277

锦葵科 MALVACEAE ···················· 278

大戟科 EUPHORBIACEAE ············· 284

蔷薇科 ROSACEAE ······················ 289

金缕梅科 HAMAMELIDACEAE ········ 298

杨柳科 SALICACEAE ···················· 299

黄杨科 BUXACEAE ······················ 300

壳斗科 FAGACEAE ······················ 301

榆科 ULMACEAE ························ 304

桑科 MORACEAE ························· 305

荨麻科 URTICACEAE ·················· 311

大麻科 CANNABACEAE ··············· 317

葡萄科 VITACEAE ······················ 320

芸香科 RUTACEAE ······················ 323

漆树科 ANACARDIACEAE ············ 324

伞形科 APIACEAE ······················ 325

杜鹃花科 ERICACEAE ················· 331

山矾科 SYMPLOCACEAE··············· 333

木犀科 OLEACEAE ····················· 334

夹竹桃科 APOCYNACEAE ············· 336

茜草科 RUBIACEAE··················· 337

忍冬科 CAPRIFOLIACEAE ············ 346

五福花科 ADOXACEAE ················ 347

龙胆科 GENTIANACEAE ·············· 349

报春花科 PRIMULACEAE ············· 350

车前科 PLANTAGINACEAE············· 352

桔梗科 CAMPANULACEAE ············ 357

紫草科 BORAGINACEAE ·············· 359

茄科 SOLANACEAE ···················· 360

旋花科 CONVOLVULACEAE ··········· 366

爵床科 ACANTHACEAE ················ 371

马鞭草科 VERBENACEAE·············· 372

唇形科 LAMIACEAE ···················· 376

通泉草科 MAZACEAE ·················· 387

天门冬科 ASPARAGACEAE ··········· 388

银杏科 GINKGOACEAE ················ 389

松科 PINACEAE ························ 391

里白科 GLEICHENIACEAE ············ 392

海金沙科 LYGODIACEAE·············· 393

碗蕨科 DENNSTAEDTIACEAE ········ 394

鳞始蕨科 LINDSAEACEAE ············ 395

蕈树科 ALTINGIACEAE ················ 396

母草科 LINDERNIACEAE··············· 397

杜英科 ELAEOCARPACEAE ··········· 400

第三篇　江西优异野生牧草资源的保护与开发利用

一、江西金荞麦野生资源的保护与开发利用 ··········402

二、江西其他优异野生资源的开发利用 ···············407

参考文献···412

中文名索引···415

学名索引···418

第一篇
江西草地资源

一、江西草地资源概况

（一）江西草地面积

江西省地处中国大陆东南部，在北纬 24°29′14″～30°04′41″、东经 113°34′36″～118°28′58″之间。江西版图轮廓略呈长方形。土地总面积 166947km²，占全国土地总面积的 1.74%。省境除北部较为平坦外，东西南部三面环山，中部丘陵起伏，全省成为一个整体向鄱阳湖倾斜而往北开口的巨大盆地。江西地貌类型较为齐全，分布大致成不规则环状结构，常态地貌类型则以山地和丘陵为主。其中山地（包括中山和低山）占全省总面积的 36%，丘陵占 42%，岗地和平原占 12%，水面占 10%。江西省主要山脉多分布于省境边陲，东北有怀玉山脉，东部有武夷山脉，南部有大庾岭和九连山脉，西部有罗霄山脉，西北部分布有九岭山脉与幕阜山脉（张友辉，2016；周国宏等，2019）。

江西省属亚热带温润季风气候，水热条件十分优越，具有充足的阳光，丰沛的雨水，十分有利于植物的生长。江西省四季分明，无霜期长达 240～307 天，年平均气温 16.2～19.7℃，≥10℃积温 5034～6343℃，年均降水量为 1341～1940mm，年平均日照时数 1489～2086 小时，居全国第五（周国宏等，2019）。

江西省草地资源丰富。据 20 世纪 80 年代初全国第一次草地资源调查显示，江西省草地总面积 442 万 hm²，占全省土地总面积的 26.6%，占南方草地面积的 14%，可利用草地面积约 3873 万 hm²。其中山地丘陵草丛类 143 万 hm²，占 32.5%；山地丘陵疏林草丛类 142.1 万 hm²，占 32%；山地丘陵灌木草丛类 71.2 万 hm²，占 16%；低地草甸 31.6 万 hm²，占 7.1%；此外，在农田、村庄附近还有大量的十边草地、零散草地等主要放牧利用的附属草地类 55 万 hm²，占 12.4%（甘兴华等，2011）。根据江西省第三次全国国土调查主要数据公报（以 2019 年 12 月 31 日为标准时点汇总数据）：江西草地 8.87 万 hm²（133.03 万亩）。其中，天然牧草地 0.02 万 hm²（0.25 万亩），人工牧草地 29.77hm²（0.04 万亩），其他草地 8.85 万 hm²（132.74 万亩）。赣州市、吉安市、上饶市等 3 个设区市草地面积较大，占全省草地的 50.89%。第三次国土资源调查公布的草地面积仅为第一次全国草地资源调查公布的草地面积的 2%。客观原因是大量草地被改造成了农地、林地或建设用地；主观原因是各职能部门对草地范畴的界定不同，分类标准亦不同。20 世纪 80 年代初第一次全国草地资源调查中草地类型包括草甸类、草丛类、灌丛类、灌木类、疏林类、林间类和农林间隙地类。2018—2019 年草地调查未统计农林间隙地、林间类、疏林类中郁闭度 0.1～0.3 的林地（疏林草地）、灌木类中郁闭度 0.4～0.5 的灌丛（灌草丛）以及湿地草地等。

（二）江西草地生产力

根据江西省草地监理站 2009—2016 年草地连续监测结果表明：全省天然草地鲜草年总产量在 1850.7 万 t～1955.9 万 t，差异 5.68%；折合干草总产量为 571.2 万 t～603.9 万 t，差异 5.72%。从天然草地总产草量年度变化分析，全省草地生产力属于基本稳定状态。2016 年，江西省天然草地鲜草年产量约 1897.9 万 t，折合风干草 585.8 万 t，理论载畜量 460.6

万羊单位。从监测草地类型看，不同草地类型草产量差异明显。2016 年，3 个监测点草地平均鲜草产量：低地草甸类草地 5138.5kg/hm²，热性草丛类草地 4763.7kg/hm²，热性灌草丛类草地 8209.9kg/hm²。

（三）江西草地建设和利用状况

江西省草地监测站对全省监测样地的草地利用情况发现，近年来，随着养殖方式的转变，人工种草养畜成为南方草食畜养殖方式的主体，农户散养或放养牛、羊的数量逐年减少，天然草地放牧利用率不断下降。大多数偏远地区的草地属于未利用或轻度利用状态。其中热性草丛类、热性灌草丛类草地利用情况与往年相当，多数草地长期处于自生自灭、无管理状态，未被利用，少数距离村庄或农田较近草地有季节性放牧，为中、轻度利用；低地草甸类草地由于草品质较好，被利用率稍高于热性草丛类、热性灌草丛类草地，特别是鄱阳湖湖区草甸草地成片面积大，近年来有企业或农户进行季节性打草青贮或加工青干草，进行商品化生产，但草地利用仍仅限于部分植被长势好的地域，草地整体利用率仍不高，特别封洲禁牧政策落实好的区域，已无草食畜养殖，草地植物长势明显向好。

由于社会经济的快速发展与人口不断增长，全省草地被挤占用问题一直存在，导致草地流失严重。一是草地被大量开垦成为农地，从事经济作物种植。如一些县市天然放牧草地或荒草地被推平种植油茶树、葡萄、柑橘、蜜橘等，草地全部消失。二是植树造林和封山育林，草地正逐渐被林地所替代。三是接近城镇周边交通方便和区位优势明显的地方，一些优质草地被开发建设占用十分普遍。四是大兴果、茶业，草地改造成果园、茶园。如一些天然草地和 20 世纪末实施的国家草地项目地，因近几年种植果树有补贴，且经济效益好，种植茶叶效益优势也明显，从而被开垦变成果、茶园。五是鄱阳湖一些草洲被承包用于油菜、蔬菜等冬季作物的种植，草洲被开垦成季节性旱地。天然草地资源的减少对全省现代草地畜牧业的进一步发展造成了一定的影响。

为促进南方草地畜牧业发展，2014 年，国家在南方十省启动南方现代草地畜牧业推进行动项目后，江西省通过项目实施，出现了一批规模化草食畜养殖企业，草地开发建设与利用有了很大提高。目前，全省建设改良天然草地面积超过 6 万亩，优质稳产人工草地 3 万亩以上，草地保护建设与合理利用得到了加强，人们对种草养畜的认识进一步提高。目前，全省签订草地承包合同近 8 万份，承包草地面积达 340 万亩，大力推广利用荒山荒坡和冬闲田人工种草，每年人工种草面积达 200 万亩，配套发展草食畜，同时，草产品青贮加工等得到普及应用，草牧业生产发展水平显著提高。

二、江西主要草地类型

根据草地资源调查的分类标准，江西省草地类型主要有热性草丛、热性灌草丛、低地草甸、暖性草丛、暖性灌草丛和零星旱地 6 类；有芒、具乔灌的芒、五节芒、白茅、野古草、金茅、芦苇、狗牙根、假俭草等 20 多个草地型（《中国草地资源》编委会，1995）。

2018 年之前，根据农业部部署，江西省一直在定点监测的草地主要有热性草丛、热性灌草丛和低地草甸类。这些相对集中连片的草地主要分布在高安、樟树、安福、吉安、吉水、上高、泰和、遂川、乐平、弋阳、铅山、玉山、余干、鄱阳、永修、武宁、修水、芦溪、莲花、南城、崇仁、乐安、石城、兴国、宁都、信丰、会昌、上犹等 28 个县（市）。

（一）热性草丛类

热性草丛类多由烧山、砍伐森林或耕地撂荒后形成，广泛分布于江西省山地、丘陵、平原等处。主要物种有芒、五节芒、野古草、鸭嘴草、白茅、金茅、红裂稃草、雀稗、鸭嘴草、橘草、黄背草、刺芒野古草、四脉金茅、芒萁、淡竹叶、画眉草、硬秆子草、知风草、金茅、苦竹等。主要饲用植物种类有芒、五节芒、野古草、鸭嘴草、白茅、金茅、红裂稃草、雀稗、细毛鸭嘴草、橘草、黄背草、刺芒野古草、画眉草和知风草等（《中国草地资源》编委会，1993）。热性草丛类的主要草地型主要包括以下 10 种。

1 五节芒草地型

五节芒草地型是热性草丛类高禾草草地组中具有代表性的草地之一。在低山丘陵、沟谷两侧和低中山下部土壤水分条件好的湿润地段生长发育良好。江西省常见于海拔 500～1000m 的低山及中山带下部低地，主要分布于莲花县、芦溪县、上高县、武宁县、弋阳县等地。生长发育良好的五节芒草地，其单种盖度多在 70%～95% 以上；生长发育较差的地段，因优势种的盖度下降，伴生种有所增加，常见的伴生种有金茅、野古草、白茅、鸭嘴草、一年蓬、地荼、芒萁、芒、野大豆及莎草科、菊科植物等。五节芒草地草群生长繁茂，高大禾草位于上层，平均高度在 100～150cm。下层草本多在 60cm 以下。

五节芒草地既可放牧，又可打草利用，但因植株高大，草质粗糙，只能在生长前期作饲草利用，生长后期可用来作造纸或建筑材料。如周围环境优美，可作为观赏元素之一，例如，江西省武功山风景区的五节芒草地就是以观光旅游功能为主。

江西武功山五节芒草地型（罗彩云提供）

2 芒草地型

芒草地型在江西主要分布于安福县海拔 100m 左右的低山丘陵区和修水县海拔 1100m 左右的中低山上部。常见的伴生草本植物有白茅、野古草、刺芒野古草、黄背草、荩草、狗牙根、牛筋草、马唐、画眉草、青茅、纤毛鸭嘴草、芒萁及莎草科植物等。芒草地型上层为高大禾草，平均高度 80～150cm，下层为中生禾草和杂类草，平均高度在 30～80cm。该类型草地分布范围较广，但利用不够充分。芒草地与五节芒草地在质地上相似，亦只能在生长前期作为饲草利用，到生长后期家畜因其粗老而不采食。据江西省农业科学院畜牧兽医研究所送检分析：芒拔节期干草中各成分含量为粗蛋白质 9.87%、粗脂肪 2.76%、粗纤维 39.48%、粗灰分 7.32%、无氮浸出物 36.98%、钙 0.70%、磷 0.11%。

江西进贤芒草地型

3 白茅草地型

白茅草地型是江西省主要的草地资源之一，也是役用家畜的主要放牧用地。江西省的芦溪县、乐平市、石城县、安福县、上高县、修水县等地均有该类草地的分布。白茅的分蘖能力和侵占性强，一旦形成，草地结构比较稳定，通常会在草地中占有绝对优势。在火烧或放牧等外界干扰下，会产生一些伴生植物，如鸭嘴草、野葛、硬秆子草、莎草、香附子、毛花雀稗、牛鞭草、大青叶、芒萁。白茅草地型草群平均高度 60～100cm，盖度一般 70%～90%。

江西气候条件下，白茅一般在 3 月下旬至 4 月上旬开始萌发，5 月抽穗，12 月开始枯黄。在抽穗前期，适口性较高，牛喜食，这时可刈割调制干草利用。但到结实期由于草质变粗硬，适口性显著下降。据江西省农业科学院畜牧兽医研究所送检分析：白茅花絮期干草中各成分含量分别为粗蛋白质 3.73%、粗脂肪 2.27%、粗纤维 35.18%、粗灰分 6.68%、无氮浸出物 47.52%、钙 0.50%、磷 0.16%。

江西樟树白茅草地型

4 野古草草地型

野古草草地型分布于江西省修水县、崇仁县、乐平市、樟树市等的低山丘陵地上，土壤质地为山地红壤。土体一般较干燥、贫瘠，有机质含量低，肥力不高。草群中常见的伴生植物有白茅、细柄草、假俭草、芒、纤毛鸭嘴草、刺子莞、大狼耙草、小鱼仙草、野大豆等。野古草草地型草群平均高度50cm，平均盖度70%。

野古草草地生长旺盛，草质中等，鲜嫩时各类家畜均采食，嫩叶牛、羊喜食，适口性好。抽穗后叶量减少，茎秆变硬，适口性下降，家畜一般很少采食。据江西省农业科学院畜牧兽医研究所送检分析：野古草结实期干草中各成分含量分别为粗蛋白质2.43%、粗脂肪2.26%、粗纤维39.89%、粗灰分5.35%、无氮浸出物45.68%、钙0.56%、磷0.07%。

江西崇仁野古草草地型（江西省草地监理站提供）

5 鸭嘴草草地型

鸭嘴草草地型分布于江西省龙南县、安福县、鄱阳县、石城县的低山丘陵区，土壤类型为红壤。该类草地主要由中、矮禾草组成，有些地段与白茅草地型镶嵌分布，草群中常见的伴生植物主要有白茅、野古草、雀稗、假俭草、香茅、刺子莞、香附子、黄背草、芒其、一年蓬及莎草科植物等。鸭嘴草草地型草群平均高度50cm，盖度60%～100%。

鸭嘴草草质较柔嫩，叶量丰富，适口性强，在生长季节内，各类家畜均喜食。纤毛鸭嘴草属于长寿禾草，并具有较强的再生能力，耐放牧践踏，是较优良的草地之一，适于放牧利用，在生长良好的地段也可以作割草利用。据江西省农业科学院畜牧兽医研究所送检分析：鸭嘴草拔节期干草中各成分含量分别为粗蛋白质6.78%、粗脂肪0.40%、粗纤维35.3%、粗灰分6.36%、无氮浸出物40.52%、钙0.41%、磷0.22%。

江西龙南鸭嘴草草地型

6 假俭草草地型

假俭草草地型分布于江西省鄱阳县的滩涂、高安市的红壤丘陵等地区，伴生草种有纤毛鸭嘴草、野古草、鹧鸪草、莎草等。假俭草草地型草群盖度一般为80%～100%，在人为干扰较严重和居民点附近的地段草群较稀疏，盖度通常在40%以下，草群高度20～30cm。

假俭草耐干旱能力较强，旱季草群呈枯黄色，雨后很快呈绿色，再生能力强。生长前期草质柔嫩、叶量丰富，据江西省农业科学院畜牧兽医研究所送检分析：假俭草成熟期干草中各成分含量分别为粗蛋白质4.37%、粗脂肪3.02%、粗纤维35.3%、粗灰分17.63%、无氮浸出物40.69%、钙0.13%、磷0.1%。

该型草地适口性较强，各类家畜均采食，山羊和牛尤喜食。生长后期茎叶枯黄，粗纤维含量增加，最好在抽穗前期放牧利用。

江西鄱阳假俭草草地型

7 鸭嘴草、野古草草地型

鸭嘴草、野古草草地型主要分布于江西省安福县、崇仁县的丘陵阳坡上部，优势种是鸭嘴草和野古草，伴生植物有白茅、马尾松、牛鞭草、狗尾草、决明、合萌、截叶铁扫帚、白羊草、细柄黍、鼠尾粟等。鸭嘴草、野古草草地型草群高度30～75cm，平均盖度60%～90%。

该草地型以中生禾本科植物为主，营养期叶量丰富，适口性强，各类家畜均喜食。宜放牧利用，在生长良好的地段也能作割草利用。据江西省农业科学院畜牧兽医研究所送检分析：野古草结实期干草中各成分含量分别为粗蛋白质2.43%、粗脂肪2.26%、粗纤维39.89%、粗灰分5.35%、无氮浸出物45.68%、钙0.56%、磷0.07%。鸭嘴草拔节期干草中各成分含量分别为粗蛋白质6.78%、粗脂肪4.04%、粗纤维35.3%、粗灰分6.36%、无氮浸出物40.52%、钙0.41%、磷0.22%。

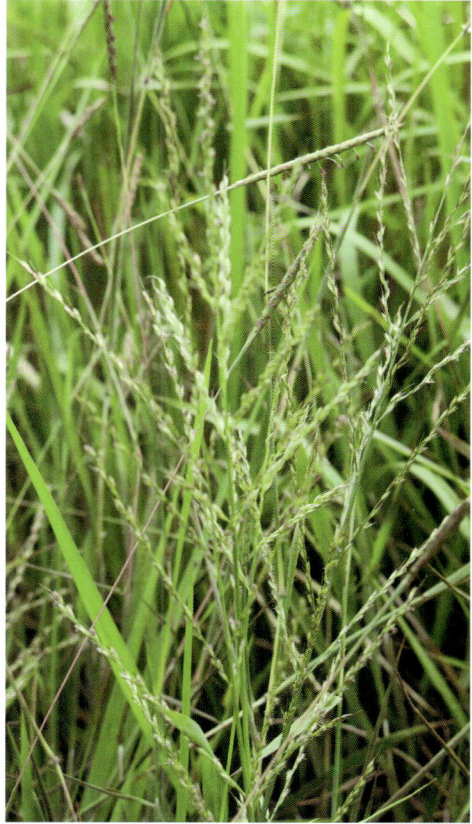

江西抚州鸭嘴草、野古草草地型

8 白茅、野古草草地型

　　白茅、野古草草地型主要分布于江西省高安市、莲花县、乐平市的丘陵阳坡上部，土壤质地为黏土。优势种是白茅和野古草，伴生种有鸭嘴草、橘草、黄背草、芒、五节芒、假俭草、芒萁、莎草、一年蓬、胡枝子、狗尾草等。该类型草地草群平均盖度90%以上，草群高度40~70cm。

　　该草地型以中生禾本科植物为主，在抽穗前期，适口性较高，牛喜食，这时可刈割调制干草利用。但到结实期由于草质变粗硬，适口性显著下降。据江西省农业科学院畜牧兽医研究所送检分析：白茅花序期干草中各成分含量分别为粗蛋白质3.73%、粗脂肪2.27%、粗纤维35.18%、粗灰分6.68%、无氮浸出物47.52%、钙0.50%、磷0.16%。野古草结实期干草中各成分含量分别为粗蛋白质2.43%、粗脂肪2.26%、粗纤维39.89%、粗灰分5.35%、无氮浸出物45.68%、钙0.56%、磷0.07%。

江西乐平白茅、野古草草地型

9 五节芒、白茅草地型

五节芒、白茅草地型主要分布于江西省芦溪县的丘陵阳坡坡顶，土壤质地为砾石质。优势种是五节芒和白茅，伴生种有葛藤、莎草等。该类型草地草群平均盖度90%以上，草群高度60～90cm。

该草地型以高、中禾草为主，营养生长期可放牧，也可刈割利用。生长后期可用来作造纸或建筑材料。据江西省农业科学院畜牧兽医研究所送检分析：白茅花絮期干草中各成分含量分别为粗蛋白质3.73%、粗脂肪2.27%、粗纤维35.18%、粗灰分6.68%、无氮浸出物47.52%、钙0.50%、磷0.16%。

江西永修五节芒、白茅草地型

10 鹅观草、地桃花草地型

鹅观草、地桃花草地型主要分布于江西省鹰潭市等山脚、撂荒地，土壤肥沃的沙壤土、草甸土上。优势种是鹅观草、地桃花，伴生种有细瘦鹅观草、牛鞭草、马唐、夏枯草、牛筋草、一年蓬、酸模、北美车前、半边莲、龙葵、苦参等。该类型草地草群平均盖度95%以上，禾草草群高度30～60cm，杂类草10～30cm。

江西鹰潭鹅观草、地桃花草地型

该草地型以中低禾草和杂类草为主，适口性好，可作为冬春季放牧利用。据江西省农业科学院畜牧兽医研究所送检分析：鹅观草营养生长期干草中各成分含量分别为粗蛋白质8.99%、粗脂肪4.55%、粗纤维27.27%、粗灰分7.56%、无氮浸出物45.13%、钙0.40%、磷0.27%。

（二）热性灌草丛类

森林破坏后有灌木生长，灌木盖度小于30%，不超过草本盖度，主要分布于江西省各县（市）的丘陵山地，如高安市、兴国县、崇仁县等。主要物种有杜鹃、竹、五节芒、盐肤木、芒、箭竹、美丽胡枝子、白茅、苦竹、檵木、小叶赤楠、刺芒野古草、芒萁、栀子、野古草、黄背草、知风草、粗毛鸭嘴草、金茅、乌饭树、长画眉草、鸭嘴草、红裂稃草、雀稗、牡荆、扭黄茅、细毛鸭嘴草、茅栗、橘草、白栎、多花木蓝、黄背草、蕨等。主要饲用植物种类有刺芒野古草、野古草、鸭嘴草、白茅、雀稗、芒、知风草、黄背草等。热性灌草丛类的草地型主要有9种。

1　具灌木的芒草地型

具灌木的芒草地型分布于江西省铅山县、弋阳县的丘陵阳坡，土壤质地为砾石质。灌木有栎类、青冈、檵木、杜鹃、算盘子、火棘等，草本层以芒、白茅、芒萁、蕨、野葛等组成。具灌木的芒草地型草群平均盖度80%以上。

该类草地适合于黄牛、水牛及山羊等牲畜利用，以草质柔嫩时放牧为好，也可用以刈制干草和青贮料。在一些坡度较小和平坦的地方，有条件时可进行改良。陡坡地带的该类高禾草草地不宜利用，可用以保持水土或培育森林。

江西弋阳具灌木的芒草地型（江西省草地监理站提供）

2 具灌木的五节芒草地型

具灌木的五节芒草地型分布于江西省莲花县、修水县的丘陵阳坡，土壤质地为砾石质。灌木层有胡枝子、大叶千斤拔、野牡丹、桃金娘等，草本植物层有五节芒、白茅、刺子莞、纤毛鸭嘴草、芒萁、地菍、芒、野古草、铁扫帚等。具灌木的五节芒草地型草群高度 50～80cm，盖度 80%～95% 以上。

此草地型可刈牧兼用，由于草质易粗老而致纤维化，故宜早期利用，并以多次利用其再生草为好。

江西莲花具灌木的五节芒草地（江西省草地监理站提供）

3 具灌木的白茅草地型

江西吉水具乔灌木的白茅草地型（江西省草地监理站提供）

具灌木的白茅草地型分布于江西省崇仁县、鄱阳县、弋阳县、永修县、吉水县的丘陵阳坡及鹰潭市龙虎山的山脚，土壤质地为壤土。灌木层有苦参、檵木、杜鹃、火棘、悬钩子、山蚂蝗、金樱子等。草本层以白茅为主，伴生种有香茅、纤毛鸭嘴草、鹅观草、北美车前、龙葵、酸模、一年蓬、鸡眼草、结缕草、黄背草、过路黄等。具灌木的白茅草地型草群高 40～60cm，盖度 90% 以上。白茅再生力强，生长期内可放牧 4～5 次，是江西省重要的放牧地之一。

4 具灌木的野古草草地型

具灌木的野古草草地型主要分布于江西省玉山县、吉安县的丘陵阳坡，土壤质地为壤土。灌木层有胡枝子、算盘子、小叶赤楠、桃金娘等。草本层除以野古草为优势种外，还有亚优势种和伴生种，如黄背草、橘草、纤毛鸭嘴草、矛叶荩草、海金沙、白茅等。具灌木的野古草草地型草群高 50～80cm，盖度 85%～100%。

此类型草地一般用于放牧黄牛、水牛等大牲畜，由于草质容易粗老，纤维增多，仍以早期利用和多次放牧为好。

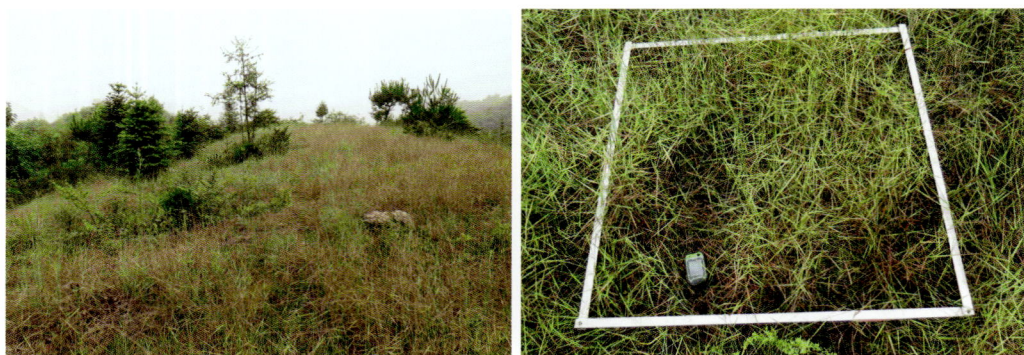

江西玉山具灌木的野古草草地型（江西省草地监理站提供）

5 具乔灌木的野古草、鸭嘴草草地型

具灌木的野古草、鸭嘴草草地型分布于江西省于都县、乐安县、弋阳县的丘陵阳坡、半阳坡，土壤质地为砂土、砾石质。灌木层为胡枝子、牡荆、算盘子，于都县、弋阳县还有马尾松分布其间。草本层除以纤毛鸭嘴草为优势种外，还有野古草、刺子莞、结缕草、圆果雀稗、鸡眼草、白茅、细柄草、狗牙根等伴生种。具灌木的鸭嘴草草地型草群高 20～50cm，盖度 75%～100%。

此类型草地一般用于放牧黄牛、水牛等大牲畜，以早期利用和在生长期多次利用其再生草为好。

江西于都具乔灌木的野古草、鸭嘴草草地型

6 具乔灌木的黄背草草地型

具灌木的黄背草草地主要分布于江西省龙南县的丘陵半阳坡，土壤质地为砾石质。灌木层主要有胡枝子、多花木蓝、马桑、栎、栗、合欢等。草本层以黄背草为优势种，伴生植物有野古草、纤毛鸭嘴草、狗牙根、荩草、薹草、白茅、五节芒、狼尾草、狗尾草、细柄草、细柄黍及其他杂类草等。具灌木的黄背草草地型草层高度 60～80cm，盖度 70%～80%。

此类型草地青草期多数禾草长势高、品质好，可用作割草地，刈割后的再生草适口性较好，是很好的放牧场。据江西省农业科学院畜牧兽医研究所送检分析：黄背草成熟期干草中各成分含量为粗蛋白质 3.66%、粗脂肪 1.95%、粗纤维 35.74%、粗灰分 4.76%、无氮浸出物 48.80%、钙 0.31%、磷 0.11%。

江西龙南具乔灌木的黄背草草地型

7 具灌木的白茅、细柄草草地型

具灌木的白茅、细柄草草地型分布于江西省乐平市的丘陵阳坡，土壤质地为沙土。灌木层主要有檵木、杜鹃、火棘、悬钩子等，草本层以白茅、鸭嘴草为优势种，伴生植物有野古草、宜安草、稃、马唐、水蜈蚣等。具灌木的白茅、鸭嘴草草地型草层高度 35～70cm，盖度 60%～100%。

此类型草地一般用于放牧黄牛、水牛、羊等大牲畜，以早期利用和在生长期多次利用其再生草为好。

江西乐平具灌木的白茅、细柄草草地型

8 具灌木的白茅、野古草草地型

具灌木的白茅、野古草草地主要分布于江西省高安市、玉山县的丘陵阳坡，土壤质地有砾石质、砂土、壤土。灌木层主要是胡枝子，伴生其他杂灌木。草本层的优势种是白茅、野古草，伴生种有鸭嘴草、黄背草、百喜草、铁扫帚、海金沙、葛等。具胡枝子的白茅、野古草草地型草层高度 40～80cm，盖度 70%～100%。

此类型草地一般用于放牧黄牛、水牛、羊等大牲畜，以早期利用和在生长期多次利用其再生草为好。

江西玉山具灌木的白茅、野古草草地型（江西省草地监理站提供）

9 具灌木的狼尾草草地型

具灌木的狼尾草草地型主要分布于江西省上犹县等的丘陵阳坡坡底或山腰，土壤质地为砾石质。灌木层主要是油茶，草本层的优势种是狼尾草，伴生种有鼠尾粟、白茅、狗尾草、细柄草、细柄黍、鸭嘴草、芒萁及其他杂类草等。该类型草地草群平均盖度 90% 以上，草群高度 40～60cm。

该草地型青草期多数禾草品质好，可作割草地，刈割后的再生草适口性较好，营养生长期可放牧。据江西省农业科学院畜牧兽医研究所送检分析：狼尾草结实期干草中各成分含量分别为粗蛋白质 8.08%、粗脂肪 1.98%、粗纤维 33.50%、粗灰分 8.31%、无氮浸出物 43.17%、钙 0.52%、磷 0.18%。

江西上犹具灌木的狼尾草草地型

（三）低地草甸类

低地草甸类是在土壤湿润或地下水三富的生境条件下，由中生、湿中生多年生草本植物为主形成的一种隐域性草地类型。主要分布于江西河流、湖泊等地区，如环鄱阳湖湖区的新建区、余干县、都昌县、鄱阳县、永修县等地。物种构成主要有马唐、白茅、稗草、狗牙根、芦苇、鹅观草、假俭草、早熟禾、圆果雀稗、荩草、知风草、牛筋草、拂子茅、剪股颖、看麦娘、牛鞭草、结缕草、合萌、香附子、马兰、荻、蒿草以及各种莎草科、蓼科、菊科和鸢尾科植物等。主要饲用植物种类有马唐、白茅、稗草、狗牙根、芦苇、鹅观草、假俭草、早熟禾、园果雀稗、荩草、知风草、牛筋草、剪股颖、看麦娘、牛鞭草、结缕草、合萌、灰化薹草等。低地草甸类的主要草地型有6种。

1 狗牙根草地型

狗牙根草地型属于低湿地草甸亚类，主要分布于江西省樟树市、乐平市、泰和县、南昌市等江河、湖泊的泛滥地，地下水位较高的平缓地段。土壤为砂质草甸土。

狗牙根草质较好，青嫩时，各类家畜均喜食，适口性较好，结实后茎秆变硬，适口性降低，营养价值较高。据调查江西省赣州市该型草地以狗牙根占优势，伴生种有野大豆、合萌、马唐、鸡眼草、香附子、委陵菜等。草群密集，其盖度75%～100%，草层高度10～30cm。

江西泰和狗牙根草地型（江西省草地监理站提供）

2 灰化薹草草地型

灰化薹草草地型主要分布于江西环鄱阳湖的余干县、新建区、都昌县、鄱阳县和永修县等，海拔多在 12~16m 的低地，常沿湖岸呈环状分布。土壤为沼泽化草甸土或草甸土。该草地型的优势种是灰化薹草，其伴生草种有水蓼、茴茴蒜、萎蒿、稻槎菜、假俭草等。灰化薹草初春开始萌发，4 月中旬可高达 35~55cm，草地盖度 80%~95%。生长较繁茂。它是鄱阳湖区草地的主要类型，草质柔嫩，特别是生长初期，牛羊均喜食，亦可作割草地利用。因受季节积水的影响，夏季难以利用，可在冬季放牧或收割利用。

江西余干灰化薹草草地型

3 白茅、狗牙根草地型

江西乐平白茅、狗牙根草地型（江西省草地监理站提供）

白茅、狗牙根草地型主要分布于江西省乐平市、南城县和弋阳县，土壤质地为砂土或壤土。该草地型的优势草种是白茅和狗牙根，伴生种有野大豆、一年蓬、铁扫帚、萎蒿、苘麻、百喜草、竹叶草、野蒿、马唐、荻、水蓼、假俭草、鸡眼草等。白茅、狗牙根草地型草层高度 50~80cm，盖度 100%。

白茅和狗牙根在抽穗前期，适口性较高，牛喜食，但到结实期适口性显著下降。这类草地适于抽穗前放牧利用或晒制干草。

4　芦苇、荻草地型

芦苇、荻草地型主要分布于江西环鄱阳湖的新建区等地。土壤为沼泽化草甸土或草甸土。该草地型的优势种是芦苇、荻，伴生种有拂子茅、蓼、菰、金丝草、合萌、牛鞭草、狗牙根、野大豆、薏苡等。芦苇、荻草地草层高度 30～150cm，草群盖度 80% 以上。

芦苇草地具有较强的利用季节性。在抽穗前草质鲜嫩，各类家畜乐食，抽穗结实后，草质粗老，家畜很少采食。芦苇嫩茎、叶为各种家畜所喜食，但以马、牛等大家畜为甚。因荻草质粗硬，利用率较低。芦苇秆是造纸原料，也可用于人造丝、编织与建筑材料，可作为经济植物资源开发利用。

江西新建芦苇、荻草地型

5 牛鞭草、狗牙根草地型

牛鞭草、狗牙根草地型主要分布于江西省乐平市、永修县的平原，土壤质地为砂土。该草地型的优势草种是扁穗牛鞭草和狗牙根，伴生种有双穗雀稗、香附子等。扁穗牛鞭草、狗牙根草地型草层高度 5～30cm，盖度 90% 以上。

牛鞭草和狗牙根草质较好，青嫩时，各类家畜均喜食，适口性较好，结实后茎秆变硬，适口性降低，营养价值较高。

6 牛鞭草草地型

牛鞭草草地型主要分布于江西省乐平市的平原，土壤质地为砂土。该草地型的优势草种是牛鞭草，伴生种有白茅、野大豆、伪针茅、狗牙根、苘麻、扁穗莎草、水蓼、空心莲子草等。牛鞭草草地型草层高度 15～45cm，盖度 50%～100%。

牛鞭草草质较好，青嫩时，各类家畜均喜食，适口性较好，结实后茎秆变硬，适口性降低，营养价值较高。

江西乐平牛鞭草草地型

（四）零星草地类

零星草地类是指分布于农田、林地间隙、田埂、路旁、河堤边、园边、村边等处的面积在 3.75hm² 以下的草地，为江西省面积最大的一类草地。1981 年全国第一次草地调查江西省零星草地面积达 55 万 hm²。

江西东乡狗尾草草地型

江西崇仁蓼属草地型

这类草地物种构成包括：白茅、野古草、纤毛鸭嘴草、金茅、黄背草、狗牙根、荩草、圆果雀稗、马唐、牛筋草、稗、鸭嘴草、看麦娘、早熟禾、雀麦、菵草、棒头草、千金子、狗尾草、牛鞭草、一年蓬、一枝黄花、苦苣菜、蒲公英、野大豆、贼小豆、合萌、鸡眼草、飘拂草、香附子、水虱草、丛枝蓼、箭叶蓼、酸模、风轮草、酸浆、马松子、黄花草、荔枝草、紫苏、葎草、蒿、豚草、婆婆纳、鳢肠、猪殃殃、马鞭草、牡荆、臭牡丹、栀子、女贞、紫薇等。其中主要饲用植物种类有：白茅、野古草、纤毛鸭嘴草、黄背草、狗牙根、荩草、圆果雀稗、马唐、牛筋草、稗、鸭嘴草、看麦娘、早熟禾、雀麦、菵草、棒头草、千金子、狗尾草、牛鞭草、一年蓬、苦苣菜、蒲公英、野大豆、合萌等。主要草地型包括狗尾草草地型和蓼属草地型等。

三、江西特色草地

在我国北方，"草地"被认为是"天苍苍，野茫茫，风吹草低见牛羊"的大草原，管理它们的机构称为"草原站"。在我国南方和东部农业区，将生长多年生牧草为主的地块或地段称为草地，管理它们的机构称为"草地站"。还有的用这些草地分布的地理位置进行命名，将草地称为"草山草坡"。此外，我国北方传统的草地畜牧业，采用"逐水草而居"的游牧方式，按季节和草地水源更换放牧场，故将草地视为放牧的场地而称之为"草场"。由以上可见，我国习惯上视"草地""草原""草场"为同义词（《中国草地资源》编委会，1993）。

江西草地资源丰富，拥有类似北方草原风光的大美草原，可满足游客就近欣赏草原景观。

（一）云中草地——武功山

1. 草地基本情况

武功山，位于东经 114°05′～114°15′，北纬 27°24′～27°34′，地处江西省罗霄山脉北部，位居萍乡市芦溪县、吉安市安福县、宜春市袁州区三地交界处，绵延 120km，武功山主峰金顶海拔 1918.3m，海拔 1500m 以上的各个山峰上有面积达 10 万亩的中山草甸，是华中地区面积最大的中山草甸。武功山山脉地属中亚热带湿润气候区，年平均气温为 14～16℃，年降水量为 1350～1750mm。土壤多系红壤、黄壤、黄棕壤、棕壤和山地草甸土，自然土壤层较厚，有机物质含量一般在 3% 以上。其中海拔 1500m 以上的山地草甸土土壤肥沃，有机物质含量为 8%～10.5%，高的可达 21%，土壤 pH 值为 5～5.6，氮、磷、钾含量分别为 0.4%～0.5%、2.3%～4%、6.7%～8.4%（刘倩等，2017）。适宜各种植物生长、繁殖。主峰周边大面积分布的山地草甸云雾缭绕，气象万千，已成为华南地区非常独特的草甸景观，得到"空中草原"之美称。因其拥有丰富的自然资源、独特的地质地貌和美丽壮观的草甸景观，近年来，武功山已先后成功申报为国家地质公园、国家森林公园和国家自然遗产地，为国家 AAAA 级旅游景区。按照山势走向，山地草甸景观分为发云界风景

大美武功山（罗彩云提供）

区、金顶风景区和九龙山风景区。由于自然生境与人类活动干扰方式的不同，3个风景区草甸分别形成了生态农业型草甸区、旅游业型草甸区及畜牧业型草甸区。

武功山植被垂直带分布：600m以下为常绿阔叶林，600～1200m为常绿落叶阔叶混交林，1200～1500m为针阔混交林，1500m以上为中山草甸（张友辉，2016）。山地草甸植被覆盖度很高，植物资源丰富。张学玲等对武功山山地草甸的植被多样性调查表明，草甸植被主要包括禾草草甸、薹草草甸及杂草草甸等3个草甸群系组，其中禾草草甸的物种多样性最高。山地草甸包含的蕨类植物、裸子植物和被子植物共有44科90属108种。其中蕨类植物有6科6属6种，裸子植物有1科2属2种，被子植物有37科82属100种。禾本科中的芒作为主要群落其分布面积较大，是整个植物群落的优势种；野古草、三脉紫菀为次优势种，伴生种有台湾剪股颖、狼尾草、穗状香薷等多种植物。春夏之际，山顶一片翠绿；秋冬季节，茅吐白絮。此外，与山地草甸共同构成植被交错带的群落中，还保存有华东黄杉、云锦杜鹃、猴头杜鹃、粗榧、水椏木、独花兰等国家珍稀植物（张学玲，2017）。

2. 草地保护情况

武功山作为国家自然遗产地，近年来得到了妥善的保护和改良。一是规范实施监测工作。先后由江西省草地监理站、萍乡市林业科学研究所在固定监测点，定期对不同观测小区的植物群落特征、生产力、草原利用、生态状况指标、草原灾害等内容进行地面调查、拍照，并填写有关规范性表格。二是探索草地维护新方式。2012—2015年武功山风景名胜区与江西农业大学、萍乡市林业科学研究所合作，对武功山不同类型退化草地的退化机理开展国家科技支撑课题"鄱阳湖生态经济区建设生态环境保护关键技术研究及示范"（2012BAC11B00）的课题6"武功山山地草甸生态修复技术研究及示范"（2012BAC11B06）研究，通过选取适宜物料、基质、覆盖等集成了生态修复技术进行了人工建植草地植被的研究与示范，该课题研究成果已在武功山风景名胜区得到广泛应用，对辖区内1386.6hm²草地进行全面维护，并投入900多万元进行金顶区域的草地专项修复和抚育。同时，每年投资200万元，对高山草甸的蛴螬进行防治，取得了较好效果。三是优化提升基础设施。投资约3600万元建设金顶架空游步道，规范了游客游览线路，有效防止人为踩踏对草地植被的破坏。对金顶47栋棚户违章建筑进行了拆除，拆除面积5700m²多，改建为避难所、驿站、休息亭、旅游厕所等旅游服务设施，并投资约5630万元建设观音宕帐篷营地，引导游客在指定区域搭建帐篷，规范了游客游览行为，进一步保护了景区的草地生态。

3. 草地开发利用情况

按照山势走向，武功山山地草甸景观分为发云界风景区、金顶风景区和九龙山风景区。由于自然生境与人类活动干扰方式的不同，三个风景区草甸分别形成了生态农业型草甸区、旅游业型草甸区及畜牧业型草甸区（张学玲，2017）。

武功山周边早期养殖肉牛等草食动物（朱永定，1993）。近年来，草原旅游逐步成为与城市旅游、乡村旅游并驾齐驱的三大旅游热点之一。武功山旅游业蓬勃发展，其中高山草地堪称"江南一绝"，具有南方山地草地典型代表性，吸引了越来越多来自全国各地的游客登山、探险和宿营（张学玲，2017）。武功山区充分利用高山草地的生态资源，走草原旅游的品牌化发展战略，实现保护与利用的最优模式，尤其是每年举办的国际帐篷节更好地提高了武功山"云中草原 户外天堂"的品牌效应。草原旅游业作为武功山风景名胜区第三产业的重要支柱，已成为该区国民经济新的增长点和现代服务业的重要组成部分。

（二）于都屏山草场——屏山牧场

1. 草地基本情况

江西于都屏山牧场地处屏坑山顶端，平均海拔1300m，属于中亚热带季风湿润气候区，具有春早、夏长、秋短、冬迟的特点，气候暖和湿润，冬天不冷夏天不热，年平均气温16.7℃，7月平均气温26.6℃，最高气温30℃。2月平均气温8.2℃，最低气温-6℃，年降水量1450～1840mm，无霜期305天；土壤肥沃，pH值5.3～5.7，有机质含量7.09%，氮0.643%，磷0.113%，钾1.59%，是我国南方少有的天然高山牧场（施新明，2000；刘斌等，2001）。

于都屏山牧场草场面积大，可利用的连片草场有3300hm²余。草地覆盖率高，海拔1200m以上草地主要以金茅、黄背草、四脉金茅、芒为主，盖度90%以上，鲜草年产量12000～14500kg/hm²。海拔1000～1200m主要有黄背草、硬秆子草、芒，伴生有檵木、杜鹃、苦竹等小灌木，盖度90%以上，鲜草年产量11000～13800kg/hm²（刘斌等，2001）。

于都屏山草场（邹志恒提供）

2. 草地保护情况

1997—2000 年，江西省草地工作站刘斌等针对屏山牧场草种单一，缺少豆科牧草（以禾本科草为主），有一段时间的枯草期（12月至翌年 3 月），产草量偏低（年均产量12800kg/hm²）等缺陷，根据屏山牧场的自然条件，通过引种试验，最终选择多年生黑麦草、白三叶、鸭茅、苇状羊茅、牛鞭草、红三叶、球茎蘥草等牧草品种，对屏山牧场的草场进行了草地改良和荒地建植（刘斌等，2001）。

3. 草地开发利用情况

于都屏山拥有优美的自然景观和值得铭记的红色历史。山腰是遮天蔽日的原始森林；山顶是连绵起伏的天然草场。旅游区把南方的高山雄姿与北国草原风光融为一体，这里终日云锁雾绕，观云海、看日出、穿云雾，有顶风口的高山草原风光，更有 1996 年冬天开始投资创办的中国第一家个人集资开发的高山草场——屏山牧场风光，1998 年被列为国家计委和农业部南方草山草坡示范工程项目，生产的"屏山高山青草奶"各系列产品畅销江南各地，深受人们喜爱。

屏山山脚下是牧场总部，有专为游客而备的仿欧度假村，更有奶牛饲养、产品加工车间。通过 20 多年的艰辛创业，发展壮大起养殖、加工、销售一体化的绿色牧业产业，与其自然景观相互辉映。畜牧业与观光旅游业共同发展。

（三）南风面山地草甸

1. 南风面自然地理概况

江西南风面位于江西省遂川县西部，处在罗霄山脉中段，东经114°40′50″～114°07′20″，北纬26°17′09″～26°22′44″。南风面上的笠麻顶海拔2120.4m，为江西省第三高峰，罗霄山脉最高峰，也是主峰。南风面山地草甸属中亚热带湿润季风气候区，气候温和，雨量充沛，阳光充足，四季分明，冬夏长，春秋短，无霜期长，境内气候差异较大。年平均气温 15.1～17℃，极端高温 41.1℃，极端低温 -6.0℃。年均降水量 1400～2000mm，年均无霜期 287 天。南风面地质构造复杂，植被类型丰富，成土过程因地形、母质和植被的差异而不同，形成的土壤类型多样，土壤垂直分布带谱为：海拔350m以下的山间盆地及小河谷平原多为中潴灰沙泥、灰潮沙泥，350～500m为山地红壤，500～800m为黄红壤，800～1100m为山地黄壤，1200～1500m为黄棕壤，1500～1800m为山地棕壤，1800m以上为山地草甸土（熊彩云等，2009；周志光等，2019；邓福才等，2019）。

2. 南风面的植被资源

南风面地带性植被为针叶林、针阔叶混交林、常绿阔叶林、常绿—落叶阔叶混交林、落叶阔叶林、竹林、灌木林、山顶矮林、山地箭竹、山顶草甸。植被群落垂直分布十分明显，由下往上分布，主要是以松杉为主的针叶林，过渡层为以松杉与阔叶壳斗科植物为主的针阔混交林、竹林、阔叶林、灌木林、山顶草甸（周志光等，2019）。保护区内珍稀濒危植物资源丰富，境内有野生植物2512种，属国家重点保护的资源冷杉、银杉、红豆杉等多达23种（孔凡前等，2022）。常绿阔叶林的组成以壳斗科、樟科、山茶科植物种类为主，其次为冬青科、山矾科、桑科、杜鹃花科、山柳科、大戟科、芸香科、蝶形花科、蔷薇科、桃金娘科和紫金牛科等。

南风面山地草甸（邓福才提供）

除上述科中的落叶树种之外，尚有槭树科、漆树科、桦木科、胡桃科、榆科等植物。

山地草甸系一种不稳定或相对稳定植被类型。植物组成种类以禾本科的高草及中草为主，其次为蕨类植物和杂类草，组成物种有寒竹、芒、画眉草、五节芒、野古草、菅、薹草、芒萁、石防风、败酱、徐长卿、牛舌草、三叶翻白草、华蓟、紫花地丁、一枝黄花、珍珠菜、小连翘、香青（*Anaphalis sinica* Hance）、蕨、茅、尼泊尔蓼、圆珠八仙花、尖叶绣线菊（红花绣线菊）、风毛菊、食用当归、紫萼、兔儿伞、悬钩子、野芝麻、虎杖、落新妇、紫萁、画眉草、风轮菜、山梗菜（大种半边莲）、鸭跖草、独活、一年蓬、石生繁缕、獐牙菜、刺蓼、聚花过路黄、野艾蒿、长籽柳叶菜、掌叶覆盆子、三叶委陵菜、铁扫帚、野苋、车前、水蓼、香薷、白花败酱、娃儿藤、露珠草、火炭母、水金凤、续断、卷叶黄精、三颗针、三桠乌药、龙胆草、草乌、竹节人参（竹三七）等。

3. 草地保护情况

江西南风面国家级自然保护区是罗霄山脉生态系统的重要组成部分，保护区境内生境完好（孔凡前等，2022），植被类型多样，中亚热带森林生态系统保存完好，珍稀濒危动植物资源丰富，分布有南方红豆杉、南方铁杉群落。特别是保存有极度濒危的资源冷杉野生种群，可与湖南金童山、广西银竹老山保护区形成资源冷杉极小种群保护网络。保护区位处我国中部候鸟迁徙通道"遂川千年鸟道"的关键区域，对保护生态完整性，以及迁徙候鸟的过境安全具有重要作用。

4. 草地开发利用情况

南风面四季景色壮美，高山寒竹四季常青，天然景色赏心悦目。春天，姹紫嫣红，满山盛开云锦杜鹃。夏日可看到流云飞瀑、迷人霞彩，感受到蛙叫蝉鸣。秋天，满山果实累累、色彩斑斓。冬季来临，山上银装素裹、景色优美。境内地势复杂，群峰高耸，深谷绵延，瀑布、奇峰、怪石众多。一条连接湘赣的千年茶盐古道穿行其间，青石铺成的石板古道是户外爱好者和生态旅游者喜欢的精品线路（邓福才等，2019）。2020年，遂川县人民政府拟将南风面作为生态旅游项目开发。规划的主要景区面积45km²，分为主峰、湖洋顶、江西坳、阡陌、风龙顶、观音山等六大景区。

（四）黄岗山草地

1. 黄岗山自然地理概况

黄岗山为武夷山脉主峰，坐落于江西武夷山与福建武夷山交界处，即江西省东部铅山县南沿，位于东经117°39′30″～117°55′47″，北纬27°48′11″～28°00′35″，东西宽约27km、南北长约23km，海拔范围350～2160.8m，总面积16007hm²，属于武夷山脉北段（郭英荣等，2015）。因山顶生满萱草（俗称黄花菜），8～9月开花时节，山岗遍染金色，故名黄岗山（黄冈山）（徐欢欢，2007）。黄岗山属典型的亚热带季风气候，年平均气温8.5℃，年降水量3103.9mm，雾日长达120天（郭英荣等，2015）。土壤主要为黄壤、黄棕壤、中山草甸土等，土壤肥力中等，呈中性或酸性。黄岗山是中国大陆东南地区最高峰，在其顶峰区域1980m以上分布着大面积草甸（袁荣斌等，2015）。

黄冈山山地草甸（郭英荣提供）

2. 黄岗山的植被资源

从海拔 900m 的山麓，到海拔 2160.8m 的山顶，水热变化明显，孕育出了典型的森林垂直带谱植被。其中，海拔 900～1400m 是常绿阔叶林，主要由壳斗科植物如甜槠栲、多脉青冈、硬斗石栎、多穗石栎，樟科植物红楠、润楠、木姜子，山茶科的木荷、柃木，杜鹃花科的鹿角杜鹃、马银花、马醉木以及八角科的闽皖八角、大屿八角和山矾科的薄叶山矾等多种树种组成。海拔 1400～1600m 是常绿落叶阔叶混交林，这里除了生长有上面提到的大部分常绿阔叶树，落叶树种主要有大戟科的算盘子、野桐、油桐，马鞭草科的海通，金缕梅科的枫香树，山茶科的紫茎，蔷薇科的钟花樱、尾叶樱桃、棕脉花楸，桦木科的亮叶桦、雷公鹅耳枥，槭树科的阔叶槭、五裂槭、鸡爪槭及安息香科的野茉莉、拟赤杨、赛山梅等多种树种。在林中和路边也可以见到一些黄山松和南方铁杉的身影。海拔1600～1750m是针阔叶混交林，针叶树主要为松科的南方铁杉、黄山松，杉科的柳杉及红豆杉科的南方红豆杉。海拔1750～1950m是温性针叶林，在武夷山的东南坡主要为黄山松林，西北坡则以南方铁杉为主。海拔1950～2050m是中山苔藓矮曲林，主要由蔷薇科的豆梨，杜鹃花科的云锦杜鹃、猴头杜鹃、满山红，山柳科的江南山柳、华东山柳，忍冬科的荚蒾、六道木、水马桑，山矾科的白檀、茶条果，黄杨科的黄杨，樟科的三桠乌药、山胡椒等树种组成。海拔2050m以上是中山灌丛草甸。灌木主要有蔷薇科的波叶红果树、石楠、水榆花楸、多花蔷薇，小檗科的豪猪刺，杜鹃花科的云锦杜鹃、满山红、灯笼花，山矾科的白檀，冬青科的猫儿刺等。草甸则主要由禾本科的野青茅、芒、野古草、沼原草，莎草科的阿穆尔莎草、莎草，灯芯草科的灯芯草，菊科的野菊、火绒草、大蓟、鼠曲草，藤黄科的挺茎遍地金、小连翘，虎耳草科的梅花草，毛茛科的唐松草，兰科的虾脊兰，石松科的石松等50余种草本植物构成（汪华光等，2002）。

3. 草地保护情况

黄岗山保护区成立于1981年，是以保护中亚热带中的山地森林生态系统，及其国家重点保护植物原生地和国家重点保护动物栖息地为主要保护对象的"自然生态系统类别""森林生态系统类型"自然保护区。2002年，经国务院批准晋升为国家级自然保护区，2004年加入中国人与生物圈网络、同年被命名为首批"全国林业科普基地"，2006年成为北京师范大学濒危雉类野外研究基地，2009年中国野生动物保护协会授予"中国黄腹角雉之乡"称号。无人为干扰，植被垂直带谱明显，是理想天然的科研基地。

4. 草地开发利用情况

黄岗山有原始状态森林，自然环境独特，地质构造复杂，山体高大，山势险峻，相对高度差大，悬崖峭壁发育，地貌类型多样，沟谷深切，水流湍急。森林生态系统完好，植被茂盛，野生动植物种类繁多，是一个典型而罕见的生物物种天然基因库，具有建成地质科研科普基地、林业生态科研考察基地和优美的自然观光景区和少数民族风情旅游区的潜力（何贱来，2016）。江西省宜丰县黄岗山建有垦殖场，结合并按照国家AAAA级景区标准规划设计，凸显山水优势、自然风光，着力打造"旅游度假、农家乐、休闲游乐"三大板块（胡豆豆，2014）。

（五）湖滨草场——鄱阳湖草甸

1. 鄱阳湖自然地理概况

鄱阳湖位于江西省北部，距南昌市东北部50km，地理位置北纬29°05′～29°15′，东经115°55′～116°03′。它以永修县吴城镇为中心，纵横都昌、永修、星子、新建等县，管辖鄱阳湖内的9个湖泊，总面积224km²。鄱阳湖是国际重要湿地，是长江干流重要的调蓄性湖泊，在中国长江流域中发挥着巨大的调蓄洪水和保护生物多样性等特殊生态功能，是我国十大生态功能保护区之一，也是世界自然基金会划定的全球重要生态区之一，对维系区域和国家生态安全具有重要作用。该地区属于亚热带气候，年降水量1400～1900mm，4～6月为雨季，10月至翌年3月为旱季。年平均气温17℃，夏季最高气温40℃，1月平均气温5℃，最低-4℃。鄱阳湖属吞吐性湖泊。每年4～9月汛期，湖水上涨，湖泊西部水位受修河水系影响，东部受赣江水系影响。每年10月至翌年3月为枯水期，水位基本处于海拔11～12m，保护区内水落滩出，形成9个独立的湖泊。湖水面积减至500hm²左右，形成大面积的湖滩、草洲、沼泽湿地、浅水湖泊。每年4～9月为丰水期，9个湖泊融为一体，与鄱阳湖连成一片汪洋，最大面积达4600hm²。鄱阳湖湿地的土壤的成土母质由五河所带的泥沙等沉积物形成。土壤类型主要为草甸土和沼泽土。草甸土可分为沼泽草甸土、浅色草甸土、红壤型草甸土和耕性草甸土四类。沼泽土包括淤泥沼泽土和草甸沼泽土。草甸土主要分布在高程14～20m的洲滩，沼泽土分布在高程更低的近湖心积水洼地（王婷等，2014）。

江西鄱阳湖草甸

2. 鄱阳湖植被类型及分布

鄱阳湖植被资源丰富，据统计，有高等植物 350 多种，分属 75 科 200 多属。湿地植被可分为水生植被、沼泽植被、草甸植被和沙洲植被四类（王婷等，2014）。

（1）水生植被。主要分布于内、外湖及池塘和沟渠水域环境中的水生植物。水深一般在 1～6m 范围内。组成水生植物群落的种类以水鳖科、眼子菜科、茨藻科、睡莲科等沉水型和浮水型的水生草本植物为主（吴学群，2012）。

（2）沼泽植被。沼泽区位于江西省南昌市东北方向约 50km 的鄱阳湖湖滨，跨永修、德安、庐山、湖口、都昌、鄱阳、余干、进贤、南昌、新建和九江等市县。地处北纬 28°25′～29°45′，东经 115°48′～116°44′，为我国最大的淡水湖湖滨沼泽，可划分为 4 种类型，马来眼子菜 + 薹草沼泽、水毛茛 + 蓼沼泽、薹草沼泽和芦苇 + 荻沼泽，面积约 58666hm²。海拔高度 12～18m。沼泽植被是指分布于湖缘、池塘、沟渠或低洼地段水域周围的浅水区域季节性积水区，土壤则为淤积沼泽土或草甸沼泽土，由莎草科、禾本科为主的植物群落，沼泽植被和水生植被之间有着一定的联系，一些植物种类往往互有分布，而且在一定条件下可以发生演替关系（吴学群，2012）。

（3）草甸植被。生长着非地带性的草甸植物，常见的有 19 种，分属于 8 科。这些常见的植物中，以禾本科、莎草科、蓼科和菊科等植物最常见。由于洲滩高程不同，水热条件等也有差异，从而形成不同的土壤并生长着不同的植物群落。鄱阳湖湖滩洲地的植物群落主要以薹草群丛、芦群丛、荻群丛及莎草科、禾本科、蓼科、菊科、毛茛科、千屈菜科、堇菜科、玄参科植物为主。在低地草甸中也镶嵌分布有以蓼子草、水蓼、毛蓼、萎蒿、节节草、下江萎陵菜、蛇含萎陵菜、球根毛茛、牛毛毡、紫云英、天蓝苜蓿、通泉草等为建群种的 11 类草甸群落及小群落。草甸位于湖滨海拔 17m 以上的高滩地、河流三角洲，一般紧靠围堤或傍近山冈（吴学群，2012）。

（4）沙洲植被。分布在入湖三角洲及湖滨沙地，高程多在 16m 左右，洪水季节有短期淹没，夏季地面酷热，以冲积沙土为主，在都昌、永修、南昌、鄱阳等地有 0.6～0.7 万 hm²。主要有美丽胡枝子群落、假俭草及长萼鸡眼草群落等（吴学群，2012）。

3. 草地保护情况

20 世纪 80 年代前，由于人为干扰严重，天然植被多遭到破坏，多呈不连续的块状、条状分布，以生长湿中生和中生禾本科植物为特点，同时双子叶植物分布增多。1983 年，成立保护区，原名为江西省鄱阳湖候鸟保护区，1988 年晋升为国家级自然保护区，并更名为江西鄱阳湖国家级自然保护区。主要保护对象为珍稀候鸟及湿地生态系统，1992 年被列入世界重要湿地名录。2002 年开始封育禁牧。

4. 草地开发利用情况

鄱阳湖草甸一直被用来放牧周边村饲养的滨湖水牛，放牧时间为每年退水后至翌年涨水时连续放牧。封育禁牧后，曾有企业在退水后利用机械收割打草捆。

此外，鄱阳湖保护区四季分明，景色宜人，设立了观鸟等特色旅游活动。每年的 10 月中旬至翌年的 3 月中旬可供游客观鸟。

（六）上犹大草山

1. 草地基本情况

上犹双溪草岭是赣南最大的高山草场，地处上犹县双溪乡芦阳地域，海拔 1700m。双溪草山均分布于海拔 1347～1500m 之间的山峰之上，面积约 3.9 万亩，连绵起伏，均为一个天然大草场，成为江西最高的草山。洁净的山花野草，复杂的山形地貌，形成了大草山变化莫测的立体气候。大草山气流环境，为五指峰地域的中国千年鸟道提供了强大高空气流，助候鸟南来北往的迁徙（刁星宇，2019）。

2. 上犹大草山的植被资源

上犹大草山的下 2/3 主要有狼尾草、黄背草、白茅、鼠尾黍、狗牙根等，伴生灌木和乔木，上 1/3 是清一色的草海。山顶草地以禾草为主，镶嵌着白檀、地菍、薹草、杜鹃花、野菊花和苦菜花等。

3. 草地保护情况

除山顶风力发电站附近草地稍微受影响，草地其他部位因载畜量不大，破坏较小，草地覆盖度高。

4. 草地开发利用情况

因山岭的阻隔，上犹大草山急速的气流平均风力 3～4 级，当地已利用大草山空气动力发展风能产业。由于气候温和，日照充足，雨量充沛，草山坡度大部分为 25°以下，草场草质鲜嫩，是一块理想的天然牧场，载牛量可达 6000 头以上，载羊量达 20000 万头以上，适宜发展肉牛、奶牛、山羊等养殖产业。又因为山脉上绿草摇曳，牛羊在这里无拘束，展现出了"风吹草低现牛羊"的北匡风光，具有生态旅游发展潜力。上犹大草山独具的"江南塞外"景致，吸引了许多户外运动爱好者前来观光体验。该地区正在开发系列"观光旅游业"。

江西上犹大草山（戴洪生提供）

（七）相山山地草甸

1. 草地基本情况

相山位于江西省抚州市乐安、崇仁和宜黄三县的毗邻地带。崇仁相山山体主要有花岗岩组成，并有少量火山碎屑岩和砂砾岩。崇仁相山处于低纬度亚热带季风气候区内。山脚下多年平均气温 18.7℃，多年平均降水量 1566mm。崇仁相山是孤峰，海拔仅有 1219m（张友辉，2016）。

2. 相山的植被资源

相山植被垂直带为：600m 以下为常绿阔叶林，600～1100m 为常绿落叶阔叶混交林，1100m 以上为中山草甸（张友辉，2016）。中山草甸中主要分布有蕨、萱草、狗尾草、金色狗尾草、芒、白茅、野青茅、胡枝子、博落回、菝葜、葛、野山楂、刺儿菜、戟叶蓼、野豇豆、长梗崖豆藤、星毛金锦香等。

3. 草地保护情况

相山修路和开山种射干等中药材，对植被造成了一定的破坏，近山顶处出现裸露土地。

4. 草地开发利用情况

相山有多种多样且独具鲜明特征的旅游地学资源，有亚洲最大的火山岩铀矿田，有发育成熟的火山岩、丹霞地貌等地质地貌景观，有气候润养低纬度高山草甸等生态景观，有多彩斑斓的古村落、民俗文化等人文景观，有区域优良的山涧瀑布等水体景观，使得研究区具有极高的科学研究价值和游览开发价值（刁星

崇仁枬山草甸（姜勇彪提供）

宇，2019）。相山山腰养殖了少量的牛，旅游资源开发处于基础水平。至2022年，已成功开发了风力发电场。

（八）九岭尖山地草甸

1. 草地基本情况

九岭尖是罗霄山脉北段东支——九岭山脉中的最高峰，海拔1794m，属江西第9高峰，赣北最高峰，位于湖南、江西两省边境，靖安、修水、武宁3县交界处。九岭尖主要成土母岩有片麻岩、千枚岩等变质岩类和花岗岩，属中亚热带季风气候区。山脚下年均气温16.7℃，年降水量1600mm。海拔每增加100m，年平均气温下降0.58℃左右（张友辉，2016）。

2. 九岭尖的植被资源

九岭尖植被垂直带分布：600m以下为常绿阔叶林，600~1100m为常绿落叶阔叶混交林，1100~1500m为针阔混交林，1500m以上为中山草甸（张友辉，2016）。山地草甸主要分布有芒、五节芒、野古草及其他杂类草等。

3. 草地保护与开发利用

九岭尖有"小武功山"之称，因当地偏僻，人烟稀少，除了风力发电场周围改成了人工草地，其余均为破坏程度较小的天然草地，具有开发生态旅游的潜力。

九岭尖山地草甸（刘英提供）

第二篇
江西常见牧草

看麦娘

看麦娘属 *Alopecurus*
Alopecurus aequalis Sobol.

形态特征 一年生草本。秆高 15~40cm。叶片条形，宽 2~5mm。圆锥花序狭圆柱形，淡绿色，长 2~7cm，宽 3~6mm，小穗长 2~3mm，含 1 小花，脱节颖下；颖相等，基部互相合生，具 3 脉，脊上生纤毛；芒细弱，约 2~3mm。冬末春初开花结籽（余世俊，1997）。

生境与分布 喜生于田边及潮湿之地，全省各地均有分布。

利用价值 草质柔软，粗蛋白质含量较高，属优等牧草。牛、羊喜食，幼嫩时也可用作猪的青饲料，鸡、鹅亦爱采食幼嫩叶片。抽穗开花后，草质转差，可刈割调制干草或青贮料。

看麦娘结实期茎叶的化学成分

生育期	样品	干物质（%）	占干物质比例（%）						
			粗蛋白	粗脂肪	粗纤维	无氮浸出物	粗灰分	钙	磷
结实期	全株	92.94	7.39	4.23	24.5	49.19	7.63	0.17	0.27

采集地点：江西省南昌市南昌县莲塘镇；送检单位：江西省农业科学院畜牧兽医研究所。

水蔗草 | 水蔗草属 *Apluda*
Apluda mutica L.

形 态 特 征　多年生草本。根状茎发达，须根粗壮。秆高 50～300cm，质硬，直径可达 3mm，基部常斜卧并生不定根；节间上段常有白粉，无毛。叶舌膜质，上缘微齿裂；叶耳小，直立；叶片扁平，长 10～35cm，宽 3～15mm，先端长渐尖，基部渐狭成柄状。圆锥花序先端常弯垂，由许多总状花序组成；每一总状花序包裹在 1 舟形总苞内，苞下有 3～5mm 的细柄；总苞长 4～8mm，边缘具窄膜质边，背面有多数脉纹，先端具 1～2mm 的锥形尖头；有柄小穗含 2 小花，颖长卵形，绿色，纸质至薄革质，脉纹多而密；第一小花雄性，外稃长 3～5mm；内稃稍短，具 2 脊；雄蕊 3，花药黄色，线形；第二小花内稃卵形，成熟时整个小穗自穗柄关节处脱落。无柄小穗两性。花果期夏秋季（中国科学院《中国植物志》编委会，2022）。

生境与分布　多生于田边、水旁湿地及山坡草丛中，赣州等地有分布。

利 用 价 值　秆、叶柔软，抽穗前，牛、羊喜食，也可割回喂兔。抽穗后，草质粗老，适口性下降。

水蔗草成熟期茎叶的化学成分

生育期	样品	干物质（%）	占干物质比例（%）						
			粗蛋白	粗脂肪	粗纤维	无氮浸出物	粗灰分	钙	磷
成熟期	全株	95.03	2.71	1.89	39.99	42.98	7.47	0.44	0.14

采集地点：江西省赣州市信丰县古陂镇；送检单位：江西省农业科学院畜牧兽医研究所。

荩草

荩草属 *Arthraxon*
Arthraxon hispidus (Trin.) Makino

形态特征 一年生草本。秆细弱,基部倾斜并于节上生根,高 30～45cm。叶片卵状披针形,宽 8～15mm,基部心形抱茎,下部边缘生纤毛。总状花序 2～10 枚,呈指状排列。穗轴节间无毛;小穗成对生于各节;有柄小穗退化仅剩短柄。

生境与分布 生于山坡草地或阴湿处,南昌、吉安、萍乡等各地均有分布。

利用价值 一种优良的野生牧草,牛、马、羊均喜采食,除供放牧外,可刈割晒制干草。还可供药用,茎叶治久咳。

荩草开花期茎叶的化学成分

生育期	样品	干物质 (%)	占干物质比例 (%)						
			粗蛋白	粗脂肪	粗纤维	无氮浸出物	粗灰分	钙	磷
开花期	秆叶	93.34	8.51	1.42	34.32	43.02	6.07	1.10	0.12

采集地点:江西省吉安市安福县寮塘乡;送检单位:江西省农业科学院畜牧兽医研究所。

野古草 | 野古草属 *Arundinella*
Arundinella hirta (Thunb.) Tanaka

形态特征 多年生草本。根状茎具有鳞片。秆直立，单生，高70～100cm。叶片条状披针形，宽5～15mm。圆锥花序长10～13cm。孪生小穗柄分别长约1.5mm及3mm，无毛；第一小花雄性，顶端钝，花药紫色；第二小花外稃上部略粗糙，无芒；柱头紫红色。

生境与分布 多生于山坡、路旁、谷地、溪边或灌丛中，宜春、南昌、赣州、萍乡、抚州、景德镇等地均有分布。

利用价值 返青期草质较幼嫩，各种家畜均喜食，抽穗后草质变硬，仅大畜采食上部茎叶。因根茎发达，可作固堤。

野古草结实期茎叶的化学成分

生育期	样品	干物质 (%)	占干物质比例 (%)						
			粗蛋白	粗脂肪	粗纤维	无氮浸出物	粗灰分	钙	磷
结实期	全株	95.61	2.43	2.26	39.89	45.68	5.35	0.56	0.07

采集地点：江西省赣州市南康区横市镇；送检单位：江西省农业科学院畜牧兽医研究所。

野燕麦 | 燕麦属 *Avena*
Avena fatua L.

形态特征 一年生草本。秆高 30～150cm。叶片宽 4～12mm。圆锥花序开展，长 10～25cm；小穗长 18～25mm，含 2～3 朵小花，其柄弯曲下垂；颖几等长，9 脉；外稃质地硬，下半部与小穗轴均有淡棕色或白色硬毛，第一外稃长 15～20mm；芒自外稃中部稍下处伸出，长 2～4cm，膝曲。2～3 月萌发，4～5 月旺盛，6～7 月渐枯。

生境与分布 生于荒芜田野或为田间杂草，南昌、宜春、九江、鹰潭等地有分布。

利用价值 茎叶茂盛，草质柔嫩，属优等牧草。开花前，马、牛、羊均喜采食，饲喂奶牛可增加产奶量；开花后，草质变老，营养价值变低，适口性下降。若作打草利用，必须在结实以前刈制。另外，籽实是马、牛的精料。

野燕麦拔节期、成熟期茎叶的化学成分

生育期	样品	干物质（%）	占干物质比例（%）						
			粗蛋白	粗脂肪	粗纤维	无氮浸出物	粗灰分	钙	磷
拔节期	茎叶	95.34	14.41	2.42	35.05	35.41	8.05	0.40	0.44
成熟期	全株	93.49	5.80	2.14	34.45	43.64	7.46	0.40	0.30

采集地点：江西省赣州市南康区横市镇；送检单位：江西省农业科学院畜牧兽医研究所。

菵草 | 菵草属 *Beckmannia*
Beckmannia syzigachne (Steud.) Fernald.

形态特征 一年生或越年生。秆直立，高 15~90cm。叶鞘无毛；叶片扁平，宽 3~10mm。圆锥花序狭窄，长 10~30cm，多数直立，长为 1~5cm 的穗状花序稀疏排列而成，倒卵圆形，灰绿色，长 2.5~2.8mm，宽 1.2~1.4mm，呈覆瓦状排列于穗轴的一侧，含 1 小花。脱节于颖之下；颖等长，厚草质，有淡绿色横脉；外稃披针形，具 5 脉，内稃稍短于外稃。

生境与分布 生于湿地、水沟边及浅的流水中，中部和北部有分布。

利用价值 开花前草质柔软，枝叶繁茂，营养价值较高，马、牛、羊均喜食；花后期草质变差，适口性降低，可调制干草供大家畜。因此，要注意适时收割利用，一般在抽穗期为最佳。种子可作为精料。

菵草结实期茎叶的化学成分

生育期	样品	干物质（%）	占干物质比例（%）						
			粗蛋白	粗脂肪	粗纤维	无氮浸出物	粗灰分	钙	磷
结实期	全株	92.33	12.66	3.10	27.33	40.52	8.72	0.37	0.27

数据来源：《中国饲用植物志》编委会.《中国饲用植物志》[M]. 北京：农业出版社，1992：15。

臭根子草

孔颖草属 *Bothriochloa*
Bothriochloa bladhii (Retz.) S. T. Blake

形态特征　多年生草本。秆高 60～100cm。叶片狭条形，宽 1～4mm。总状花序多节，排列于主轴上形成长 9～14cm 的圆锥花序，下部总状花序短于主轴；穗轴逐节断落，节间与小穗柄都有纵沟；小穗成对生于各节；无柄小穗长 3.5～4mm，基盘钝；第一颖背部稍凹陷，两侧上部有脊；芒自细小的第二外稃顶端伸出，长 10～16mm，膝曲；有柄小穗不孕，较瘦狭、无芒。

生境与分布　生于山坡草地和路旁，江西中部常见。

利用价值　叶片较柔软，适口性良好，牛、羊、马喜食；返青早，是春夏之交家畜的良好饲料。开花后老化较快，适口性也随之下降。但其再生草一年四季均为家畜所喜食。

臭根子草的化学成分

生育期	样品	干物质 (%)	占干物质比例 (%)						
			粗蛋白	粗脂肪	粗纤维	无氮浸出物	粗灰分	钙	磷
营养期	茎叶	88.12	6.56	2.10	33.98	50.86	6.50	——	——

数据来源：《中国饲用植物志》编委会.《中国饲用植物志》[M]. 北京：农业出版社，1992：15。

白羊草 | 孔颖草属 *Bothriochloa*
Bothriochloa ischaemum (L.) Keng

形态特征 多年生草本。秆高25~80cm。叶片狭条形，宽2~3mm。总状花序多节，4至多数簇生茎顶，下部长于主轴；穗轴逐节断落，节间与小穗柄都具纵沟；小穗成对生于各节；第一颖中部稍下陷，两侧都有脊；芒自细小的第二外稃顶端伸出，膝曲，有两小穗不孕，色较无柄小穗深，无芒。3~4月生，6~7月旺盛，11月后渐枯死。

生境与分布 生于山坡草地及路边，抚州、赣州可见。

利用价值 秆叶幼嫩时牛、羊喜吃。

图片由刘冰提供

扁穗雀麦 | 雀麦属 *Bromus*
Bromus japonicus Vahl.

形态特征 一年生。秆直立，高 60～100cm。叶鞘闭合，被柔毛；叶舌长约 2mm，具缺刻；叶片长 30～40cm，宽 4～6mm，散生柔毛。圆锥花序开展，长约 20cm；小穗两侧极压扁，含 6～11 小花；小穗轴节间长约 2mm，粗糙；颖窄披针形，外稃顶端具芒尖，基盘钝圆，无毛；内稃窄小，两脊生纤毛。颖果与内稃贴生，顶端具毛茸。花果期春季 5 月和秋季 9 月。

生境与分布 喜生于山坡林缘、荒野路旁和河漫滩，南昌、宜春、九江等地有分布。

利用价值 植株矮小，茎叶较细，多密生，属细茎牧草，适口性及营养价值均较好。生育期短，再生能力比较弱，一年只能刈割 1～2 次。6 月中旬种子成熟后就死亡，仅能在春夏之交供草。可用作放牧，也可晒制干草，最佳利用期为开花期。在不同生育期其营养成分变化很大。茎叶纤维还可造纸，种子富含淀粉，可用作酿酒。

扁穗雀麦结实期茎叶的化学成分

生育期	样品	干物质 (%)	占干物质比例 (%)						
			粗蛋白	粗脂肪	粗纤维	无氮浸出物	粗灰分	钙	磷
结实期	茎叶	92.70	18.81	2.25	32.69	23.63	15.32	0.51	0.63

采集地点：江西省南昌市南昌县莲塘镇；送检单位：江西省农业科学院畜牧兽医研究所。

疏花雀麦 | 雀麦属 *Bromus*
Bromus remotiflorus (Steud.) Ohwi

形 态 特 征 多年生草本。具短根状茎。秆高 60～120cm，具 6～7 节，节生柔毛。叶鞘闭合，密被倒生柔毛；叶舌长 1～2mm；叶片长 20～40cm，宽 4～8mm，叶面生柔毛。圆锥花序疏松开展，长 20～30cm，每节具 2～4 分枝；分枝细长孪生，粗糙，着生少数小穗，成熟时下垂；小穗疏生 5～10 枚小花；颖窄披针形，顶端渐尖至具小尖头，第一颖长 5～7mm，具 1 脉，第二颖长 8～12mm，具 3 脉；外稃窄披针形，边缘膜质，具 7 脉，顶端渐尖，伸出长 5～10mm 的直芒；内稃狭，短于外稃，脊具细纤毛；小穗轴节间长 3～4mm，着花疏松而外露。颖果贴生于稃内。花果期 6～7 月。

生境与分布 生于山坡、林缘、路旁、河边草地，九江等地可见。

利用价值 叶量较多，生物量较扁穗雀麦高，适口性及营养价值较好。

疏花雀麦于花期茎叶的化学成分

生育期	样品	干物质（%）	占干物质比例（%）						
			粗蛋白	粗脂肪	粗纤维	无氮浸出物	粗灰分	钙	磷
开花期	茎叶	88.98	12.49	3.24	32.85	29.87	10.53	1.24	0.50

采集地点：九江市濂溪区莲花镇；送检单位：江西省农业科学院畜牧兽医研究所。

拂子茅

拂子茅属 *Calamagrostis*
Calamagrostis epigeios (L.) Roth

形态特征 多年生草本。具根状茎。秆直立，平滑无毛或花序下稍粗糙，高50～100cm。叶鞘平滑或稍粗糙，短于或基部者长于节间；叶舌膜质，长圆形；叶片宽4～8(13)mm，粗糙。圆锥花序劲直，较密而窄，颖近等长，草质，外稃长约为颖的1/2，顶端2齿，基盘的毛几与颖等长；小穗轴不延伸，雄蕊3枚。

生境与分布 生于潮湿地及河岸沟渠旁，分布于全省南北各地。

利用价值 在早春、初夏放牧时，为各种家畜所采食。牛较喜食，马、羊较差，但在夏末和秋季草质变粗糙，各种家畜的喜食性降低或放牧时基本不采食。同样，在开花前调制的干草，营养较丰富，各种家畜均喜食。结实后草质变硬，营养显著下降，因此，应当早期刈割。具粗壮的根茎，喜沙，是很好的固沙和水土保持植物。秆可编织以及作造纸原料。

拂子茅分枝期茎叶的化学成分

生育期	样品	干物质 (%)	占干物质比例（%）						
			粗蛋白	粗脂肪	粗纤维	无氮浸出物	粗灰分	钙	磷
分枝期	茎叶	93.07	15.42	3.66	31.21	32.65	10.13	0.26	0.29

采集地点：江西省宜春市奉新县百丈山镇；送检单位：江西省农业科学院畜牧兽医研究所。

硬秆子草 | 细柄草属 *Capillipedium*
Capillipedium assimile (Steud.) A. Camus

形态特征　多年生草本。秆坚硬似小竹，高 2～3m，多分枝。叶片条状披针形，常有白粉，基部渐狭。圆锥花序 2～5 节生于枝端；穗轴逐节脱落，节间与小穗柄均纤细并具纵沟，生有长纤毛；小穗成对生于各节，淡绿色或带淡紫色；第一颖两侧于上部具脊；芒自细小的第二外稃顶端伸出，膝曲；有柄小穗不孕，无芒；较无柄小穗长 1/2～2 倍，花药黄色，花果期 5～9 月。

生境与分布　生于山坡草地及河边、林中或湿地上，全省各地均有分布。

利用价值　嫩时为良好饲料。

硬秆子草拔节期茎叶的化学成分

生育期	样品	干物质(%)	占干物质比例（%）						
			粗蛋白	粗脂肪	粗纤维	无氮浸出物	粗灰分	钙	磷
拔节期	茎叶	94.43	8.15	2.49	39.95	37.47	6.38	0.40	0.13

采集地点：江西省宜春市奉新县百丈山镇；送检单位：江西省农业科学院畜牧兽医研究所。

细柄草 | 细柄草属 *Capillipedium*
Capillipedium parviflorum (R.Br.)Stapf

形 态 特 征　多年生草本。秆高 30～100cm，不分枝或有直立的分枝。叶片条形，宽 2～5mm，基部圆形或微收狭。圆锥花序疏散，有纤细的分枝及小分枝，总状花序 1～3 节生于枝端；穗轴逐节断落，节间与小穗柄均纤细并有纵沟。生有纤毛，小穗成对生于各节或 3 枚顶生；无柄小穗长 3～4mm，基盘钝；第一颖两侧上有脊，脊部微凹或有纵沟；芒自细小的第二外稃顶端伸出，长 12～15mm，膝曲；有柄小穗不孕，等长或短于无柄小穗。

生境与分布　生于山坡草地、河边、灌丛中，全省各地均有分布。

利 用 价 值　嫩时为良好牧草。黄牛、水牛等家畜很喜采食，山羊乐食，刈青或刈制干草时，常为刈割草种之一。

细柄草结实期茎叶的化学成分

生育期	样品	干物质 (%)	占干物质比例（%）						
			粗蛋白	粗脂肪	粗纤维	无氮浸出物	粗灰分	钙	磷
结实期	全株	95.60	1.95	2.83	39.23	47.15	4.43	0.39	0.07

采集地点：江西省景德镇市乐平市接渡镇；送检单位：江西省农业科学院畜牧兽医研究所。

薏苡 | 薏苡属 *Coix*
Coix lacryma-jobi L.

形 态 特 征　一年生草本。秆高 1～1.5m。叶条状披针形。总状花序成束腋生；小穗单性，雄 1 小穗覆瓦状排列于总状花序上部，2～3 枚生于各节、1 枚无柄，其余 1～2 枚有柄，雌小穗位于总状花序的基部，包藏于总苞中，2～3 枚生于一节，只一枚结实。3～4 月萌发，6～7 月旺盛，11 月后枯死。

生境与分布　多生于湿润的屋旁、池塘、河沟、山谷、溪涧或易受涝的农田等地方，九江、吉安、上饶、萍乡、景德镇、宜春、新余等地有分布。

利 用 价 值　青绿茎叶可作饲料。抽穗前刈割茎叶柔嫩多汁，为各种家畜所喜食。进入开花期茎叶比中茎秆比重急剧上升，饲用价值降低。茎叶及瘪粒、壳渣可作为饲料用。总苞可穿绞成串，作工艺品；种子为药用，有健脾、和湿、清热、排毒之疗效。

薏苡结实期茎叶的化学成分

生育期	样品	干物质（%）	占干物质比例（%）						
			粗蛋白	粗脂肪	粗纤维	无氮浸出物	粗灰分	钙	磷
结实期	茎叶	95.06	7.73	4.14	32.34	40.01	10.84	0.45	0.21

采集地点：江西省吉安市峡江县金江乡；送检单位：江西省农业科学院畜牧兽医研究所。

橘草 | 香茅属 *Cymbopogon*
Cymbopogon goeringii (Steud.) A. Camus

形态特征 多年生草本。秆高 60～90cm。基部叶鞘破裂反卷而内面红棕色；叶片条形，宽 3～4mm，伪圆锥花序稀疏，狭窄，较单纯，由成对的总状花序托以佛焰苞状总苞所形成；总状花序带紫色，长 1～2cm，小穗对生于各节。

生境与分布 生于丘陵山坡草地、荒野和平原路旁，宜春、萍乡、吉安、赣州等地常见。

利用价值 为下繁禾草，叶量大而柔嫩，放牧利用为宜。但由于橘草生长的地段一般都是较干旱的丘陵草坡，过度或不合理地放牧，会导致水土流失，因此，在牧草生长前期可轻度放牧利用。在春季抽穗前草质柔软，具有较高的饲用价值，为牛所采食。秋季抽穗结实后，叶量减少，蛋白质含量明显下降，适口性和饲用价值也随之降低。

橘草结实期茎叶的化学成分

生育期	样品	干物质（%）	占干物质比例（%）						
			粗蛋白	粗脂肪	粗纤维	无氮浸出物	粗灰分	钙	磷
结实期	嫩茎叶	93.42	8.93	4.40	27.49	43.07	9.54	0.76	0.36

采集地点：江西省吉安市吉安县固江乡；送检单位：江西省农业科学院畜牧兽医研究所。

狗牙根 | 狗牙根属 *Cynodon*
Cynodon dactylon (L.) Persoon.

形态特征　多年生草本。有根状茎或匍匐茎，节间长短不等。秆平卧部分长达 1m，并在节上生根及分枝。叶片条形，宽 1～3mm。穗状花序 3～6 枚指状排列于茎顶，小穗排列于穗轴的一侧，含 1 小花，颖近等长，长 1.5～2mm，1 脉成脊，短于外稃；外稃具 3 脉。3～4 月生长，6～8 月旺盛，11 月后渐枯。

生境与分布　生于旷野、路边、河堤及草地，全省各地广布。

利用价值　草质柔软，黄牛、水牛、马、山羊及兔等牲畜均喜采食，幼嫩时亦为猪及家禽所采食。较耐践踏，宜放牧利用，但也可调制干草或制作青贮料。护坡、停机坪、各种运动场、公园、庭院、绿化城市、美化环境的良好植物。

狗牙根的化学成分

占干物质比例（%）						
粗蛋白	粗脂肪	粗纤维	无氮浸出物	粗灰分	钙	磷
8.89	——	22.37	——	16.04	0.35	0.51

数据来源：余世俊. 江西牧草 [M]. 北京：中国农业出版社，1997:13.

龙爪茅

龙爪茅属 *Dactyloctenium*
Dactyloctenium aegyptium (L.) Willd.

形态特征　一年生草本。秆有时平卧并于节上生根及分枝，高 15～60cm。叶片披针形，宽 2～5mm 有疣毛，叶舌有纤毛。穗状花序 2～7 枚生于秆顶，长 1～4cm，穗轴顶端不生小穗而呈刺芒状；小穗紧密排列于穗轴的一侧而广开展；长 3～4mm，含 3～4 小花；颖具 1 脉；第二颖具有长 1～2mm 的短芒，与外稃的脊上均生小刺毛；外稃具 3 脉，也有短芒。种子球形，有皱纹。

生境与分布　多生于山坡、草地或路旁。全省常见。

利用价值　秆叶作饲料。牛、羊、鱼可食。种子可供食用。

龙爪茅结实期茎叶的化学成分

生育期	样品	干物质（%）	占干物质比例（%）						
			粗蛋白	粗脂肪	粗纤维	无氮浸出物	粗灰分	钙	磷
结实期	全株	95.86	11.65	2.41	29.81	37.80	14.18	0.97	0.17

采集地点：江西省宜春市奉新县澡下镇；送检单位：江西省农业科学院畜牧兽医研究所。

野青茅 | 青茅属 *Deyeuxia*
Deyeuxia pyramidalis (Host) Veldkamp

形态特征 多年生草本。秆高 50～60cm。叶片宽 2～7mm。圆锥花序紧缩，长 6～10cm；小穗长 5～6mm，含 1 小花；颖近等长；外稃长 4～5mm，基盘两侧的毛长达外稃的 1/4～1/3；芒自外稃下部 1/5 处或其以下伸出，长约 7mm，近中部膝曲；小穗轴上的毛长为内稃的 2/3 或近等长。

生境与分布 生于山坡草地或荫蔽处及林下，全省常见。

利用价值 牛、羊吃茎叶。适口性和饲用价值较好。

马唐

马唐属 *Digitaria*

Digitaria sanguinalis (L.) Scop.

形态特征 一年生草本。秆斜升，高 40～100cm。叶片条状披针形。总状花序 3～10 枚；第一颖微小但明显；第二颖长为小穗的 1/2～3/4，边缘有纤毛；第一外 稃具 5～7 脉，脉上微粗糙，脉间距离不匀；第二外稃色淡，边缘膜质，覆 盖内稃。4～5 月开始生长，6～9 月茂盛，10～11 月枯萎（中国科学院《中 国植物志》编委会，2022）。

生境与分布 生于路旁、田野，全省各地均有分布。

利用价值 茎秆纤细，叶片柔软，无论是鲜草还是干草，都是良好的饲草，各类食草 动物均采食。马、牛、羊最喜食；兔、鹅喜食，鸡、鸭采食。马唐草地既 可放牧，也可刈割利用，以抽穗之前利用为好。在结实之前可压制绿肥， 还可作固土、绿化等地被植物。

马唐抽穗期茎叶的化学成分

生育期	样品	干物质 (%)	占干物质比例（%）						
			粗蛋白	粗脂肪	粗纤维	无氮浸出物	粗灰分	钙	磷
抽穗期	全株	93.75	7.19	2.54	36.50	38.55	8.96	0.49	0.18

采集地点：江西省南昌市南昌县莲塘镇；送检单位：江西省农业科学院畜牧兽医研究所。

紫马唐 | 马唐属 *Digitaria*
Digitaria violascens Link

形 态 特 征 一年生草本。秆高 20～70cm。叶条状披针形。总状花序 2～7 枚，呈指状排列；小穗椭圆形，呈两行排列于穗轴的一侧，第一颖常缺，第二颖短于小穗，第一外稃有短柔毛；第二外稃骨质、覆盖内稃。3～4 月萌生，6～7月茂盛，9～10 月结果，11 月后枯萎。

生境与分布 生于山坡草地及旷野、路边，上饶等地有分布。

利 用 价 值 枝叶茂盛，各种草食家畜喜吃。

紫马唐的化学成分

占干物质比例（%）						
粗蛋白	粗脂肪	粗纤维	无氮浸出物	粗灰分	钙	磷
1.40	0.45	4.27	8.14	1.49	——	——

数据来源：余世俊.江西牧草 [M].北京：中国农业出版社，1997:16.

稗

稗属 *Echinochloa*
Echinochloa crusgalli (L.) Beauv.

形态特征 一年生草本。秆斜升，高 50～130cm。叶片条形，宽 5～10mm。圆锥花序，呈不规则的塔形，分枝可再有小分枝；小穗密集于穗轴的一侧；长约 5mm 有硬疣毛；颖具 3～5 脉；第二外稃具 5～7 脉，有长 5～10mm 的芒；第二外稃顶端有小尖头并且粗糙，边缘卷抱内稃。

生境与分布 多生于沼泽地、沟边及水稻田中，全省各地均有。

利用价值 优良牧草之一。适应性强，生长茂盛，品质良好，饲草及种子产量均高，草质柔软，叶量比较丰富。鲜草马、牛、羊均最喜食，干草牛最喜食。籽实可作家畜及家禽的精料。

稗结实期茎叶的化学成分

生育期	样品	干物质 (%)	占干物质比例（%）						
			粗蛋白	粗脂肪	粗纤维	无氮浸出物	粗灰分	钙	磷
结实期	全株	96.53	6.66	2.77	32.73	44.85	9.54	1.02	0.19

采集地点：江西省南昌市南昌县莲塘镇；送检单位：江西省农业科学院畜牧兽医研究所。

牛筋草 | 穇属 *Eleusine*
Eleusine indica (L.) Gaertn.

形态特征 一年生草本。须根较细而稠密。秆丛生，直立，基部倾斜，高 10～90cm。叶鞘两侧压扁而具脊，松弛；叶片平展，线形，长 10～15cm，宽 3～5mm。穗状花序 2～7 个指状着生于秆顶；小穗长 4～7mm，宽 2～3mm，含 3～6 小花；颖披针形，具脊，脊粗糙；第一外稃长 3～4mm，卵形，膜质，具脊，脊上有狭翼，内稃短于外稃，具 2 脊，脊上具狭翼。囊果卵形，基部下凹，具明显的波状皱纹。

生境与分布 生于荒芜之地和路边，全省常见。

利用价值 后期茎秆坚韧，但其叶片仍较柔软，且由于茎节较密，叶片特多，黄牛、水牛很喜采食，特别是生长前期其适口性很好，黄牛、水牛均表现贪食的状况。可用作水土保持。

牛筋草苗期茎叶的化学成分

生育期	样品	干物质 (%)	占干物质比例（%）						
			粗蛋白	粗脂肪	粗纤维	无氮浸出物	粗灰分	钙	磷
苗期	全株	92.42	12.03	4.40	27.46	38.91	9.62	0.50	0.42

采集地点：江西省南昌市南昌县莲塘镇；送检单位：江西省农业科学院畜牧兽医研究所。

鹅观草

披碱草属 *Elymus*
Elymus kamoji (Ohwi) S. L. Chen

形态特征　多年生草本。秆高 30～100cm。叶鞘外侧边缘具纤毛；叶舌截平，叶片通常扁平，光滑。穗状花序下垂，颖卵状披针形，芒 2～7mm，具 3～5 粗脉，边缘膜质，第一颖长 4～6mm，第二颖 5～9mm（芒不计），外稃披针形，边缘宽膜质，无毛，具 5 脉，第一外稃长 8～12mm；内稃脉、长或等于外稃，顶端钝，脊显著具翼，翼上有小纤毛；子房上端有毛。2～3 月生长，4～5 月旺盛，5～6 月开花，7～8 月枯死。

生境与分布　多生长在山坡湿润草地、田埂、路旁及旷野荒地，全省常见。

利用价值　抽穗期前，茎叶较鲜嫩柔软，马、牛、羊、鹅均喜食。抽穗后茎秆迅速粗老，叶片逐渐枯死，利用价值急剧下降，故适宜作放牧用，不宜作割草用。籽实的营养成分含量高，可作精饲料。

鹅观草苗期茎叶的化学成分

生育期	样品	干物质 (%)	占干物质比例（%）						
			粗蛋白	粗脂肪	粗纤维	无氮浸出物	粗灰分	钙	磷
苗期	全株	93.51	8.99	4.55	27.27	45.13	7.56	0.40	0.27
苗期	嫩茎叶	93.96	12.65	3.62	38.27	29.99	9.45	0.31	0.39

采集地点：江西省南昌市南昌县莲塘镇、江西省九江市永修县吴城镇；送检单位：江西省农业科学院畜牧兽医研究所。

牛虱草 | 画眉草属 *Eragrostis*
Eragrostis unioloides (Retz.) Nees ex Steud.

形态特征 一年生草本。秆基伏卧地面而节上生根，高 20～40cm。叶鞘光滑；叶舌甚短；叶片长 5～20cm，宽 2～4mm，叶面粗糙。圆锥花序 长圆形，长 8～20cm，分枝斜出，小穗卵状长 圆形，两侧极压扁，长 4～8mm，含 10～20 小 花，熟时淡紫色，小花广开展；颖顶端尖，长 1～2.5mm；外稃宽卵圆形，无芒，有三条明 显的脉，第一外稃长 2mm，内稃稍短于外稃， 与外稃同时脱落，脊上有小睫毛；花药长约 0.5mm。颖果椭圆形，长约 0.8mm。

生境与分布 生于荒山、草地、庭园、路旁等地，南部和中部 地区有分布。

利用价值 牛虱草幼嫩时，鲜草适口性好，牛、羊吃叶，结 实期后适口性降低。

牛虱草抽穗期茎叶的化学成分

生育期	样品	干物质 (%)	占干物质比例（%）						
			粗蛋白	粗脂肪	粗纤维	无氮浸出物	粗灰分	钙	磷
抽穗期	茎叶	86.42	7.81	2.20	31.93	32.23	12.25	0.54	0.33

采集地点：江西省南昌市进贤县下埠集乡；送检单位：江西省农业科学院畜牧兽医研究所。

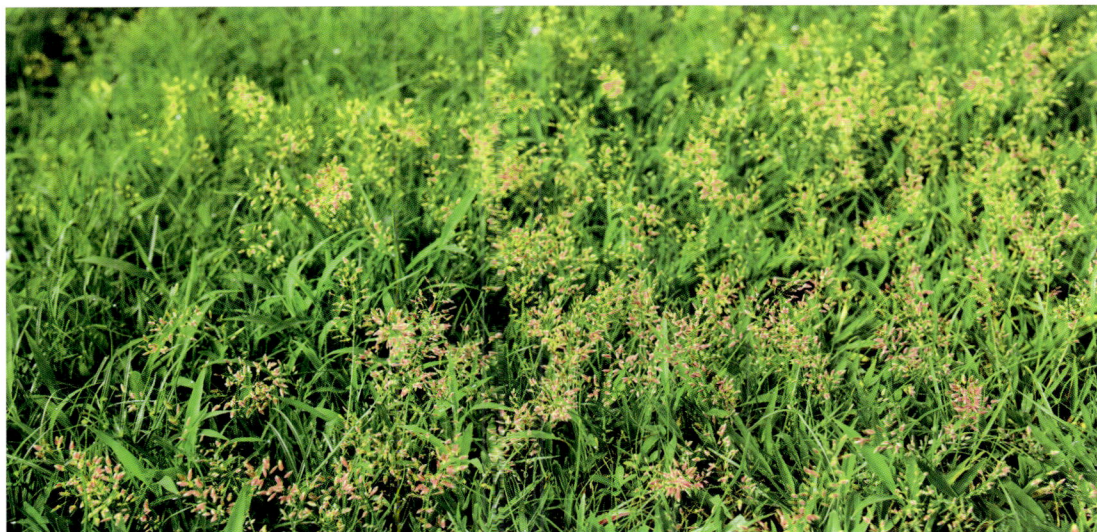

知风草 | 画眉草属 *Eragrostis*

Eragrostis ferruginea (Thunb.) Beauv.

形态特征 多年生草本。秆高 25～75cm。叶鞘强压扁，中脉生腺体；叶舌退化呈短毛；叶片条形。圆锥花序展开，长 20～30cm，基部常包于鞘内，分枝及小穗柄有腺体；小穗带紫黑色，含 7～12 小花；外稃有 3 脉，自下而上脱落。2～3 月萌生，5～6 月生长最旺盛，同时开花，11 月后渐枯萎。

生境与分布 生于路边、山坡草地，全省分布于南北各地。

利用价值 知风草春、夏时节植株柔软，鲜草适口性好，牛、马、羊等各类牲畜均喜食，是发展畜牧业生产的优良牧草之一。秋冬时节，草质干枯，基叶脱落，草质下降，而且随气候的变化，植株含水分少，一般牲畜都不愿采食，只有牛采食少量。根系发达，固土力强，可作保土固堤之用。另外，全草入药可舒筋散瘀。

知风草成熟期、乳熟期茎叶的化学成分

生育期	样品	干物质（%）	占干物质比例（%）						
			粗蛋白	粗脂肪	粗纤维	无氮浸出物	粗灰分	钙	磷
成熟期	茎叶	90.05	3.74	0.98	35.66	46.35	3.32	0.15	0.03
乳熟期	茎叶	94.24	10.11	2.24	34.77	37.80	9.32	0.14	0.23

采集地点：江西省南昌市南昌县莲塘镇；送检单位：江西省农业科学院畜牧兽医研究所。

画眉草 | 画眉草属 *Eragrostis*
Eragrostis pilosa (L.) Beauv.

形 态 特 征　一年生草本。秆高20～63cm。叶舌为一圈纤毛；叶片狭条形，宽2～3mm。圆锥花序15～25cm，分枝近于轮生，枝腋有长柔毛；小穗暗绿或带紫色，长2～7mm，宽约1mm，含3～14小花；第一颖常无脉；第二颖具1脉；外稃侧脉不明显，长1.5～2mm，自下而上脱落。

生境与分布　多生于荒芜田野草地上，全省各地均有。

利 用 价 值　秆叶柔嫩为良好饲草。可作药用治跌打损伤。

画眉草抽穗期茎叶的化学成分

生育期	样品	干物质（%）	占干物质比例（%）						
			粗蛋白	粗脂肪	粗纤维	无氮浸出物	粗灰分	钙	磷
抽穗期	茎叶	91.14	7.79	2.25	33.57	35.17	12.36	0.53	0.35

采集地点：江西省赣州市上犹县五指峰乡；送检单位：江西省农业科学院畜牧兽医研究所。

乱草 | 画眉草属 *Eragrostis*
Eragrostis japonica (Thunb.) Trin.

形态特征 一年生草本。秆高30~100cm。叶舌膜质，边缘呈纤毛状；叶片条形。圆锥花序超过植株长度一半；分枝细，簇生或近于轮生。腋间无毛；小穗卵圆形，成熟后紫色，含4~8小花，小穗轴逐节断落；外稃具3脉。3~4月生长，7~8月最旺盛，9月开花，10~11月枯萎。

生境与分布 生于田野路旁、河边及潮湿地，全省常见。

利用价值 牛、羊喜吃全草。

图片由中国植物图像库提供

乱草抽穗期茎叶的化学成分

生育期	样品	干物质（%）	占干物质比例（%）						
			粗蛋白	粗脂肪	粗纤维	无氮浸出物	粗灰分	钙	磷
抽穗期	茎叶	87.64	7.97	1.01	25.79	47.56	5.31	0.30	0.11

采集地点：江西省景德镇市乐平市镇桥镇；送检单位：江西省农业科学院畜牧兽医研究所。

假俭草 | 蜈蚣草属 *Eremochloa*
Eremochloa ophiuroides (Munro) Hack.

形 态 特 征　多年生草本。有匍匐茎。秆斜生，高 30cm。叶片扁平，顶端钝。总状花序单生秆顶，扁压；穗轴迟缓断落，节间略成棒状，扁压，小穗成对生于各节；有柄小穗退化仅余一扁压的柄；无柄小穗呈覆瓦状排列于穗轴的一侧，含 2 小花，仅第二小花结实；第一颖边缘有不明显的短刺，上部有宽翼。

生境与分布　生于潮湿草地及河岸、路旁，景德镇、上饶等地常见。

利 用 价 值　草丛密，枝叶柔嫩，萌发早，生长期长，为各类家畜所喜食，特别是水牛喜食，常作为农区的放牧草地，是家畜催肥保膘的优良牧草。假俭草作为家畜放牧饲料，适口性好，营养物质消化率较高，耐牧性也较好，但再生慢，不耐强烈的放牧。在群落组成中常与豆科植物伴生，提高饲料质量，是比较理想的放牧型牧草。可铺建草皮及保土护堤之用。

假俭草成熟期茎叶的化学成分

生育期	样品	干物质（%）	占干物质比例（%）						
			粗蛋白	粗脂肪	粗纤维	无氮浸出物	粗灰分	钙	磷
成熟期	茎叶	89.25	4.37	3.02	23.54	40.69	17.63	0.13	0.10

采集地点：江西省上饶市鄱阳县乐丰镇；送检单位：江西省农业科学院畜牧兽医研究所。

图片由侯道取提供

四脉金茅 | 黄金茅属 *Eulalia*
Eulalia quadrinervis (Hack.)Kuntze

形态特征　多年生草本。秆高 70～100cm。基部叶鞘无茸毛；叶片条形，宽 4～6mm，与叶鞘间有关节。总状花序 3～4 枚，指状排列，淡黄色；穗逐节脱落，节间与小穗柄有白色纤毛；小穗成对均结实且同型；无柄小穗长 5～6mm；第一颖顶端尖，两侧具脊，脊间 2～4 脉，脉的顶端作网状汇合；芒自第二外稃的裂齿间伸出，一回膝曲。

生境与分布　生于山坡灌丛及草丛中，分布于全省各地。

利用价值　可作牛、羊饲料。其茎叶还可作造纸原料。

四脉金茅的化学成分

占干物质比例（%）						
粗蛋白	粗脂肪	粗纤维	无氮浸出物	粗灰分	钙	磷
1.23	——	35.48	——	6.5	0.23	0.16

数据来源：余世俊．江西牧草 [M]．南昌：中国农业出版社，1997:24.

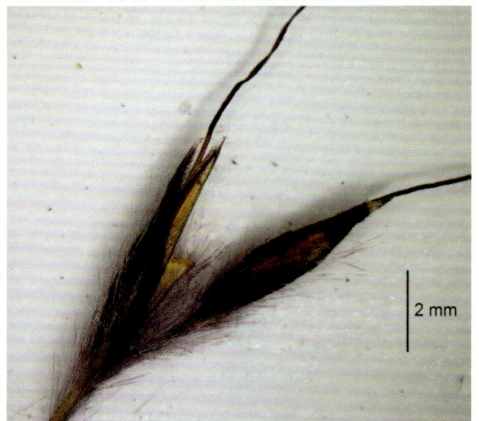

2 mm

金茅 | 黄金茅属 *Eulalia*
Eulalia speciosa (Debeaux) Kuntze

形态特征　多年生草本。秆高 80～150cm，基部叶鞘密生金黄色或棕黄色茸毛。叶片条形，叶鞘间有关节，宽 4～7mm，总状花序 5～8 枚，指状排列，淡黄棕色至棕色，穗轴易逐节断落，节间有纤毛；小穗成对，均结实且同型，无柄小穗长 5mm；第一颖钝头，背部生长柔毛，两侧具脊，脊间 2 脉；芒自透明膜质的第二裂齿间伸出，两回膝曲。春季萌发，夏季旺盛，秋季开花，冬季枯死。

生境与分布　生于排水良好的山坡地及荒山灌丛，全省各地有分布。

利用价值　幼嫩时牛喜吃，具有丰富的药用价值。

苇状羊茅

羊茅属 *Festuca*
Festuca arundinacea Schreb.

形态特征 多年生草本。丛生，须根系，具有短地下茎，茎直立，厚实，坚硬，具 3~5 节，高 98~148cm，先端叶尖锐，叶面粗糙，叶背有光泽，茎叶均光滑无毛。圆锥花序，疏散每小穗有花 5~7 朵，种子小。

生境与分布 生于河谷阶地、灌丛、林缘等潮湿处，宜春、南昌等地有栽培。

利用价值 可青刈、晒制干草及放牧利用。其适口性较好，为各种家畜所喜食。一般当年播种，次年 4 月初可开始利用，如果是宿根多年生植株，则 3 月中下旬即可刈青，年可刈青 2~3 次。留种用，青刈一次，以保种子产量。营养丰富。

苇状羊茅抽穗期茎叶的化学成分

生育期	样品	干物质 (%)	占干物质比例（%）						
			粗蛋白	粗脂肪	粗纤维	无氮浸出物	粗灰分	钙	磷
抽穗期	茎叶	91.57	14.90	1.74	26.90	37.53	10.50	0.64	0.28

采集地点：江西省宜春市高安市相城镇；送检单位：江西省农业科学院畜牧兽医研究所。

扁穗牛鞭草 | 牛鞭草属 *Hemarthria*

Hemarthria compressa (L. f.) R. Br.

形态特征 多年生草本。有长根状茎。秆高达 1m 以上。叶片条形，宽 4~6mm。总状花序微扁，纤细，单生茎顶或成束腋生，长达 10cm；穗轴不易脱落，节间厚；小穗成对生于各节，有柄的不孕，无柄的结实；无柄小穗嵌生于穗轴节间与小穗柄愈合而成的凹穴中，卵状矩圆形，长 6~8mm，第一颖在顶端以下多少收缩。

生境与分布 生于滩地及草地，分布于全省各地。

利用价值 茎叶柔嫩时，稍有甜味，切掉花穗、加水洗净，铡碎后马、牛、羊喜吃，适作家畜的饲草。

扁穗牛鞭草的化学成分

干物质 (%)	占干物质比例（%）						
	粗蛋白	粗脂肪	粗纤维	无氮浸出物	粗灰分	钙	磷
89.02	5.79	2.19	33.68	45.22	2.84	0.20	0.07

数据来源：《中国饲用植物志》编委会. 中国饲用植物志（第 1 卷）[M]. 北京：农业出版社，1987:117.

白茅 | 白茅属 *Imperata*
Imperata cylindrica (L.) Beauv.

形态特征 多年生草本。有长根状茎。秆高达 80cm。叶片条形成条状披针形。圆锥花序紧缩呈穗状，长 5～20cm，有白色丝状柔毛；总状花序短而密，穗轴不断落；小穗成对生于各节，一柄长，一柄短，均结实且同型，含 2 小花，仅第二小花结实，基部密生长为小穗 3～5 倍的丝状毛；第一颖两侧具脊，芒缺。一般春季生长、冬季枯黄。

生境与分布 生于丘陵、河岸草地，广布全省各地。

利用价值 分布广泛，数量多，是草食家畜在饲养上占重要地位的一种野生牧草。水牛、黄牛均喜采食，为各地放牧牲畜、刈青和刈制干草的重要草种。营养价值随草的粗老而逐渐下降，且明显地随季节而变化，愈至后期草质愈劣。根茎含果糖及葡萄糖等，味甜可食，入药为利尿剂，清凉剂。茅花可用于外伤止血，效果甚好。

白茅花序期茎叶的化学成分

生育期	样品	干物质（%）	占干物质比例（%）						
			粗蛋白	粗脂肪	粗纤维	无氮浸出物	粗灰分	钙	磷
花絮期	全株	95.38	3.73	2.27	35.18	47.52	6.68	0.50	0.16

采集地点：江西南昌市南昌县莲塘镇；送检单位：江西省农业科学院畜牧兽医研究所。

箬竹 | 箬竹属 *Indocalamus*
Indocalamus tessellatus (Munro) P. C. Keng.

形 态 特 征　多年生草本。地下茎为复轴型。秆高 2m 左右，直径达 1.5cm，节间约 25cm，中空极小。箨鞘绰存，长 20~25cm，无毛，唯边缘下部具流苏状褐色纤毛，箨舌弧形，两侧有少数遂毛，箨叶大小多变化，形甚窄，可长达 5cm，具小横脉，枝单生或 2 枝生于每节；叶片长披针形，大的可长达 45cm 以上，宽可超过 10cm，下面散生有一行毡毛，次脉多至 15~18 对，小横脉极明显。花序未见。

生境与分布　生于低丘山坡及园地，南昌及山区等地分布。

利 用 价 值　生长快、叶大、产量高，牛、羊喜吃叶片。竹竿可用作竹筷、毛笔杆、扫帚柄等；叶可用作食品包装物、茶叶、斗笠、船篷衬垫等，还可用来加工制造箬竹酒、造纸及提取多糖等；笋可作蔬菜（笋干）或制罐头；植株可作园林绿化。

箬竹苗期叶的化学成分

生育期	样品	干物质 (%)	占干物质比例（%）						
			粗蛋白	粗脂肪	粗纤维	无氮浸出物	粗灰分	钙	磷
苗期	叶	94.08	11.62	1.57	31.12	43.37	6.41	0.32	0.14

采集地点：江西省南昌市南昌县莲塘镇；送检单位：江西省农业科学院畜牧兽医研究所。

有芒鸭嘴草 | 鸭嘴草属 *Ischaemum*
Ischaemum aristatum L.

形态特征　多年生草本。秆高 60~80cm，节上无毛。叶片条状披针形。总状花序成对生于秆顶，互相紧贴呈柱状，穗轴逐节断落，节间与小穗柄粗厚，呈三棱形，外稃均具白色纤毛，内侧无毛，无柄小穗披针形；第一颖下部革质，边缘内折，上部脊有翼，芒自第二稃裂齿间伸出，长约 10mm，中部以下膝曲，有柄小穗多于无柄小穗；第二外稃生一细短的直芒。春季生长，夏季旺盛，秋季开花、结实，冬季枯死。

生境与分布　多生于山坡路旁，南昌、宜春、景德镇、赣州等地常见。

利用价值　适口性良好。放牧家畜常首先采食有芒鸭嘴草，然后采食其他牧草。

有芒鸭嘴草拔节期茎叶的化学成分

生育期	样品	干物质(%)	占干物质比例（%）						
			粗蛋白	粗脂肪	粗纤维	无氮浸出物	粗灰分	钙	磷
拔节期	全株	93.00	6.78	4.04	35.30	40.52	6.36	0.41	0.22

采集地点：江西省赣州市兴国县长冈乡；送检单位：江西省农业科学院畜牧兽医研究所。

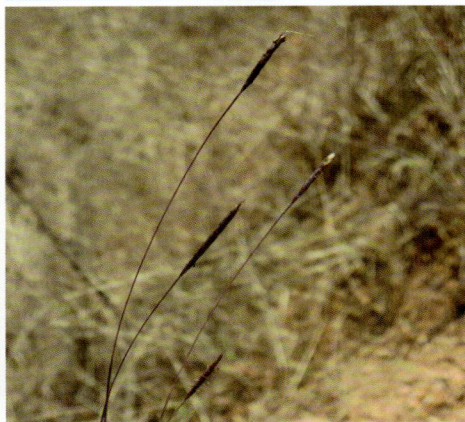

千金子

千金子属 *Leptochloa*
Leptochloa chinensis (L.) Nees

形态特征 一年生草本。秆高 30~90cm，常基部膝曲。叶片条状披针形，宽 2~6mm，与叶鞘均无毛。圆锥花序长 10~30cm，由多数穗形总状花序组成；小穗常带紫色，排列于穗轴的一侧，长 2~4mm，含 3~7 小花；颖具 1 脉，第二颖短于第一外稃；外稃具 3 脉。

生境与分布 生于湿地或田圃间，广布全省各地。

利用价值 牛羊喜食。

千金子结实期茎叶的化学成分

生育期	样品	干物质 (%)	占干物质比例 (%)						
			粗蛋白	粗脂肪	粗纤维	无氮浸出物	粗灰分	钙	磷
结实期	全株	93.80	9.77	2.18	35.63	39.46	6.77	0.60	0.26

采集地点：江西抚州崇仁县相山镇；送检单位：江西省农业科学院畜牧兽医研究所。

多花黑麦草

黑麦草属 *Lolium*
Lolium multiflorum Lam.

形 态 特 征 一年生或越年生。秆直立，高 50~130cm，具 4~5 节。叶片扁平，长 10~20cm，宽 3~8mm，无毛，叶面微粗糙。穗形总状花序直立，长 15~30cm；穗轴柔软，节间长 10~15mm；小穗含 10~15 朵小花，长 10~18mm，宽 3~5mm；颖披针形，具 5~7 脉，顶端钝；外稃长圆状披针形，长约 6mm，具 5 脉，顶端膜质透明，具细芒，内稃约与外稃等长；脊上具纤毛。颖果长圆形。

生境与分布 种植于林下、潮湿草地、冬闲田等，全省有栽培。

利 用 价 值 草质柔软，味道清鲜，各种家畜均喜食，也是兔、鸡和鱼的良好青饲料。可放牧，也可刈割，调制干草或干草粉，作为肉牛的育肥饲料，增重比放牧效果还好。

多花黑麦草拔节期茎叶的化学成分

生育期	样品	干物质 (%)	占干物质比例 (%)						
			粗蛋白	粗脂肪	粗纤维	无氮浸出物	粗灰分	钙	磷
拔节期	全株	92.68	11.55	3.45	28.30	39.60	9.78	0.64	0.37

采集地点：江西省南昌市南昌县莲塘镇；送检单位：江西省农业科学院畜牧兽医研究所。

淡竹叶

淡竹叶属 *Lophatherum*
Lophatherum gracile Brongn.

形态特征　多年生草本。具木质缩短的根状茎。须根中部可膨大为纺锤形。秆高40~100cm。叶片披针形，宽2~3cm，基部狭缩呈柄状，有明显小横脉。圆锥花序；小穗条状披针形，有极短的柄，排列稍偏于穗轴的一侧，长7~12mm，脱节于颖下；不育外稃互相紧包并渐狭小，其顶端的短芒成束而似羽冠。3~4月生长，7~8月旺盛，10~11月枯死。

生境与分布　生于山坡林下或荫蔽处，全省常见。

利用价值　为牛、羊、兔喜吃的牧草。

淡竹叶的化学成分

占干物质比例（%）						
粗蛋白	粗脂肪	粗纤维	无氮浸出物	粗灰分	钙	磷
7.85	——	38.12	——	6.80	0.13	0.15

数据来源：余世俊．江西牧草[M]．北京：中国农业出版社，1997:30。

莠竹
莠竹属 *Microstegium*
Microstegium vimineum (Trin.) A. Camus

形态特征 一年生草本。秆纤细，下部平卧并于节上生根，常多分枝。上部叶鞘常有隐藏小穗，叶片条状披针形，总状花序 2~6 枚，交互排列于秆顶，穗轴逐节断落，节间有纤毛；小穗成对，均结实且同型；无柄小穗长 4~5mm，含 2 小花，第一小花退化仅余内稃；第一颖背部有一浅沟，顶端 2 细齿，上部两侧脊上有小纤毛；芒不伸出小穗之外。

生境与分布 生于林缘与阴湿草地，全省各地均有分布。

利用价值 草质柔嫩，牛、马、羊均喜采食，特别为黄牛和水牛所喜爱。夏秋季常刈割用来调制干草，供冬季补饲耕牛，是一种饲用价值较高的优质牧草。

柔枝莠竹营养期茎叶的化学成分

生育期	样品	干物质 (%)	占干物质比例（%）						
			粗蛋白	粗脂肪	粗纤维	无氮浸出物	粗灰分	钙	磷
营养期	全株	95.36	9.25	1.22	36.37	39.10	9.42	0.47	0.23

采集地点：江西赣州市兴国县长冈乡；送检单位：江西省农业科学院畜牧兽医研究所。

芒 | 芒属 *Miscanthus*
Miscanthus sinensis Andersson.

形态特征　多年生草本。秆高 1~2m。叶条形，宽 6~10mm。圆锥花序扇形，主轴长不超过花序的 1/2；总状花序长 10~30cm；穗轴不断落；节间与小穗柄都无毛；小穗成对生于各苇，一柄短，一柄长，均结实且同形，含 2 小花，第二小花结实；笫二颖两侧有脊，脊间 2~3 脉，背部无毛；芒自第二外稃裂齿间伸出，膝曲；雄蕊 3 枚，柱头自小穗两侧伸出。2~3 月萌芽，6~7 月旺盛，11 月渐枯黄。

生境与分布　遍布于山地、丘陵和荒坡原野，常组成优势群落，全省常见。

利用价值　营养前期，适口性良好，家畜喜食，抽穗后，营养成分大量消耗植株变粗糙，适口性则下降，家畜渐不喜食。为春耕时期有价值的重要饲草，农闲时进行放牧，农忙时割草青饲。在春季耕田和播种之后，可将牛群在芒的草地上放牧。再生力强，一般在 8 月下旬，牧草茎秆刈割后，至 9~10 月间，再生草层植株鲜嫩时，适口性好，牲畜喜食，是良好的深秋季放牧场。在抽穗前也可刈割调制青贮料。秆纤维用途较广，作造纸原料等。

芒拔节期茎叶的化学成分

生育期	样品	干物质 (%)	占干物质比例 (%)						
			粗蛋白	粗脂肪	粗纤维	无氮浸出物	粗灰分	钙	磷
拔节期	茎叶	96.41	9.87	2.76	39.48	36.98	7.32	0.70	0.11

采集地点：江西高安市村前镇；送检单位：江西省农业科学院畜牧兽医研究所。

荻 | 芒属 *Miscanthus*
Miscanthus sacchariflorus (Maxim.) Benth. & Hook. f. ex Franch

形态特征 多年生草本。有根状茎。秆高 60~200cm。叶片条形。圆锥花序扇形，长 20~30cm；主轴长不足花序的 1/2；总状花序长 10~20cm，穗轴不断落，节间与小穗柄都无毛；小穗成对生于各节，一柄长，一柄短，均结实且同型，含 2 小花，仅第二小花结实，基盘的丝状毛长约为小穗的 2 倍；第一颖两侧有脊，背部有长为小穗 2 倍以上的长柔毛；雄蕊 3 枚，柱头自小穗两侧伸出。

生境与分布 生于山坡草地和平原岗地、河岸湿地，南昌、宜春、九江等地有分布。

利用价值 早春，嫩叶是供牛、羊食用的营养价值较高的青饲草，可供放牧利用。放牧后的残茬，夏秋之际尚可割下调制干草。抽穗之后，茎叶逐渐坚硬粗糙，适口性降低，盛夏，大家畜采食其地上部的 1/2，秋季，采食地上部的 1/3。具有防沙、护堤、造纸、苫房等用途。

荻成熟期茎叶的化学成分

生育期	样品	干物质 (%)	占干物质比例 (%)						
			粗蛋白	粗脂肪	粗纤维	无氮浸出物	粗灰分	钙	磷
成熟期	茎叶	96.36	4.50	1.97	37.69	44.52	7.68	0.41	0.161

采集地点：江西进贤县下埠集乡；送检单位：江西省农业科学院畜牧兽医研究所。

五节芒 | 芒属 *Miscanthus*
Miscanthus floridulus (Labill.) Warburg ex K. Schumann

形态特征　多年生草本。秆高 2～4m。叶片条状披针形，宽 1.5～3cm，圆锥花序长椭圆形，长 30～50cm，主轴长达花序的 2/3 以上；总状花序，穗轴不断落，节间与小穗都无毛；小穗成对生于各节，一柄长，一柄短，均结实且同型，含 2 小花，第二小花结实；基盘的毛稍长于小穗；第一颖两侧有脊，背部无毛；芒自膜质的第二外稃裂齿间伸出，膝曲；雄蕊 3 枚；柱头自小穗两侧伸出。全年都萌芽，6～7 月旺盛，11 月后结实，枝枯黄，未结实枝仍常绿。

生境与分布　生于低海拔撂荒地与丘陵潮湿谷地和山坡或草地，南北各地有分布。

利用价值　开花前刈制，茎叶柔软而嫩，叶量多品质好，营养价值高，适口性好，是牛、羊优良饲草。开花以后，草质粗硬，叶缘有细据齿，家畜多不喜采食。可在旺草季节，将嫩草剋下来晒干，扎成捆贮藏作越冬饲草。秆可作造纸原料，根状茎有利尿之效。

五节芒分枝期茎叶的化学成分

生育期	样品	干物质（%）	占干物质比例（%）						
			粗蛋白	粗脂肪	粗纤维	无氮浸出物	粗灰分	钙	磷
分枝期	茎叶	94.56	23.10	2.25	30.94	31.13	7.14	0.27	0.45

采集地点：江西省宜春市高安市相城镇；送检单位：江西省农业科学院畜牧兽医研究所。

罗彩云 提供

类芦 | 类芦属 *Neyraudia*
Neyraudia reynaudiana (Kunth.) Keng ex Hitchc.

形态特征　多年生草本。具木质根状茎。秆高 1～3m，常有分枝，与叶鞘交接处有柔毛。圆锥花序 30～70cm；分枝细长，开展下垂；含 4～8 小花，第一小花有外稃而无毛；颖具 1 脉，外稃具 3 脉，边脉有长约 2mm 的白柔毛。3～4 月生长，6～7 月旺盛，10～11 月枯死。

生境与分布　生于草坡、石山上或河边湿地，赣州、鄱阳湖周边可见。

利用价值　幼嫩时可作饲料。

类芦的化学成分

占干物质比例（%）						
粗蛋白	粗脂肪	粗纤维	无氮浸出物	粗灰分	钙	磷
8.43	——	35.3	——	2.46	0.32	0.11

数据来源：余世俊.江西牧草 [M].北京：中国农业出版社，1997:34。

求米草

求米草属 *Oplismenus*
Oplismenus undulatifolius (Ard.) Roemer & Schuit.

形态特征 一年生草本。秆基部平卧或膝曲，并于节上生根，高 20～50cm。叶片披针形，顶端尾状渐尖，基部斜心形，两面有柔毛。圆锥花序狭，长 5～12cm，分枝少数，基部的枝可达 1cm 长；第一颖具 3 脉，长为小穗的 1/2，顶端有长约 1cm 的芒，第二颖具 5 脉，芒较短；第一外稃具 7～9 脉，第二外稃革质，边缘卷抱内稃。

生境与分布 生于疏林下阴湿处，上饶等地可见。

利用价值 草质柔软，适口性好，营养丰富。植株在生育期内均可饲用，又可调制干草，牛、羊都喜食，是较为理想的放牧型牧草。可作水土保持植物。

求米草成熟期的化学成分

生育期	干物质（%）	占干物质比例（%）						
		粗蛋白	粗脂肪	粗纤维	无氮浸出物	粗灰分	钙	磷
成熟期	92.35	15.65	1.15	30.46	38.87	13.87	0.43	0.23

数据来源：《中国饲用植物志》编委会. 中国饲用植物志，第 5 卷 [M]. 北京：中国农业出版社，1995:53-54.

竹叶草 | 求米草属 *Oplismenus*
Oplismenus compositus (L.) Beauv.

形态特征 多年生草本。秆较纤细，基部平卧地面，节着地生根，上升部分高20~80cm。叶片披针形至卵状披针形，基部多少包茎而不对称，长3~8cm，宽5~20mm，具横脉。圆锥花序长5~15cm，主轴无毛；分枝互生而疏离；小穗孪生；颖草质，近等长，长为小穗的1/2~2/3，边缘常被纤毛，第一颖先端芒长0.7~2cm；第二颖顶端的芒长1~2mm；第一小花中性，外稃革质，先端具芒尖，具7~9脉，内稃膜质；第二外稃革质，平滑，光亮，边缘内卷，包着同质的内稃；鳞片2，薄膜质，折叠；花柱基部分离。花果期9~11月。

生境与分布 生于疏林下阴湿处，上饶等地可见。

利用价值 草质柔软，适口性好，营养丰富。植株在生育期内均可饲用，又可调制干草，牛、羊都喜食，是较为理想的放牧型牧草。

竹叶草抽穗期茎叶的化学成分

生育期	样品	干物质（%）	占干物质比例（%）						
			粗蛋白	粗脂肪	粗纤维	无氮浸出物	粗灰分	钙	磷
抽穗期	茎叶	86.32	11.95	0.89	33.44	30.53	9.51	1.07	0..91

采集地点：江西省上饶市万年县湖云乡；送检单位：江西省农业科学院畜牧兽医研究所。

图片由孟德昌提供

细柄黍 | 黍属 *Panicum*
Panicum sumatrense Rcth ex Roemer et Schultes

形态特征　一年生草本。秆直立，高 20～60cm。叶鞘松弛，叶舌膜质，截形，顶端被睫毛；叶片线形，长 8～15cm，宽 4～6mm，质较柔软，顶端渐尖，基部圆钝，两面无毛。圆锥花序开展，长 10～20cm，宽可达 15cm，基部常为顶生叶鞘所包，花序分枝纤细，微粗糙；小穗卵状长圆形，长约 3mm，顶端尖，无毛，有柄，顶端膨大，柄长于小穗。花果期 7～11 月。

生境与分布　生于丘陵灌丛、荒野草地和山间路旁，南昌、宜春、萍乡、抚州、赣州、上饶、景德镇等地常见。

利用价值　可供放牧、作青饲、晒制干草和作青贮饲料。牛、马、羊都喜食，尤适于喂牛，同时鱼也喜欢吃。宜在抽穗前刈割，这时适口性最好，各种家畜都喜欢采食。

细柄黍结实期茎叶的化学成分

生育期	样品	干物质（%）	占干物质比例（%）						
			粗蛋白	粗脂肪	粗纤维	无氮浸出物	粗灰分	钙	磷
结实期	全株	95.05	5.36	3.45	33.96	46.03	6.24	0.45	0.24

采集地点：江西省抚州市东乡区张古塘镇；送检单位：江西省农业科学院畜牧兽医研究所。

糠稷 | 黍属 *Panicum*
Panicum bisulcatum Thunb.

形 态 特 征　一年生草本。秆直立或茎部平卧，并在节上生根，高 60～100cm。叶条状披针形，圆锥花序长达 30cm；分枝细，疏生小穗；小穗长 2～3mm，含 2 小花，仅第二小花结实，第一颖长为小穗 1/2～1/3；第二颖与外稃等长，具 5 脉，都有细毛；第二外稃薄革质，成熟后黑褐色，边缘卷抱内稃。

生境与分布　生于水边或荒野潮湿处，全省各地可见。

利 用 价 值　糠稷幼嫩时可作牛、羊牧草。作为全谷物食物，营养丰富，具有降低血糖和心血管疾病风险，促进肠道健康，提供长效能量，以及促进体重管理等方面的作用。

雀稗 | 雀稗属 *Paspalum*
Paspalum thunbergii Kunth ex steud.

形态特征　多年生草本。秆高20～55cm。叶片条状披针形，宽4～8mm，两面密生柔毛。总状花序3～6枚，呈总状排列于主轴上，小穗近于圆形，较稀疏地以2～4行排列于穗的一侧，边缘常有微毛；第一颖缺，第二颖与第一外稃相似，第二外稃薄革质，灰白色，细点状粗糙，边缘卷抱内稃。3～4月生长，6～7月旺盛，9～10月结籽，11月枯死。

生境与分布　生于荒野潮湿草地，九江、南昌、宜春、赣州等地有分布。

利用价值　生长前期，茎叶较柔软，为水牛和黄牛所采食。生长后期，茎叶稍粗糙，适口性稍差。适宜早期放牧利用，也可刈制干草或青贮料，供冬春缺草时补饲。

雀稗结实期茎叶的化学成分

生育期	样品	干物质（%）	占干物质比例（%）						
			粗蛋白	粗脂肪	粗纤维	无氮浸出物	粗灰分	钙	磷
结实期	全株	95.12	4.78	2.77	39.45	40.47	7.65	0.75	0.15

采集地点：江西进贤县下埠集乡；送检单位：江西省农业科学院畜牧兽医研究所。

毛花雀稗 | 雀稗属 *Paspalum*
Paspalum dilatatum Poir.

形态特征 多年生疏丛草本植物。须根发达。株高 97～168cm，茎秆粗直、略扁平、光滑，基部呈紫红色。丛生。平均分蘖数 10～30 个。叶长条形，长 28～64cm，宽 0.7～1.3cm，深绿色，下部叶片多，上部叶片稀少，叶鞘有毛。总状花序，花序分枝 12～24 个，穗长 19.5～22cm，小穗长 3～4cm，孪生，覆瓦状排列成 4 行，生于花轴一侧。种子卵圆形，乳白、乳黄至浅褐色。

生境与分布 生于路旁、草地，江西省 1983 年从广西壮族自治区畜牧研究所引进。现南昌、赣州等地可见。

利用价值 营养期至孕穗期草质柔嫩，适口性好，牛、羊、兔、鱼均喜食。可青刈饲喂，也可晒制干草或青贮。混播草地草层高 30cm 以上时可开始放牧。放牧留茬高度应在 15cm 以上。

毛花雀稗结实期茎叶的化学成分

生育期	样品	干物质 (%)	占干物质比例（%）						
			粗蛋白	粗脂肪	粗纤维	无氮浸出物	粗灰分	钙	磷
结实期	茎叶	93.72	7.57	1.39	39.69	36.76	8.31	0.61	0.10

采集地点：江西赣州于都县大陂乡；送检单位：江西省农业科学院畜牧兽医研究所。

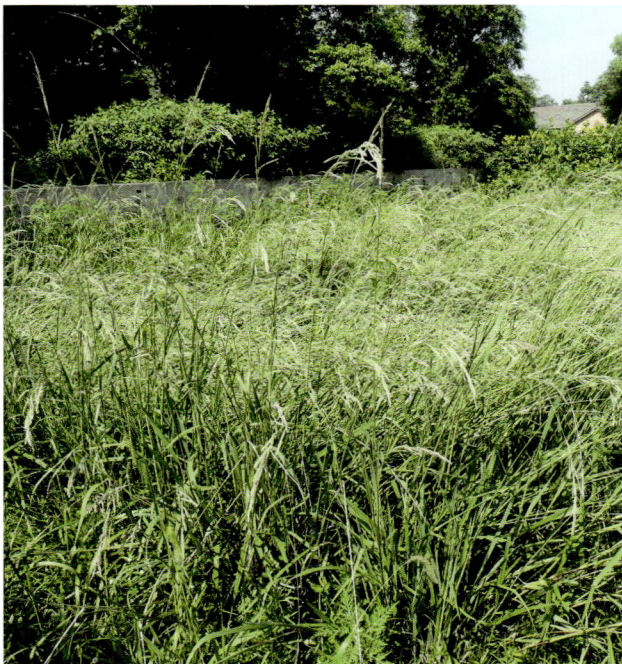

百喜草 | 雀稗属 *Paspalum*
Paspalum notatum Flugge.

形态特征　多年生草本。属细叶型。具粗壮的匍匐茎，长 30~50cm，节间短簇密生，分蘖多，各节具根. 可紧密的固结土壤。根系发达，分布直径约 60cm，根量多，集中分布在 0~30cm 土层中。叶色深绿，光滑有光泽，长 20~35cm，叶宽 0.3~0.35cm。总状花序，指形排列，二分枝，向上外弯，偶有 3~4 枝。穗轴细长，12~14cm，小穗卵形二列互生于分枝的单侧。种子（颖果）外被蜡质的颖片紧密包裹，故难吸水，影响发芽率。

生境与分布　生于路旁、草地，'赣引百喜草'于 2001 年通过江西品种审定，并开始推广种植。宜春、南昌等地可见。

利用价值　叶量丰富，早春、初夏和再生草的品质高，最佳放牧利用和青割舍饲应在抽穗前进行。冬季枯草柔软，适口性较好，是一种很好的冬季放牧饲草。可调制青干草，刈割调制的最佳期是在抽穗阶段进行，后期营养价值下降。

百喜草结实期茎叶的化学成分

生育期	样品	干物质（%）	占干物质比例（%）						
			粗蛋白	粗脂肪	粗纤维	无氮浸出物	粗灰分	钙	磷
结实期	全株	94.76	5.55	3.91	31.52	45.44	8.34	1.23	0.18

采集地点：江西省南昌市南昌县莲塘镇；送检单位：江西省农业科学院畜牧兽医研究所。

狼尾草

狼尾草属 *Pennisetum*
Pennisetum alopecuroides (L.) Spreng.

形 态 特 征 多年生草本。秆高 30～100cm。花序以下常生柔毛。叶片条形，穗状花序 5～20cm，主轴密生柔毛；刚毛状小枝常呈紫色；小穗通常单生于由多数刚毛状小枝组成的总苞内，并于成熟时与它一起脱落，第一颖微小，第二颖长为小穗的 1/2～2/3；第一外稃与小穗等长，边缘常抱卷第二外稃；第二外稃软骨质，边缘薄，卷抱内稃。3～4 月生，6～7 月长，11 月后逐渐枯死。

生境与分布 多生于田岸、荒地、道旁及小山坡上，全省常见。

利 用 价 值 幼嫩时质地柔软，生长快，叶量丰富，各种家畜均喜食，为优等牧草。可放牧，也可刈制干草或青贮，开花后，粗纤维增加，适口性降低，是天然草场上较好的牧草之一。可作编织或造纸的原料，以及固堤防沙植物。

狼尾草结实期、初花期茎叶的化学成分

生育期	样品	干物质 (%)	占干物质比例 (%)						
			粗蛋白	粗脂肪	粗纤维	无氮浸出物	粗灰分	钙	磷
结实期	全株	95.04	8.08	1.98	33.50	43.17	8.31	0.50	0.18
初花期	茎叶	95.57	7.24	3.01	32.75	42.36	10.21	0.52	0.18

采集地点：江西省赣州市龙南县九连山、江西省萍乡市芦溪县新泉乡；送检单位：江西省农业科学院畜牧兽医研究所。

象草 | 狼尾草属 *Pennisetum*
Pennisetum purpureum Schum.

形态特征　多年生草本。株高 2～3m，可达 5m 以上。茎丛生，直立，有节。分蘖再生力强，一般每丛分蘖 30～35 个以上。叶互生，长 40～100cm，宽 1～2cm，叶面具茸毛。在江西省不开花、不结实。

生境与分布　丘陵、田间地头、塘边、堤岸、荒地均可生长，1964 年从广东引进试种。在全省气候条件下不能开花结实，故只能采用无性繁殖。1969 年开始繁殖推广，现广布于全省各地。

利用价值　多年生牧草，产量高，全省每年可以刈割 4～5 次。适期刈割，柔软多汁，适口性很好，品质优良，利用率高，牛、马、羊、兔、鹅等畜禽均喜吃，幼嫩时期也是猪、鱼的好饲料。除四季给家畜提供青饲料外，也可调制成干草或青贮料备用。具有很高的经济价值，是全省主推牧草品种。根系十分发达，种植在塘边、堤岸，可起到护堤保土作用。

百喜草结实期茎叶的化学成分

生育期	样品	干物质（%）	占干物质比例（%）						
			粗蛋白	粗脂肪	粗纤维	无氮浸出物	粗灰分	钙	磷
拔节期	茎叶	96.12	10.32	1.31	33.46	42.50	8.53	0.83	0.15

采集地点：江西省南昌市南昌县莲塘镇；送检单位：江西省农业科学院畜牧兽医研究所。

显子草

显子草属 *Phaenosperma*
Phaenosperma globosa Munro ex Benth.

形态特征 多年生草本。根较稀疏而硬。秆光滑无毛，直立，坚硬，高100~150cm，具4~5节。叶鞘光滑，通常短于节间；叶舌质硬，长5~15 (25) mm，两侧下延；叶片宽线形，常翻转而使上面向下成灰绿色，下面向上成深绿色，基部窄狭，先端渐尖细，长10~40cm，宽1~3cm。圆锥花序长15~40cm，分枝在下部者多轮生，幼时向上斜升，成熟时极开展；小穗背腹压扁；两颖不等长，第一颖长2~3mm，两侧脉甚短，第二颖长约4mm，具3脉；外稃长约5mm，具3~5脉；颖果倒卵球形，长约3mm，黑褐色，表面具皱纹，成熟后露出稃外。花果期5~9月。

生境与分布 生于山坡林下、山谷溪旁及路边草丛，九江、赣州有分布。

利用价值 牛羊吃其嫩茎叶。全草入药，用于病后体虚、经闭。

虉草 | 虉草属 *Phalaris*
Phalaris arundinacea L.

形态特征 多年生草本。有根茎。秆高 60~140cm，有 6~8 节。叶鞘无毛；叶舌薄膜质，长 2~3mm；叶片扁平，幼嫩时微粗糙，长 6~30cm，宽 1~1.8cm。圆锥花序紧密狭窄，长 8~15cm，分枝直向上举，密生小穗；小穗长 4~5mm；颖沿脊上粗糙，上部有极狭的翼；孕花外稃宽披针形，长 3~4mm，上部有柔毛；内稃舟形，背具 1 脊，脊的两侧疏生柔毛；花药长 2~2.5mm；不孕外稃 2 枚，退化为线形，具柔毛。花果期 6~8 月。

生境与分布 生于林下、潮湿草地或水湿处，中部和北部等地有分布。

利用价值 幼嫩时为牲畜喜食的优良牧草，马、牛、羊等家畜喜欢吃，刈割或放牧以后再生力很强。在营养期，营养成分含量最高；但在开花抽穗后，营养成分急剧下降，而纤维含量显著上升。因此，应在抽穗前利用为好。可青刈饲喂，也可割制干草和青贮，以及放牧利用。可和苜蓿、白三叶等豆科牧草组成混播草地。秆可编织用具或造纸，也是良好的水土保持植物。

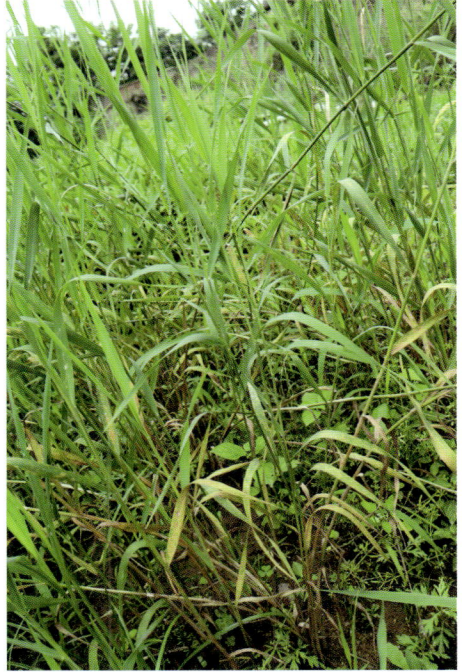

虉草抽穗期茎叶的化学成分

生育期	样品	干物质（%）	占干物质比例（%）						
			粗蛋白	粗脂肪	粗纤维	无氮浸出物	粗灰分	钙	磷
抽穗期	全株	95.63	7.13	2.47	19.08	58.28	8.67	0.45	0.14

采集地点：江西省南昌市南昌县莲塘镇；送检单位：江西省农业科学院畜牧兽医研究所。

芦苇 | 芦苇属 *Phragmites*
Phragmites australis (Cav.) Trin. ex Steud.

形态特征 多年生草本。秆高 1～3m。具粗壮根状茎。叶片宽 1～3.5cm。圆锥花序长 10～40cm，微垂头，分枝斜上或微伸展；通常含 4～7 小花，第一小花常为雄性；颖及外稃均有 3 条脉；外稃无毛。

生境与分布 生于池塘、河旁、湖边等地，全省各地广布。

利用价值 幼嫩时可作饲料。嫩茎叶为各种家畜所喜食，特别是马、牛等大家畜喜食。可作放牧草地，也可作割草地，还可青贮和调制干草。茎秆可供造纸、编织。

芦苇营养期的化学成分

生育期	干物质（%）	占干物质比例（%）						
		粗蛋白	粗脂肪	粗纤维	无氮浸出物	粗灰分	钙	磷
营养期	92.46	10.65	2.28	30.92	41.46	7.15	——	——

数据来源：《中国饲用植物志》编委会 . 中国饲用植物志（第 3 卷）[M]. 北京：农业出版社，1991：75.

毛竹 | 刚竹属 *Phyllostachys*
Phyllostachys edulis (Carriere) J. Houzea□

形态特征　秆高达 20 多 m，秆直径可达 20 多 cm。幼秆密被细柔毛及厚白粉，箨环有毛，老秆无毛，并由绿色渐变为绿黄色；基部节间甚短而向上则逐节较长，中部节间长达 40cm。箨鞘背面黄褐色，具黑褐色斑点及密生棕色刺毛；箨耳微小；箨舌宽短，强隆起乃至尖拱形，边缘具粗长纤毛；箨片较短，长三角形至披针形，有波状弯曲，绿色，初时直立，以后外翻。末级小枝具 2～4 叶；叶耳不明显；叶舌隆起；叶片较小较薄，披针形，长 4～11cm，宽 0.5～1.2cm。花枝穗状，基部托以 4～6 片逐渐稍较大的微小鳞片状苞片；佛焰苞通常在 10 片以上，常偏于一侧，呈整齐的覆瓦状排列，每片孕生佛焰苞内具 1～3 枚假小穗。小穗仅有 1 朵小花；小穗轴延伸于最上方小花的内稃之背部，呈针状，节间具短柔毛；颖 1 片，顶端常具锥状缩小叶有如佛焰苞；颖果长椭圆形，顶端有宿存的花柱基部。笋期 4 月，花期 5～8 月。

生境与分布　生于丘陵、低山山麓地带。全省各地广泛分布。

利用价值　常绿，叶柔软，适口性及营养价值均较好。牛、羊喜食。叶自然落地后可用于放牧，也可晒制干草。秆型粗大，宜供建筑用，如梁柱、棚架、脚手架等，篾性优良，供编织各种粗细的用具及工艺品，枝梢作扫帚，嫩竹及秆箨作造纸原料，笋可食味美。

毛竹营养期的化学成分

生育期	样品	干物质（%）	占干物质比例（%）						
			粗蛋白	粗脂肪	粗纤维	无氮浸出物	粗灰分	钙	磷
营养期	叶片	95.99	15.12	2.30	27.26	39.25	12.06	2.07	0.12

采集地点：江西省南昌市南昌县莲塘镇；送检单位　江西省农业科学院畜牧兽医研究所。

早熟禾

早熟禾属 *Poa*
Poa annua L.

形态特征 一年生或越年生草本。秆细弱，丛生，高 8～30cm。叶舌钝圆；叶鞘自中部以下闭合，叶片柔软。圆锥花序开展，长 2～7cm，分枝每节 1～2(3) 枚；小穗含 3～6 花，颖边缘宽膜质，第一颖长 1.5～2mm，具 1 脉，第二颖具 3 脉，外稃边缘及顶端呈宽膜质，5 脉明显，脊下和边脉具柔毛，基盘无绵毛，第一外稃长 3～4mm；内稃脊上具柔毛；花药长 0.5～1mm。1～2 月生长，3～4 月旺盛，5～6 月渐枯。

生境与分布 生于平原和丘陵的路旁草地、田野水沟或荫蔽荒坡湿地，南昌、九江等地有分布。

利用价值 早熟禾幼嫩时营养丰富，马、牛、羊、驴、兔都喜采食。在种子乳熟期前，马、牛、羊喜食；成熟后期，茎秆下部变粗硬，适口性降低，上部茎叶，牛、羊仍喜食。干草为牲畜优良的补饲草。对于禽类和猪，也具有良好的饲用价值。还可作为草坪草利用。

早熟禾结实期茎叶的化学成分

生育期	样品	干物质 (%)	占干物质比例（%）						
			粗蛋白	粗脂肪	粗纤维	无氮浸出物	粗灰分	钙	磷
结实期	全株	93.03	7.81	3.35	21.30	54.08	6.48	0.53	0.36

采集地点：江西省南昌市南昌县莲塘镇；送检单位：江西省农业科学院畜牧兽医研究所。

白顶早熟禾 | 早熟禾属 *Poa*
Poa acroleuca Steud.

形态特征 一年生或二年生草本。秆丛生，细弱平滑，高 25~50cm。叶鞘光滑，常完全闭合；叶舌长 0.5~1mm，叶片柔软。圆锥花序金字塔形，长 8~23cm；小穗粉绿色，含 2~6 小花；颖质薄，披针形，具狭膜质边缘，第一颖长 1.5~2mm，1 脉，第二颖长 2~2.5mm，3 脉；外稃矩圆形，脊及边脉的中部以下生长柔毛，基盘有绵毛，第一外稃长 2~3.5mm。花药淡黄色。1~2 月萌生，3~4 月长成，5~6 月渐枯萎。

生境与分布 生于沟边或阴湿处，中部和南部有分布。

利用价值 适口性与早熟禾相似。牛羊鱼喜食。产量高于早熟禾，具有栽培价值。

白顶早熟禾拔节期茎叶的化学成分

生育期	样品	干物质 (%)	占干物质比例（%）						
			粗蛋白	粗脂肪	粗纤维	无氮浸出物	粗灰分	钙	磷
拔节期	全株	91.77	15.41	4.13	23.89	37.58	10.72	0.53	0.36

采集地点：江西省南昌市南昌县莲塘镇　送检单位：江西省农业科学院畜牧兽医研究所。

草地早熟禾 | 早熟禾属 *Poa*
Poa pratensis L.

形态特征　多年生草本。具发达的匍匐根状茎。秆疏丛生，直立，高50～90cm，具2～4节。叶鞘平滑或糙涩，长于其节间，并较其叶片为长；叶舌膜质；叶片线形，扁平或内卷，长30cm，宽3～5mm，顶端渐尖，蘖生叶片较狭长。圆锥花序金字塔形或卵圆形，长10～20cm，宽3～5cm；分枝开展，每节3～5枚，二次分枝，小枝上着生3～6枚小穗，中部以下裸露；小穗柄较短；小穗卵圆形，绿色至草黄色，含3～4小花；颖卵圆状披针形，顶端尖，平滑，第一颖长2.5～3mm，具1脉，第二颖长3～4mm，具3脉；外稃膜质，顶端稍钝，具少许膜质，脊与边脉在中部以下密生柔毛，间脉明显，基盘具稠密长绵毛；第一外稃长3～3.5mm；内稃较短于外稃。颖果纺锤形，具3棱。花期5～6月，7～9月结实。

生境与分布　生于湿润草甸、沙地、草坡，中部地区可见。

利用价值　适口性与早熟禾相似。牛羊鱼喜食。可作草坪、水土保持。

图片由罗有军提供

金丝草 | 金发草属 *Pogonatherum*
Pogonatherum crinitum (Thunb.) Kunth

形态特征　多年生草本。秆高 15～20cm。叶片条形，宽 1.5～3.5mm。总状花序单生，乳黄色，穗轴逐节断落；小穗成对，均结实，有柄小穗较少，无柄小穗长 2～3mm，含 1 两性小花；第一颖边缘扁平无脊，顶端截形并有纤毛；第二颖具细长而弯曲的芒，第二外稃的裂齿间伸出一弯曲、长 18～24mm 的芒；雄蕊 1 枚。3～4 月生，6～7 月长，8～10 月开花，11 月后枯死。

图片由康瑞华提供

生境与分布　生于田埂、山边、路旁、河、溪边、石缝瘠土或灌木下阴湿地，全省宜春及环鄱阳湖周边常见。

利用价值　幼嫩时牛、羊吃叶，是牛马羊喜食的优良牧草。全株入药，有清凉散热、解毒、利尿通淋之药效。

金丝草营养期茎叶的化学成分

生育期	样品	干物质（%）	占干物质比例（%）						
			粗蛋白	粗脂肪	粗纤维	无氮浸出物	粗灰分	钙	磷
营养期	全株	94.22	9.78	1.95	32.74	33.47	16.28	0.62	0.17

采集地点：江西省宜春市奉新县百丈山镇；送检单位：江西省农业科学院畜牧兽医研究所。

棒头草

棒头草属 *Polypogon*
Polypogon fugax Nees ex Steud.

形态特征　一年生草本。秆丛生，基部膝曲，大都光滑，高 10～75cm。叶片扁平，微粗糙或下面光滑，长 2.5～15cm，宽 3～4mm。圆锥花序穗状，长圆形或卵形，较疏松，具缺刻或有间断；小穗长约 2.5mm，灰绿色或部分带紫色；颖长圆形，疏被短纤毛，先端 2 浅裂，芒从裂口处伸出，细直，微粗糙；外稃光滑，先端具微齿，中脉延伸成芒。颖果椭圆形。花果期 4～9 月。

生境与分布　生于山坡，田边，潮湿处，中、南部有分布。

利用价值　上繁牧草，株丛中叶片多且分布均匀，叶片较为柔软，适口性好，无论放牧、青刈或调制成干草，均为牛、马、羊、兔等各类草食家畜所喜食。

棒头草开花期茎叶的化学成分

生育期	样品	干物质（%）	占干物质比例（%）						
			粗蛋白	粗脂肪	粗纤维	无氮浸出物	粗灰分	钙	磷
开花期	茎叶	89.71	7.19	1.48	32.50	39.67	8.87	2.13	0.12

采集地点：江西省南昌市南昌县莲塘镇；送检单位：江西省农业科学院畜牧兽医研究所。

筒轴茅 | 筒轴茅属 *Rottboellia*
Rottboellia cochinchinensis (Loureiro) Clayton

形态特征　一年生草本。秆高达2m，多分枝。叶片条状披针形至条形，宽5～20cm。总状花序圆柱形，单生茎顶，粗糙，长8～15cm，粗3～4mm；穗轴逐节断落，节间肥厚，与小穗柄紧密贴生；无柄小穗嵌生于穗轴节间与小穗柄形成的凹穴中，长4～5mm，有细疣点，有柄小穗绿色，通常较小，雄性。

生境与分布　多生于田野、路旁草丛中，中、南部有分布。

利用价值　幼嫩时可作饲料。全草入药，治小便不利。

筒轴茅结实期茎叶的化学成分

生育期	样品	干物质 (%)	占干物质比例（%）						
			粗蛋白	粗脂肪	粗纤维	无氮浸出物	粗灰分	钙	磷
结实期	全株	94.78	9.02	3.31	34.25	36.54	11.67	0.42	0.35

采集地点：江西省宜春市奉新县柳溪乡；送检单位：江西省农业科学院畜牧兽医研究所。

斑茅 | 甘蔗属 *Saccharum*
Saccharum arundinaceum Retz.

形态特征 多年生草本。秆粗壮，高2～4m，粗达2cm，花序下无毛。叶片条状披针形，宽3～6mm。圆锥花序大型，白色，长30～60cm，主轴无毛；总状花序多节；穗轴逐节断落，节间有长丝状纤毛；小穗成对生于各节，一有柄，一无柄，均结实且同型，长3.5～4mm，含2小花，仅第二小花结实，基盘的毛远短于小穗；第一颖顶端渐尖，两侧具脊，背部有长柔毛；第二外稃透明膜质，顶端仅有小尖头。3～4月萌生，7～8月旺盛，9～10月开花结实，11月后渐枯黄。

生境与分布 生于山坡或溪流旁，景德镇、九江、宜春、吉安、赣州等地有分布。

利用价值 粗质性高秆禾草，在野地仅水牛采食部分嫩叶，抽茎以后叶缘有细锯齿，家畜多不采食，因而饲用价值很低。可将幼嫩叶割下晒干贮藏作牛的越冬饲料，或秋季将茎叶割下，放火烧掉残茬，翌年新发嫩叶适口性大大提高，并可促进再生。茎叶由淡绿色变为黄褐色时，茎可编席，通称"斑茅席"；茎叶可造纸，也可作人造棉原料。

斑茅拔节期茎叶的化学成分

生育期	样品	干物质(%)	占干物质比例（%）						
			粗蛋白	粗脂肪	粗纤维	无氮浸出物	粗灰分	钙	磷
拔节期	茎叶	96.14	5.19	1.04	43.53	40.30	6.08	0.21	0.11

采集地点：江西省景德镇市乐平市接渡镇；送检单位：江西省农业科学院畜牧兽医研究所。

囊颖草 | 囊颖草属 *Sacciolepis*
Sacciolepis indica (L.) A. Chase

形 态 特 征　一年生草本。秆高 20～70cm。叶片圆形，宽 3～6mm。小穗长 2.5～3mm，有顶端呈杯状的短柄；第一颖为小穗的 1/2～2/3，具 3～5 脉；第二颖具 7～9 脉，背部弓形隆起，基部呈囊状，等长于有 9 脉的第一外稃；第二外稃厚纸质，平滑光亮，长约为小穗的 1/2，边缘卷抱内稃。3～4 月生，6～7 月旺盛，9～10 月开花结实，11 月枯死。

生境与分布　生于稻田中或水湿地，赣南等地有分布。

利 用 价 值　牛、羊采食嫩茎叶。

囊颖草的化学成分

占干物质比例（%）						
粗蛋白	粗脂肪	粗纤维	无氮浸出物	粗灰分	钙	磷
5.07	——	31.22	——	16.29	0.23	0.07

数据来源：余世俊.江西牧草 [M].北京：中国农业出版社，1997:45.

红裂稃草 | 裂稃草属 *Schizachyrium*
Schizachyrium sanguineum (Retz.) Alston

形态特征　多年生草本。须根较坚韧。秆直立，丛生，坚韧，红褐色，压扁，上部节间一侧具凹沟，高 50～100cm。叶鞘光滑无毛。背具脊；叶舌膜质，叶片较厚，先端尖。总状花序丛生，细弱；被鞘状苞片；穗轴节间一侧扁平，等长或稍短于无柄小穗，顶端粗大具 2 齿，边缘无毛或具纤毛，无柄小穗狭线形，基部具短须毛；第一颖背面粗糙，先端 2 微齿；第二颖膜质，舟形，脊具狭翼，第一外稃等于颖，有纤毛，第二外稃较颖短 1/3，深 2 裂达基部，自裂片间伸出膝曲芒；芒扭转；雄蕊 3 枚。颖果线形，扁平。2～3 月生长，5～8 月旺盛，10 月开花，12 月枯死。

生境与分布　生于山坡草地，中、南部常见。

利用价值　牛、羊吃少量叶。

红裂稃草的化学成分

占干物质比例（%）						
粗蛋白	粗脂肪	粗纤维	无氮浸出物	粗灰分	钙	磷
3.01	——	36.4	——	5.38	0.05	0.07

数据来源：余世俊．江西牧草 [M]．北京：中国农业出版社，1997:46.

裂稃草 | 裂稃草属 *Schizachyrium*
Schizachyrium brevifolium (Sw.) Nees ex Buse

形 态 特 征 一年生草本。秆细多枝，基部平卧或斜升。叶片条形，顶端钝。总状花序
细弱，单生，托以鞘状苞片；穗轴逐节断落，顶端膨大并有2齿；无柄小穗
长约3mm；第一颖两侧有脊；芒第二外裂稃裂片间伸出；有柄小穗退化仅
存一颖，顶端有细直芒。一般2~3月萌生，5~7月旺盛，10月开花结实，
11月后渐枯死。

生境与分布 生于阴湿处或山坡草地，全省常见。

利 用 价 值 为牛的一般饲料。羊不吃。

裂稃草的化学成分

占干物质比例（%）						
粗蛋白	粗脂肪	粗纤维	无氮浸出物	粗灰分	钙	磷
3.34	——	35.95	——	7.39	0.40	0.40

数据来源：余世俊.江西牧草[M].北京：中国农业出版社，1997:46.

狗尾草 | 狗尾草属 *Setaria*
Setaria viridis (L.) Beauv.

形态特征 一年生草本。秆高 30～100cm。须根。叶片条状披针形。圆锥花序紧密呈柱状，长 2～15cm；小穗长 2～2.5mm，2 至数枚成簇生于缩短的分枝上，基部有刚毛状小枝 1～6 条，成熟后与刚毛分离而脱落；第二外稃有细点状皱纹，成熟时背部稍隆起，边缘卷抱内稃。3～4 月出苗，6～7 月旺盛，8～9 月结籽，11 月后枯死。

生境与分布 生于荒野、道旁，全省常见。

利用价值 茎叶柔软，无论是鲜草或是干草均是良等牧草，鲜干草马、牛乐食，羊喜食草场上的枯落干草、青干草。

狗尾草结实期茎叶的化学成分

生育期	样品	干物质（%）	占干物质比例（%）						
			粗蛋白	粗脂肪	粗纤维	无氮浸出物	粗灰分	钙	磷
结实期	全株	96.05	10.69	4.73	26.61	44.88	9.14	0.64	0.24

采集地点：江西省景德镇市乐平市镇桥镇；送检单位：江西省农业科学院畜牧兽医研究所。

金色狗尾草 | 狗尾草属 *Setaria*
Setaria pumila (Poiret) Roemer et Schultes

形态特征 一年生草本。秆高 20～90cm。叶片条形，圆锥花序柱状，刚毛状小枝金黄色；小穗长 3～4cm，单独着生常伴有不孕小穗；第一颖长为小穗的 1/3；第二颖为小穗的 1/2；第二外稃成熟时有明显的横皱纹，背部强烈隆起。

生境与分布 生于林边、山坡、路边和荒芜的园地及荒野，抚州、赣州、景德镇等地可见。

利用价值 幼嫩时畜禽爱吃。结实期后羊吃其枯落干草、青干草。

金色狗尾草结实期茎叶的化学成分

生育期	样品	干物质（%）	占干物质比例（%）						
			粗蛋白	粗脂肪	粗纤维	无氮浸出物	粗灰分	钙	磷
结实期	全株	92.57	8.30	3.28	24.42	46.93	9.64	0.65	0.32

采集地点：江西省景德镇市乐平市接渡镇；送检单位：江西省农业科学院畜牧兽医研究所。

棕叶狗尾草

狗尾草属 *Setaria*
Setaria palmifolia (koen.) Stapf

形态特征　多年生草本。具根茎，须根较坚韧。秆直立，高 0.75～2m，直径约 3～7mm，基部可达 1cm，具支柱根。叶鞘松弛，具疣毛，少数无毛，上部边缘具较密而长的疣基纤毛，毛易脱落，下部边缘薄纸质，无纤毛；叶舌长约 1mm；叶片纺锤状宽披针形，长 20～59cm，宽 2～7cm，先端渐尖，基部窄缩呈柄状，具纵深皱折。圆锥花序主轴长 20～60cm，宽 2～10cm，主轴具棱角，分枝排列疏松，甚粗糙，长达 30cm；小穗卵状披针形，长 2.5～4mm，排列于小枝的一侧。成熟小穗不易脱落。颖果卵状披针形，具不甚明显的横皱纹。

生境与分布　生于山坡或谷地林下阴湿处，萍乡、赣州、上饶等地可见。

利用价值　牛羊吃其叶。

棕叶狗尾草成熟期茎叶的化学成分

生育期	样品	干物质 (%)	占干物质比例（%）						
			粗蛋白	粗脂肪	粗纤维	无氮浸出物	粗灰分	钙	磷
成熟期	全株	95.14	10.99	1.67	24.59	46.41	11.48	0.68	0.13

采集地点：江西省赣州市信丰县古陂镇；送检单位：江西省农业科学院畜牧兽医研究所。

苏丹草 | 高粱属 *Sorghum*
Sorghum sudanense (Piper) Stapf

形态特征　一年生草本植物。根系发达，入土深可达 2m。茎高达 2～3m，直立，中空，茎髓稍带甜味。分蘖多，主要靠近地表的几个茎节上产生分枝，一般 20～30 个。茎基部 20cm 处有不定根支持。叶宽线形，长达 80cm，宽 3～4cm 平展而两端稍狭，叶面光滑无茸毛。无叶耳，叶舌膜质。花序为疏散圆锥花序，形似高粱，穗长达 44cm。子实为颖果。种子呈扁卵形，有短芒。色泽随品种不同而异，有淡黄、棕褐色及黑色之分。

生境与分布　对土壤要求不严，无论砂壤土、黏重土、微酸性土壤或盐碱土均可栽培。江西省 1977 年从苏北农学院引进。全省均可栽培。

利用价值　茎叶柔嫩，适口性好，营养丰富，为大小牲畜所喜食。幼嫩植株含氢氰酸较多，长至 60cm 以上饲喂牲畜，则很少有中毒危险。用于青饲宜在营养期株高 1m 左右刈割。茎秆含糖丰富，抽穗至开花时刈割最适于调制青贮饲料。调制干草以开花期刈割为好，其茎叶比玉米、高粱柔软，茎秆也比其细，故调制容易。鲜草和青贮料都是奶牛的优质饲草。采种后的秆可干燥后粉碎，作为粗饲料饲喂牛、羊等草食畜禽。草地可供牛、马、羊等草食畜禽放牧之用。亦是鱼的高产优质青饲料之一。

苏丹草抽穗期茎叶的化学成分

生育期	样品	干物质（%）	占干物质比例（%）						
			粗蛋白	粗脂肪	粗纤维	无氮浸出物	粗灰分	钙	磷
抽穗期	茎叶	89.86	6.21	1.77	32.14	41.32	8.42	0.57	0.23

采集地点：江西省南昌市南昌县莲塘镇；送检单位：江西省农业科学院畜牧兽医研究所。

甜高粱

高粱属 *Sorghum*
Sorghum dochna (Forssk.) Snowden

形态特征 一年生草本。须根较粗，常于秆的基部具支撑根。秆粗壮，高 2～4m，基部径 2～2.5cm，多汁液，味甜。叶 7～12 片或较多，长约 1m，宽约 8cm；叶舌硬膜质；叶鞘无毛或有白粉。花序紧密或稍紧密，椭圆形，椭圆状长圆形或长圆形；花序梗直立；分枝多数至数枚于节上近轮生，直立或斜升，通常疏生柔毛或具细刺毛而粗糙。无柄小穗椭圆形、椭圆状长圆形至倒卵状长圆形；颖幼时纸质或薄革质，熟时硬纸质；外稃膜质透明，椭圆形或椭圆状长圆形，多少具毛；内稃椭圆形至卵形，顶端近全缘。颖果成熟时顶端或两侧裸露，椭圆形至椭圆状长圆形；种胚明显，椭圆形。有柄小穗披针形，雄性或中性，宿存。花果期 6～9 月。

生境与分布 可在全省各种地貌类型土壤上种植，中、南部有栽培。

利用价值 品质好，畜禽均喜食，可作鱼饲料。

大油芒

大油芒属 *Spodiopogon*
Spodiopogon sibiricus Trin.

形态特征　多年生草本。秆高 90~100cm，通常不分枝。叶片阔条形，圆锥花序长15~20cm；总状花序 2~4 节。生于细长的枝端，穗轴逐节断落，节间及小穗呈棒状；小穗成对，一有柄，一无柄，均结实且同型，多少呈圆筒形，含 2 小花，仅第 2 小花结实；第一颖遍布柔毛，顶部两侧有不明显的脊；芒自第二外稃二深裂齿间伸出，中部膝曲。3~4 月萌芽，7 月旺盛，10 月结实，11 月后叶部分散落。

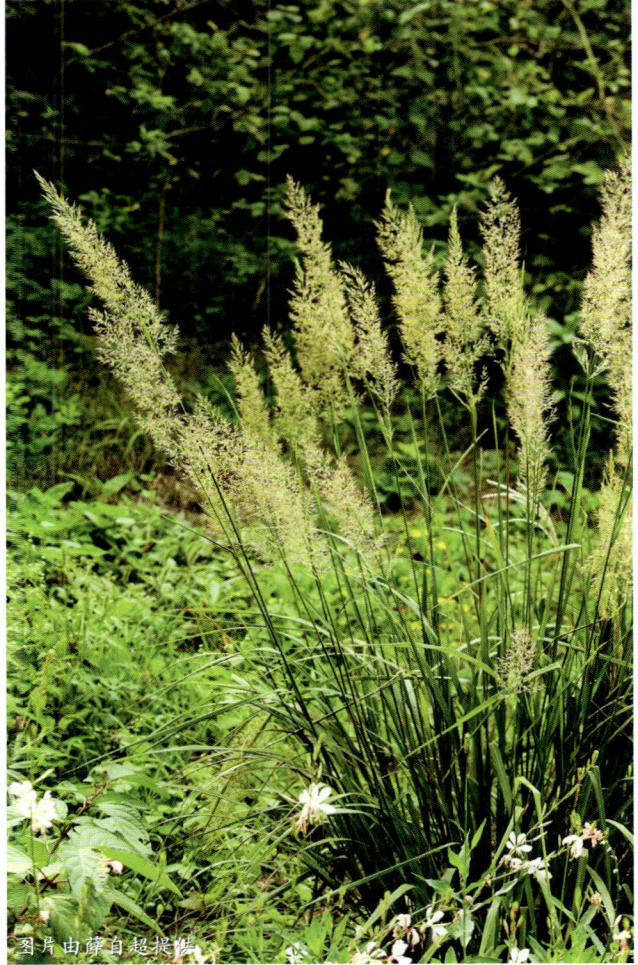

图片由薛自超提供

生境与分布　生于山坡、路边、林下，南部可见。

利用价值　一种比较高大的饲草，可放牧又可收割。早春草质幼嫩时，马、牛、羊均最喜食，到晚秋草质变硬，马、牛、羊很少采食。

大油芒的化学成分

干物质 (%)	占干物质比例（%）						
	粗蛋白	粗脂肪	粗纤维	无氮浸出物	粗灰分	钙	磷
89.95	7.52	2.09	31.53	42.15	6.26	0.31	0.26

数据来源：《中国饲用植物志》编委会．中国饲用植物志（第 1 卷）[M]．北京：农业出版社，1987:186．

鼠尾粟 | 鼠尾粟属 *Sporobolus*
Sporobolus fertilis (Steud.) W. D. Clayt.

形 态 特 征　多年生草本。秆高 60～100cm。叶舌纤毛状；叶片狭条形，较硬，圆锥花序狭长；分枝直立，密生小穗，小穗灰绿带紫色，长约 2mm，含一小花；颖显著短于小花，透明膜质，第一颖无脉，较短，第二颖具 1 脉；长约为小穗之半；外稃膜质，有不明显 3 脉；内稃后无伸延的小穗轴；雄蕊 3 枚，花药长 1～1.2mm，囊果。3～4 月生，7～8 月最旺，9～10 月开花结籽，11 月后逐渐枯死。

生境与分布　生于田野路边、山坡草地及山谷湿处和林下，吉安、萍乡、宜春、抚州、九江、景德镇等地有分布。

利 用 价 值　抽穗前叶柔软，无异味，牛、羊、马均采食。成熟后，适口性下降，羊喜食其种子。

鼠尾粟成熟期茎叶的化学成分

生育期	样品	干物质（%）	占干物质比例（%）						
			粗蛋白	粗脂肪	粗纤维	无氮浸出物	粗灰分	钙	磷
成熟期	全株	95.48	3.00	1.11	35.76	49.74	5.87	0.48	0.17

采集地点：江西省吉安市安福县寮塘乡；送检单位：江西省农业科学院畜牧兽医研究所。

菅

菅属 *Themeda*
Themeda villosa (Poir.) A. Camus

形态特征　多年生草本。高大，秆高达 3m。叶鞘光滑无毛；叶舌钝圆，先端微凹，具小纤毛；叶片粗糙，伪圆锥花序大型，多回复出；总状花序具总梗，先端具微毛，托以佛焰苞；第一颖背无毛，两性小穗 2~3 个，无芒或具直芒；基盘有棕色柔毛，第一颖革质，先端近平截，背具一沟，密生棕色柔毛；第二颖同第一颖，先端钝圆，边缘为一颖所包，背具棕色柔毛。

生境与分布　生于山坡灌丛、草地或林缘向阳处，全省常见。

利用价值　牛、羊吃叶。茎秆可供造纸。

菅的化学成分

占干物质比例（%）						
粗蛋白	粗脂肪	粗纤维	无氮浸出物	粗灰分	钙	磷
6.43	——	30.65	——	4.65	0.18	0.12

数据来源：余世俊. 江西牧草 [M]. 北京：中国农业出版社，1997:49.

黄背草 | 菅属 *Themeda*
Themeda triandra Forssk.

形 态 特 征 多年生草本。秆高约 1m。叶片条形。伪圆锥花序；总状花序长，托以无毛的佛焰状总苞；小穗于每一总状花序有 7 枚，下方两对均不孕，近轮生；无柄小穗纺锤状圆柱形，基盘尖锐；第一颖革质，边缘内卷。3～4 月生长，6～7 月旺盛，8～10 月开花结籽，11 月后渐枯死。

生境与分布 生于干燥山坡、草地、路旁、林缘等处，萍乡、赣州、宜春、上饶、吉安等地有分布。

利 用 价 值 春天发出丛生的茎叶，各种家畜乐于采食。萌发早，可在春夏之交供给饲草。夏末秋初开始抽穗，草质逐渐粗老，蛋白质降低，粗纤维增加，适口性降低。待种子成熟以后，营养价值更低。

黄背草成熟期茎叶的化学成分

生育期	样品	干物质 (%)	占干物质比例 （%）						
			粗蛋白	粗脂肪	粗纤维	无氮浸出物	粗灰分	钙	磷
成熟期	全株	94.90	3.66	1.95	35.74	48.80	4.76	0.31	0.11

采集地点：江西省赣州市南康区横市镇；送检单位：江西省农业科学院畜牧兽医研究所。

墨西哥玉米

玉蜀黍属 *Zea*
Zea mexicana (Schrad.) Kuntze

形态特征 一年生草本植物。根系发达。植株庞大，茎秆粗壮，一般株高 2～3m；叶互生，长条形，叶鞘略粗糙，长 16～17cm，苞茎节 1～4 个，叶舌膜质光滑，叶面密生短茸毛，边缘有短密的锯齿，中肋白色较粗；花单性，雄雌同株，异花授粉，雄穗为顶生圆柱花序，雌穗着生于叶腋，为苞叶所包被；穗轴扁平，每穗一般有 4～6 节，每节有一小穗，互生，其柱丝延伸至苞叶外部。每小穗有一小花，受粉后发育成颖果。籽粒似棱形，颖壳坚硬，褐色或灰褐色，白色，乳白色或青色者为秕粒。

生境与分布 可在全省各种地貌类型土壤上种植，南昌等地有栽培。

利用价值 生长繁茂，青草和种子产量都较高，是一种高产优质的饲料作物。羊、兔、牛、鱼等都爱吃，猪也爱吃。利用时要现割现喂，喂多少割多少。刈割期随饲喂对象有异。鹅、猪、鱼以株高 80cm 以下为好；牛、羊、兔可长至 100～120cm 刈青喂。若超过 120cm，下部茎纤维增多，利用率下降。刈割时留茬高度 10～15cm，茎茬刀口要割成倾斜角度，减少刀口感染，提高再生率。含糖分较高，除作青料外，还是青贮的原料。6～9 月是生长旺季，也是青贮的好季节。搞好青贮可以实现青料旺、淡季的均衡供应。

墨西哥玉米拔节期茎叶的化学成分

生育期	样品	干物质（%）	占干物质比例（%）						
			粗蛋白	粗脂肪	粗纤维	无氮浸出物	粗灰分	钙	磷
拔节期	茎叶	87.12	10.90	1.97	29.30	36.74	8.21	0.35	0.43

采集地点：江西省南昌市南昌县莲塘镇；送检单位：江西省农业科学院畜牧兽医研究所。

菰 | 菰属 Zizania
Zizania latifolia (Griseb.) Stapf

形态特征 多年生草本。具匍匐根状茎，须根粗壮。秆高大直立，高1~2m，径约1cm，具多数节，基部节上生不定根。叶鞘长于其节间，肥厚，有小横脉；叶舌膜质，长约1.5cm，顶端尖；叶片扁平宽大，长50~90cm，宽15~30mm。圆锥花序长30~50cm，分枝多数簇生，上升，果期开展；雄小穗长10~15mm，两侧压扁，带紫色，外稃具5脉，顶端渐尖具小尖头，内稃具3脉，中脉成脊，具毛，雄蕊6枚，花药长5~10mm；雌小穗圆筒形，长18~25mm，宽1.5~2mm，着生于花序上部和分枝下方与主轴贴生处，芒长20~30mm，内稃具3脉。颖果圆柱形。

生境与分布 水生或沼生，常见栽培，全省有分布。

利用价值 牛羊可吃其茎叶。清热除烦，止渴，通乳，利大、小便。菰根清热解毒；菰实清热除烦，生津止渴。

菰拔节期茎叶的化学成分

生育期	样品	干物质（%）	占干物质比例（%）						
			粗蛋白	粗脂肪	粗纤维	无氮浸出物	粗灰分	钙	磷
拔节期	茎叶	93.42	19.85	2.73	25.09	35.95	9.81	0.25	0.42

采集地点：江西省南昌市南昌县莲塘镇；送检单位：江西省农业科学院畜牧兽医研究所。

结缕草

结缕草属 *Zoysia*
Zoysia japonica Steud.

形 态 特 征　多年生草本。具根状茎。秆高达 15cm。叶片短，纤毛状，或边缘呈纤毛状；叶片条状披针形，常扁平，宽达 5mm。总状花序长 2~6cm；宽 3~5mm；小穗卵形，两侧压扁，含 1 小花，第一颖缺，第二颖革质，边缘于下部合生，包裹内外稃。

生境与分布　生于草地和路边，全省常见。

利 用 价 值　牛、羊、鹅均喜吃，耐压性强。常作铺建草皮。

中华结缕草

结缕草属 *Zoysia*
Zoysia sinica Hance

形态特征 多年生草本。具根状茎。秆高10~30cm。叶舌不显著,为一圈纤毛;叶片条状披针形,边缘常内卷。总状花序长2~4cm,宽约5mm;小穗柄长达2mm;小穗披针形,两侧压扁,紫褐色,长4~5(6)mm,含两性小花一朵,成熟后整个小穗脱落;第一颖缺;第二颖革质,边缘于下部合生,全部包裹内外稃。

生境与分布 生于河岸和路边,全省常见。

利用价值 可作牲畜牧草。常用于铺建草皮。

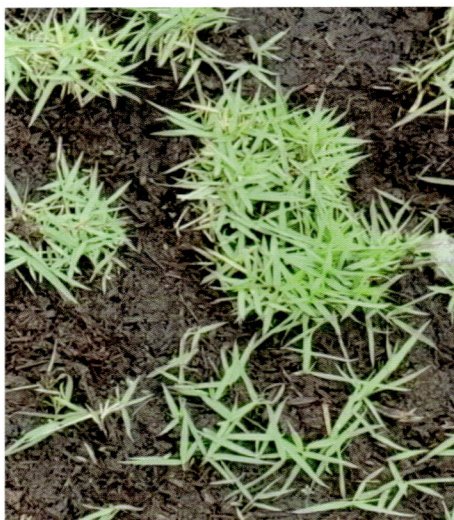

中华结缕草穗前的化学成分

生育期	样品	干物质(%)	占干物质比例(%)						
			粗蛋白	粗脂肪	粗纤维	无氮浸出物	粗灰分	钙	磷
穗前	茎叶	89.95	13.5	3.12	25.25	35.43	12.20	0.32	0.25

数据来源:《中国饲用植物志》编委会.中国饲用植物志(第4卷)[M].北京:农业出版社,1992:134.

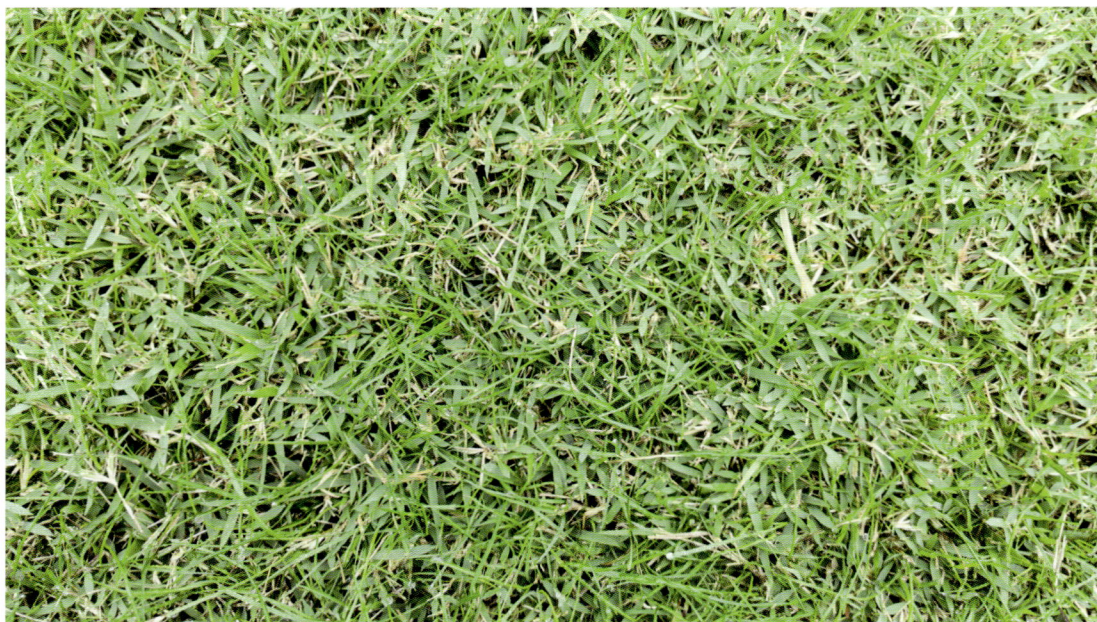

合萌 | 合萌属 *Aeschynomene*
Aeschynomene indica L.

形态特征　半灌木状草本。高30～100cm，无毛。羽状复叶，小叶20对以上，矩圆形，先端圆钝，有短尖头，基部圆形，无小叶柄；托叶膜质，披针形。总状花序腋生，花少数，总花梗有疏刺毛，有黏质；花萼二唇形；上唇二裂，下唇3裂；花冠黄色带紫纹，子房无毛，有子房柄。荚果条状长圆形，微弯，有6～10荚节，荚节平滑或有小瘤突。

生境与分布　生于低湿谷地或水田边，南北各地有分布。

利用价值　春季萌芽，秋季枯萎。牛、羊喜吃枝叶。为优良的绿肥植物。全草入药，能利尿解毒。茎可制遮阳帽、浮子、救生圈和瓶塞等。

合萌分枝期茎叶的化学成分

生育期	样品	干物质（%）	占干物质比例（%）						
			粗蛋白	粗脂肪	粗纤维	无氮浸出物	粗灰分	钙	磷
分枝期	全株	94.66	21.48	4.53	23.23	36.90	8.51	1.26	0.24

采集地点：九江市永修县吴城镇；送检单位：江西省农业科学院畜牧兽医研究所。

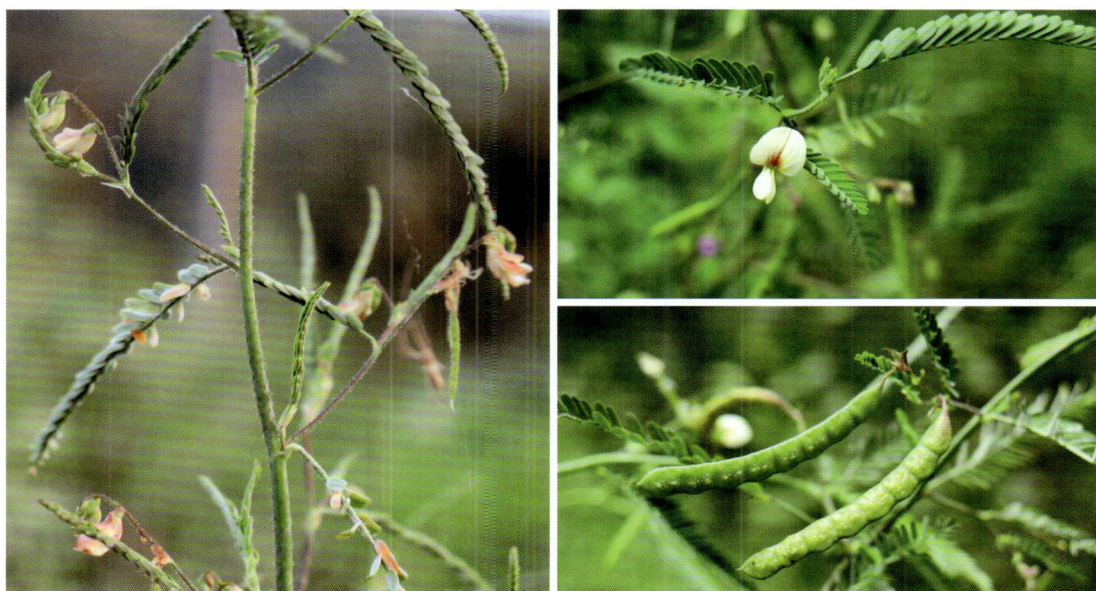

合欢 | 合欢属 *Albizia*
Albizia julibrissin Durazz.

形 态 特 征　乔木。高达 16m。二回羽状复叶，羽片 4～12 对；小叶 10～30 对；矩圆形至条形，两侧极偏斜，先端急尖，基部圆楔形；托叶条状披针形，早落。花序头状，多数，呈伞房状排列，腋生或顶生。花淡红色，萼与花冠疏生短柔毛。荚果条形，扁平。

生境与分布　生于山谷、平原及路旁，西北部常见。

利 用 价 值　叶量大，叶片柔软。无毒、无怪味，营养丰富。幼嫩茎、叶和荚果是牛和绵羊、山羊的好饲料；叶粉是猪、鸡、鸭和鹅的优良饲料。适应性强，可作荒山造林及庭院绿化和行道树种；木材可供做家具、农具和薪炭；种子可榨油，树皮和花入药。

合欢果后期的化学成分

生育期	样品	占干物质比例（%）						
		粗蛋白	粗脂肪	粗纤维	无氮浸出物	粗灰分	钙	磷
果后	叶	14.90	4.60	28.69	45.40	7.10	1.68	0.39

数据来源：《中国饲用植物志》编委会. 中国饲用植物志（第 6 卷）[M]. 北京：中国农业出版社，1997:104.

紫云英 | 黄芪属 *Astragalus*
Astragalus sinicus L.

形态特征 二年生草本植物。主根肥大，直下呈圆锥状，侧根发达，密集于表土 15cm 以内。茎圆形中空，直立或匍匐，长 30～100cm，分枝约 5 个左右。叶为奇数对生羽状复叶，小叶 7～11 片，全缘、圆形或倒卵形，叶面光滑，浓绿色，托叶卵形；先端尖锐。总状花序，具短花梗，总花柄长约 15cm，伞形排列，小花 7～13 朵，淡紫红或紫红色。荚果细长，顶端喙状，横切面为三角形，成熟时黑色。每荚有种子 5～10 粒，种子肾形，种皮有蜡质，显光泽，初收时黄绿色，后变成棕色或棕褐色。

生境与分布 生于山坡、溪边及潮湿处，全省各地均有栽培。

利用价值 草质鲜嫩多汁，适口性好，从初花期到盛花期干物质中蛋白质含量丰富，营养价值很高。喂猪的好饲料，青饲、青贮均可。如搭配适量禾本科青饲料，饲喂乳牛和肉牛，效果都很好。还可作绿肥，嫩梢亦供蔬食。

紫云英开花期茎叶的化学成分

生育期	样品	干物质 (%)	占干物质比例 (%)						
			粗蛋白	粗脂肪	粗纤维	无氮浸出物	粗灰分	钙	磷
开花期	茎叶	94.44	11.74	2.34	22.56	50.66	6.64	0.39	0.28

采集地点：江西省南昌市南昌县莲塘镇；送检单位：江西省农业科学院畜牧兽医研究所。

含羞草山扁豆

山扁豆属 *Chamaecrista*
Chamaecrista mimosoides Standl.

形态特征 半灌木状草本。茎直立，分枝多，高 30~45cm。羽状复叶长 4~10cm；小叶 50~120 片，条形，微呈镰状弯曲，长 3~4mm，先端有细尖。花单生，或 2 至数朵排成短总状花序，腋生；花梗纤细，长约 5mm，萼片 5 片，披针形，花冠黄色，与萼几等长；雄蕊 10 枚，长短间生，子房有毛。荚果条形，扁平、长 2.5~6cm，宽 5mm，疏被毛，有种子 16~25 粒。

生境与分布 生于山地、田野、路旁、水边，赣南、吉安等地常见。

利用价值 可作牛、羊饲料；可作绿肥；幼嫩茎叶可以代茶；根治痢疾。

大托叶猪屎豆 | 猪屎豆属 *Crotalaria*
Crotalaria spectabilis Roth

形态特征　直立高大草本。高 60～150cm。茎枝圆柱形，近于无毛。托叶卵状三角形，长约 1cm；单叶，叶片质薄，倒披针形或长椭圆形，长 7～15cm，宽 2～5cm，先端钝，基部阔楔形，叶面无毛，叶背被贴伏的丝质短柔毛，具短柄。总状花序顶生或腋生，有花 20～30 朵，苞片卵状三角形，长 7～10mm，小苞片线形，长约 1mm；花梗长 10～15mm；花萼二唇形，秃净无毛，萼齿阔披针状三角形，比萼筒稍长；花冠淡黄色或有时为紫红色，旗瓣圆形或长圆形，长 10～20mm，翼瓣倒卵形，龙骨瓣极弯曲，中部以上变狭形成长喙，下部边缘具白色柔毛，伸出花萼之外；子房无柄。荚果长圆形，长 2.5～3cm，厚 1.5～2cm；种子 20～30 颗。花果期 8～12 月。

生境与分布　生于田园路旁及荒山草地，中部和北部有分布。

利用价值　牛羊吃其嫩茎叶。对治疗皮肤鳞状细胞癌和基底细胞癌有较好效果，并对急性白血病、子宫颈癌、阴茎癌有治疗作用。种子含半乳甘露聚糖胶，在石油、矿山、纺织及食品等工业中有一定的应用价值。

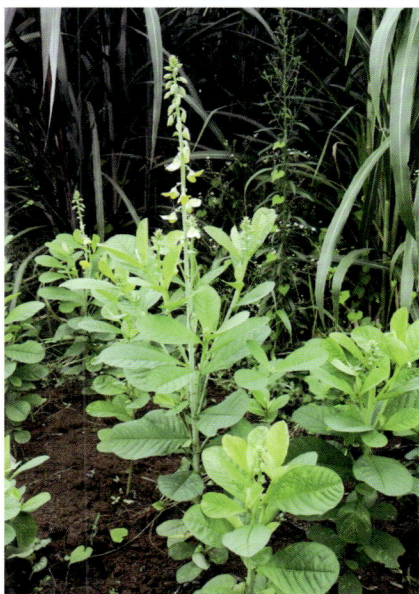

大托叶猪屎豆结实期茎叶的化学成分

生育期	样品	干物质（%）	占干物质比例（%）						
			粗蛋白	粗脂肪	粗纤维	无氮浸出物	粗灰分	钙	磷
结实期	全株	94.18	16.54	4.16	26.24	39.42	7.81	1.64	0.19

采集地点：江西南昌市南昌县莲塘镇；送检单位：江西省农业科学院畜牧兽医研究所。

紫花野百合

猪屎豆属 *Crotalaria*
Crotalaria sessiliflora L.

形 态 特 征 　直立草本。高 20～80cm。茎有平伏长柔毛。叶条形或条状披针形，两端狭长，下面有平伏柔毛。总状花序顶生或腋生，有花 2～20 朵，紧密，花梗短，结果时下垂，有棕黄色长毛，花冠紫色或淡黄色，与萼等长，雄蕊 10 枚合生成一组，花药二型；子房无毛。荚果圆柱形，与萼等长；种子 10～15 粒。

生境与分布 　生于山坡草地、路边或灌丛中，赣州、景德镇、九江等地有分布。

利 用 价 值 　幼嫩时可喂牲畜。药用，有清热解毒、消肿止痛、破血除瘀等效用，治风湿麻痹、跌打损伤、疮毒、癣疥等症。抗癌同大托叶猪屎豆。

紫花野百合的化学成分

占干物质比例（%）						
粗蛋白	粗脂肪	粗纤维	无氮浸出物	粗灰分	钙	磷
9.25	37.39	82				

数据来源：《赣南野生牧草》编委会. 全国草场资源调查丛书 - 赣南野生牧草 [M]. 赣州：江西省赣州地区农牧渔业局，1985:82.

野扁豆 | 野扁豆属 *Dunbaria*
Dunbaria villosa (Thunb.) Makino

形态特征 多年生缠绕草本。植物仅有锈色腺点。茎细弱，密生短柔毛。小叶3片，顶生小叶较大，近菱形，侧生小叶偏斜，先端渐尖或突尖，基部圆，被疏毛。总状花序腋生，有2～7朵花，萼钟状，有4萼齿，有短柔毛和锈色腺点；花瓣黄色；子房密生长柔毛和锈色腺点，基部有杯状腺体。荚果条形，扁；有种子6～7粒，春季萌芽、冬季枯萎。

生境与分布 生于草丛或灌木丛中，全省常见。

利用价值 羊喜吃嫩藤或叶片。

野扁豆的化学成分

占干物质比例（%）						
粗蛋白	粗脂肪	粗纤维	无氮浸出物	粗灰分	钙	磷
12.80	—	31.35		4.56	0.69	0.25

数据来源：余世俊.江西牧草[M].北京：中国农业出版社，1997:61.

野大豆 | 大豆属 *Glycine*
Glycine soja Siebold et Zucc.

形态特征 一年生缠绕草本。茎细瘦，各部有黄色长硬毛。小叶 3 片，顶生小叶卵状披针卵形，先端急尖，基部圆形，两面生白色短柔毛，侧生小叶斜卵状披针形；托叶卵状披针形，急尖，有黄色柔毛，小托叶狭披针形，有毛。总状花序腋生；花梗密生黄色小硬毛；萼钟状，萼齿 5 个，上唇两齿合生，披针形，有黄色硬毛；花冠紫红色，长约 4mm。荚果矩形，长约 3cm，密生黄色长硬毛；种子 2~4 粒，黑色。

生境与分布 生于山野、路旁、园边等处，南北各地均有分布。

利用价值 可与直立型禾本科牧草混播，可建立高产、优质的人工草地。枝叶茂密，覆盖地面能力强，水土保持作用好，可选作山地草场的放牧用饲草。在湿润肥沃的土壤上，萌发早，青鲜期较长，花期长达两个月左右，枝叶富含营养，蛋白质，脂肪含量较高。种子榨油后的油粕是优良饲料。全株为家畜喜食的优良牧草。种子供食用、制酱、酱油和豆腐等，又可榨油；也可作绿肥和水土保持植物；茎皮纤维可织麻袋；全草还可药用，有补气血、强壮、利尿等功效。

野大豆开花期茎叶的化学成分

生育期	样品	干物质（%）	占干物质比例（%）						
			粗蛋白	粗脂肪	粗纤维	无氮浸出物	粗灰分	钙	磷
开花期	全株	95.66	13.48	3.50	35.32	35.36	7.99	1.59	0.23

采集地点：江西省宜春市奉新县柳溪乡；送检单位：江西省农业科学院畜牧兽医研究所。

假地豆 | 假地豆属 *Grona*
Grona heterocarpos (L.) H. Ohashi et K. Ohashi

形态特征 半灌木或小灌木。高 1～3m。嫩枝有疏长柔毛。小叶 3 片，顶生小叶椭圆形至宽倒卵形，叶面无毛，叶背有白色长柔毛，侧生小叶较小，叶柄长 2cm，有柔毛；托叶披针形，长约 7mm。圆锥形花序腋生，花序轴有淡黄色开展长柔毛；花萼宽钟状，萼齿宽披针形。短于萼筒或等长；花冠紫色，长约 5mm，荚果长 12～25mm，宽约 3mm，有 4～9 荚节，有小钩状毛，腹缝线直，背缝线波状。2～3 月萌芽，6～7 月旺盛，秋末落叶。

生境与分布 生于山坡灌丛或林中及丘陵区草地，全省常见。

利用价值 各种草食牲畜喜吃的优等牧草。

假地豆的化学成分

占干物质比例（%）						
粗蛋白	粗脂肪	粗纤维	无氮浸出物	粗灰分	钙	磷
8.72	——	35.43	——	5.04	1.40	0.11

数据来源：佘世俊. 江西牧草 [M]. 北京：中国农业出版社，1997:59.

尖叶长柄山蚂蟥 | 长柄山蚂蟥属 *Hylodesmum*

Hylodesmum podocarpum subsp. *oxyphyllum* (Candolle) H. Ohashi et R. R. Mill

形态特征 直立草本。高50～100cm。根茎稍木质；茎具条纹，疏被伸展短柔毛。叶为羽状三出复叶，小叶3；托叶钻形，外面与边缘被毛；着生茎上部的叶柄较短，茎下部的叶柄较长；小叶纸质，顶生小叶菱形，长4～8cm，宽2～3cm，先端渐尖，尖头钝，基部楔形，全缘，侧生小叶斜卵形，较小，偏斜，小托叶丝状；总状花序或圆锥花序；总花梗被柔毛和钩状毛；通常每节生2花；苞片早落，窄卵形，被柔毛；花萼钟形；花冠紫红色；雄蕊单体；雌蕊长约3mm，子房具子房柄。荚果长约1.6cm，通常有荚节2，背缝线弯曲，节间深凹入达腹缝线；荚节略呈宽半倒卵形，先端截形，基部楔形，被钩状毛和小直毛，稍有网纹。花果期8～9月。

生境与分布 生于山坡路旁、沟旁、林缘或阔叶林中，南部和西部有分布。

利用价值 叶和嫩枝被山羊和黄牛采食，适口性中等。叶和嫩梢也可晒干制成草粉，用作配合饲料。全株供药用，能解表散寒，祛风解毒，治风湿骨痛、咳嗽吐血。

尖叶长柄山蚂蟥开花期茎叶的化学成分

生育期	样品	干物质(%)	占干物质比例（%）						
			粗蛋白	粗脂肪	粗纤维	无氮浸出物	粗灰分	钙	磷
开花期	茎叶	93.13	15.58	1.65	29.70	36.21	9.99	1.74	0.21

采集地点：江西省赣州市信丰县古陂镇；送检单位：江西省农业科学院畜牧兽医研究所。

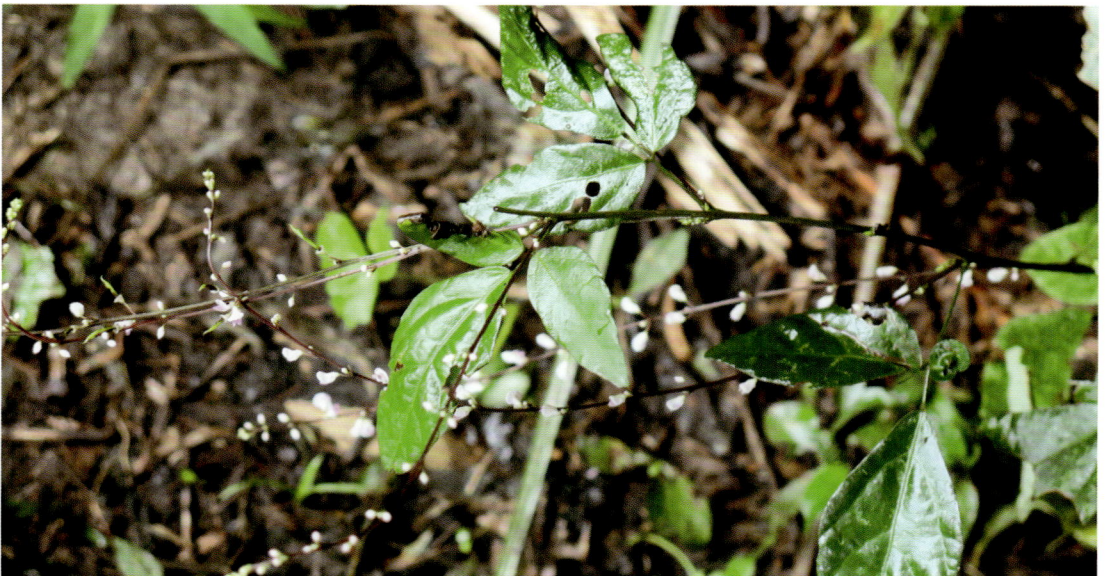

多花木蓝 | 木蓝属 *Indigofera*
Indigofera amblyantha Craib

形态特征　直立灌木。高 0.8～2m。少分枝。茎褐色或淡褐色，圆柱形，幼枝具棱，密被白色平贴丁字毛，后变无毛。羽状复叶长达 18cm；叶柄长 2～5cm，叶轴上面具浅槽；托叶微小，三角状披针形；小叶 3～5 对，对生，稀互生，形状、大小变异较大，通常为卵状长圆形、长圆状椭圆形、椭圆形，长 1～3.7（～6.5）cm，宽 1～2（～3）cm，先端圆钝，具小尖头，基部楔形或阔楔形，叶面绿色，疏生丁字毛，叶背苍白色，被毛较密，中脉上面微凹，叶背隆起，侧脉 4～6 对，叶面隐约可见；小叶柄长约 1.5mm，被毛；小托叶微小。总状花序腋生；苞片线形，早落；花冠淡红色，旗瓣倒阔卵形，先端螺壳状，瓣柄短，外面被毛；花药球形，顶端具小突尖；子房线形，被毛，有胚珠 17～18 粒。荚棕褐色，线状圆柱形，长 3.5～6（～7）cm，被短丁字毛，种子间有横隔，内果皮无斑点；种子褐色，长圆形。花期 5～7月，果期 9～11 月。

生境与分布　生于山坡草地、沟边、路旁灌丛中及林缘，北部和西部有分布。

利用价值 适口性好，羊喜食。粗蛋白含量随着生育期的变化大体上呈现下降的趋势。在营养期含量较高，随着生育期的延长到成熟期含量最低。生长速度较快，枝叶繁茂，混种在草场上，可以提高草场产草的数量和质量。因其根系发达，具有水土保持作用，可以维护草场的稳定性和生产能力，从而改善草场。全草入药，有清热解毒、消肿止痛之功效。

多花木蓝开花期茎叶的化学成分

生育期	样品	干物质 (%)	占干物质比例（%）						
			粗蛋白	粗脂肪	粗纤维	无氮浸出物	粗灰分	钙	磷
开花期	嫩枝叶	94.73	17.47	4.74	18.94	43.45	10.13	2.86	0.18

采集地点：九江市庐山市温泉镇；送检单位：江西省农业科学院畜牧兽医研究所。

鸡眼草 | 鸡眼草属 *Kummerowia*
Kummerowia striata (Thunb.) Schindl.

形态特征 一年生草本。茎平卧，长达 30cm，茎和分枝有白色向下的毛。叶互生，3 小叶；托叶长卵形，宿存，小叶倒卵形、倒卵状矩圆形或长圆形，长 5～15mm，宽 3～8mm，主脉和叶缘疏生白色毛，花 1～3 朵腋生；小苞片 4 片，一个生于花梗的关节之下，另 3 个生于萼下；萼钟状，深紫色；花冠淡红色。荚果卵状长圆形，外面有细短毛。春季萌芽，冬季枯萎。

生境与分布 生于路旁、田边、溪旁、砂质地或缓山坡草地，全省各地有分布。

利用价值 适口性良好，青鲜草各种家畜均喜食，且不会发生腹胀病。在盛花期刈割调制的干草，也为各种家畜所喜食。无论是青鲜草或调制干草均能保持较高的营养成分。全草供药用，有利尿通淋、解热止痢之功效；全草煎水，可治风疹；可作绿肥。

鸡眼草结实期茎叶的化学成分

生育期	样品	干物质（%）	占干物质比例（%）						
			粗蛋白	粗脂肪	粗纤维	无氮浸出物	粗灰分	钙	磷
结实期	全株	91.4	13.96	5.31	31.10	36.99	6.28	0.98	0.19

采集地点：江西省上饶市玉山县三清乡；送检单位：江西省农业科学院畜牧兽医研究所。

中华胡枝子 | 胡枝子属 *Lespedeza*
Lespedeza chinensis G. Don

形态特征　小灌木。高达 1m。幼枝有短毛。小叶 3 片，倒卵状矩圆形，长 1～2cm，宽 0.5～1cm，先端截形，有短尖，基部宽楔形，叶面有微毛，叶背密生短柔毛，侧生小叶较小，叶柄和小叶柄有短毛；托叶条形，有毛。总状花序腋生，花梗极短，花少，无关节；无瓣花在枝条下部腋生；小苞片披针形，有毛，花萼杯状，萼齿 5 个，披针形，有白色短柔毛；花冠白色，旗瓣长约 8mm，翼瓣与旗瓣近等长，龙骨瓣较旗瓣长。荚果卵圆形，超出萼外，有白色短柔毛。

生境与分布　生于灌木丛中、林缘、路旁、山坡、林下草丛等处，北部有分布。

利用价值　牛、羊吃其嫩枝、叶，是一种中等叶类饲草。可用于水土保持，根可入药，能凉血消肿、除湿解毒。可作为花卉植物用于环境绿化和美化。

中华胡枝子开花期茎叶的化学成分

生育期	样品	干物质（%）	占干物质比例（%）						
			粗蛋白	粗脂肪	粗纤维	无氮浸出物	粗灰分	钙	磷
开花期	全株	94.98	7.51	3.06	43.84	37.23	3.33	0.74	0.09

采集地点：江西省九江市庐山市温泉镇；送检单位：江西省农业科学院畜牧兽医研究所。

截叶铁扫帚 | 胡枝子属 *Lespedeza*
Lespedeza cuneata (Dum.-Cours.) G. Don

形态特征　直立小灌木。高 30～100cm。分枝有白色短柔毛。小叶 3 片，长圆形，先端截形，微凹，有短尖，基部楔形，叶面无毛，叶背密生白色柔毛，侧生小叶较小；托叶条形。总状花序腋生，有 2～4 朵花，无关节；无瓣花簇生于叶腋；小苞片 2 枚，狭卵形，生于萼筒下，花萼浅杯状，萼齿 5 个，披针形，有白色短柔毛；花冠白色毛淡红色，翼瓣与旗瓣近等长，龙骨瓣稍长于旗瓣。春季萌芽，冬季衰退。

生境与分布　生于山坡林缘、路旁，南北各地有分布。

利用价值　营养期枝叶较柔嫩，随着生育期的进程，茎枝木质化程度增高，至果熟期而变得较硬，植物体内含有一定数量的单宁，家畜开始不习惯采食，但一经习惯即喜采食。牛喜食其嫩茎叶，绵羊乐食，到初果期，牛、羊均不采食，但到果熟期，牛羊均喜食其荚果，其青干草或草粉，牛、羊均贪食。营养价值很高，为各种家畜所喜食。可用于放牧，也可以刈割青草，或调制成干草和加工成草粉，为草、料兼用的饲用植物。刈制干草，在开花前或开花初期最为适宜。为很好的荒山绿化和水土保持植物。开花初期翻入土中可作为绿肥。根及全株均可药用。植株民间还常用作扫帚，故有"铁扫帚"之称。

截叶铁扫帚分枝期茎叶的化学成分

生育期	样品	干物质（%）	占干物质比例（%）						
			粗蛋白	粗脂肪	粗纤维	无氮浸出物	粗灰分	钙	磷
分枝期	嫩枝叶	95.85	20.43	1.74	34.26	33.01	6.41	0.47	0.44

采集地点：江西省赣州市南康区横市镇；送检单位：江西省农业科学院畜牧兽医研究所。

南苜蓿 | 苜蓿属 *Medicago*
Medicago polymorpha L.

形态特征　一、二年生草本。茎匍匐或稍直立，高约30cm，基部有多数分枝。叶具3小叶；小叶宽倒卵形，先端钝圆或凹入，上部具锯齿，叶面无毛，叶背有疏柔毛，两侧小叶略小；小叶柄长约5mm，有柔毛；托叶卵形，长约7mm，宽约3mm，边缘具细锯齿。花2～6朵聚生成总状花序，腋生；花瓣钟形，深裂，萼齿披针形，尖锐，有疏柔毛；花冠黄色，略伸出萼外。荚果螺旋形，边缘具疏刺，刺端钩状。荚果无深沟，含种子3～7粒；种子肾形，黄色。

生境与分布　生于排水的壤土和砂质壤土上。常栽培或呈半野生状态，北部可见。

利用价值　优良牧草。另外，嫩茎叶可食用，全草可作绿肥。

南苜蓿枯黄期茎叶的化学成分

生育期	样品	干物质(%)	占干物质比例（%）						
			粗蛋白	粗脂肪	粗纤维	无氮浸出物	粗灰分	钙	磷
枯黄期	茎叶	94.55	11.98	2.31	35.28	25.14	19.83	0.51	0.22

采集地点：九江市永修县吴城镇；送检单位：江西省农业科学院畜牧兽医研究所。

天蓝苜蓿 | 苜蓿属 *Medicago*
Medicago lupulina L.

形态特征	一年生草本。茎高 20~60cm，有疏毛。叶具 3 小叶；小叶宽倒卵形至菱形，长、宽约 0.7~2cm，先端钝圆，微缺；上部具锯齿，基部宽楔形，两面均有白色柔毛；小叶柄长 7mm，有毛；托叶斜卵形，长 5~12mm，宽 2~7mm，有柔毛。花 10~15 朵密集少成头状花序；花萼钟形，有柔毛，萼短，萼齿长；花冠黄色，稍长于花萼。荚果弯呈肾形，成熟时黑色，具纵纹，无刺，有疏柔毛，有种子 1 粒，种子黄褐色。
生境与分布	生于干燥地区，北部可见。
利用价值	优良牧草，适口性好，为各种家畜家禽所喜食。全草可作绿肥。

紫花苜蓿 | 苜蓿属 *Medicago*
Medlicago sativa L.

形态特征　多年生草本。根系非常发达。茎直立，高 100～150cm，茎上多分枝，三出复叶。总状花序，蝶形花冠，紫色。荚果螺旋形，每荚有种子 2～8 粒，种子小，肾形，黄褐色，新收种子有光泽。

生境与分布　生于田边、路旁、旷野、草原、河岸及沟谷等地，江西省 1947 年开始引进紫花苜蓿品种。中部和北部等地有少量种植。

利用价值　富含粗蛋白质、维生素和矿物质，且蛋白质的氨基酸组成比较齐全，动物必需的氨基酸含量较高，适口性好，为各种家畜家禽所喜食。在国外晒制干草，制成颗粒饲料，或配制全价混合饲料。与禾本科牧草、青刈玉米混合青贮，饲用效果很好。可与象草等热带多年生牧草进行间播或混播，既可起到越冬越夏的互补作用，又能提高产量与质量。

紫花苜蓿开花期茎叶的化学成分

生育期	样品	干物质 (%)	占干物质比例（%）						
			粗蛋白	粗脂肪	粗纤维	无氮浸出物	粗灰分	钙	磷
开花期	全株	96.53	19.21	5.70	32.40	33.06	6.16	1.35	0.29

采集地点：江西省南昌市南昌县莲塘镇；送检单位：江西省农业科学院畜牧兽医研究所。

草木樨 | 草木樨属 *Melilotus*
Melilotus officinalis (L.) Pall.

形态特征 二年生草本。茎高可达 3m。叶具 3 小叶；小叶椭圆形，先端圆，具短尖头，
边缘具锯齿；托叶三角形。花冠黄色，旗瓣与翼瓣近等长。荚果卵圆形，
稍有毛；网脉明显，有种子 1 粒，种子矩形、褐色。

生境与分布 生于山坡、河岸、路旁、砂质草地及林缘，南昌、赣州等地可见。

利用价值 优良饲草，富含蛋白质。家畜采食后，可改善消化过程，增加采食量和饮
水量。长期饲喂，牲畜膘肥，体壮。毛皮亮。可作绿肥。

草木樨的化学成分

样品	干物质 (%)	占干物质比例（%）						
		粗蛋白	粗脂肪	粗纤维	无氮浸出物	粗灰分	钙	磷
全株	92.68	17.84	2.59	31.38	33.88	6.99	——	——

数据来源：《中国饲用植物志》编委会. 中国饲用植物志（第 1 卷）[M]. 北京：农业出版社，1987:297.

小槐花 | 小槐花属 *Ohwia*
Ohwia caudata (Thunberg) H. Ohashi

形态特征 灌木。高达 1m。无毛，小叶 3 片，顶生小叶披针形或阔针形，叶面近无毛，叶背有疏短毛，侧生小叶较小，近无柄，托叶披针形。总状花序腋生，花萼钟状，萼齿二唇形，上面二齿几连合，下部三齿披针形，花冠绿白色，龙骨瓣有爪；子房生有绢毛。荚果稍弯，有钩状短毛，荚节 4~6 个，长圆形。春季生长，夏秋旺盛，冬季休眠。

生境与分布 生于山坡、路旁草地、沟边、林缘或林下，全省常见。

利用价值 羊吃叶片。全株入药，具有祛风除湿、消食杀虫等功效。

野葛 | 葛属 *Pueraria*
Pueraria lobata (Willd.) Ohwi

形态特征　藤本。块根肥厚；各部有黄色硬毛。小叶 3 片，顶生菱状卵形，先端短尾状尖，基部圆形两面均有毛，侧生小叶基部偏斜；托叶盾形，小托叶针状。总状花序腋生，花密；小苞片卵形或披针形；萼钟形，萼齿 5 个，披针形，上面两齿合生，下面一齿较长，内外面均有黄色毛；花冠紫红色，扁平，密生黄色长硬毛。春季萌芽，冬季枯萎。

生境与分布　生于草坡、路旁或疏林中，南北各地均有分布。

利用价值　对多数牲畜适口性中等，以马较为喜吃；牛、羊、兔喜吃叶，切碎可喂猪。舍饲时，用葛叶与其他糟料混合，有增进食欲之效。营养成分较高。葛叶蛋白质含量高，粗纤维少，而藤则相反，在越冬期的老藤尤为显著。葛叶还含有较丰富的必需氨基酸，野葛的消化率一般。为天然生长的饲用植物，再生性强，年可利用 2～3 茬，既可供放牧也可割草，但不宜连续和过度放牧，否则易遭破坏甚至毁灭。可调制干草。

葛花前期茎叶的化学成分

生育期	样品	干物质（%）	占干物质比例（%）						
			粗蛋白	粗脂肪	粗纤维	无氮浸出物	粗灰分	钙	磷
花前期	全株	91.58	17.08	1.44	26.19	35.64	11.23	2.69	0.16

采集地点：江西省新余市渝州区；送检单位：江西省农业科学院畜牧兽医研究所。

鹿藿 | 鹿藿属 *Rhynchosia*
Rhynchosia volubilis Lour.

形态特征 缠绕草质藤本。全株各部多少被灰色至淡黄色柔毛，茎略具棱。叶多为羽状 3 小叶；托叶小，披针形，长 3～5mm，被短柔毛；叶柄长 2～5.5cm；小叶纸质，顶生小叶菱形或倒卵状菱形，长 3～8cm，宽 3～5.5cm，先端钝，常有小凸尖，基部圆形或阔楔形，两面均被灰色或淡黄色柔毛，叶背尤密，并被黄褐色腺点；基出脉 3 条；小叶柄长 2～4mm，侧生小叶较小，常偏斜。总状花序；花长约 1cm，排列稍密集；花萼钟状，裂片披针形，外面被短柔毛及腺点；花冠黄色，旗瓣近圆形，有宽而内弯的耳，翼瓣倒卵状长圆形，基部一侧具长耳，龙骨瓣具喙；子房被毛及密集的小腺点，胚珠 2 颗。荚果长圆形，红紫色，长 1～1.5cm，宽约 8mm，极扁平，在种子间略收缩，稍被毛或近无毛，先端有小喙；种子通常 2 颗，椭圆形或近肾形，黑色，光亮。花期 5～8 月，果期 9～12 月。

生境与分布 常生于山坡路旁草丛中，南部、西部等地有分布。

利用价值 可添加于其他草料中饲喂牛、羊，另外，根祛风和血、镇咳祛痰，治风湿骨痛、气管炎。叶外用治疮疖。

刺槐 | 刺槐属 *Robinia*
Robinia pseudoacacia L.

形态特征 落叶乔木。高10～25m。树皮灰褐色至黑褐色，浅裂至深纵裂，稀光滑。小枝灰褐色；具托叶刺；冬芽小，被毛。羽状复叶长10～25（～40）cm；叶轴上面具沟槽；小叶2～12对，常对生，椭圆形、长椭圆形或卵形，长2～5cm，宽1.5～2.2cm，先端圆，微凹，具小尖头，基部圆至阔楔形，全缘，叶面绿色，叶背灰绿色，幼时被短柔毛，后变无毛；小托叶针芒状，总状花序腋生，下垂，芘多数，芳香；苞片早落；花萼斜钟状，萼齿5，三角形至卵状三角形，密被柔毛；花冠白色，子房线形，无毛，花柱钻形，上弯，顶端具毛，柱头顶生，荚果褐色，或具红褐色斑纹，线状长圆形，长5～12cm，宽1～1.3（～1.7）cm，扁平，先端上弯，具尖头，果颈短，沿腹缝线具狭翅；花萼宿存，有种子2～15粒；种子褐色至黑褐色，微具光泽，有时具斑纹，近肾形，种脐圆形，偏于一端。花期4～6月，果期8～9月。

生境与分布 生于路旁、山林等，南昌等地有分布。

利用价值 叶和嫩枝适口性好，为各种畜禽所喜食，其干叶粉为调味饲料，亦是配合饲料的组成成分。营养成分不亚于各种优良牧草。树皮、树叶、花及果实中均有毒，且以树皮中毒质最多，不宜鲜食太多。可作优良固沙保土树种。木材可作枕木、车辆、建筑、矿柱等多种用材；生长快，萌芽力强，是速生薪炭林树种；为优良的蜜源植物。

刺槐营养期叶的化学成分

生育期	样品	干物质（%）	占干物质比例（%）						
			粗蛋白	粗脂肪	粗纤维	无氮浸出物	粗灰分	钙	磷
营养期	叶片	93.54	20.44	2.58	23.67	36.51	10.34	1.81	0.20

采集地点：江西省南昌市南昌县莲塘镇；送检单位：江西省农业科学院畜牧兽医研究所。

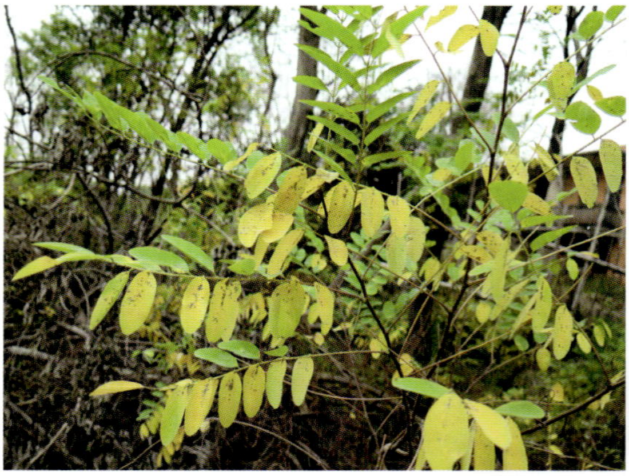

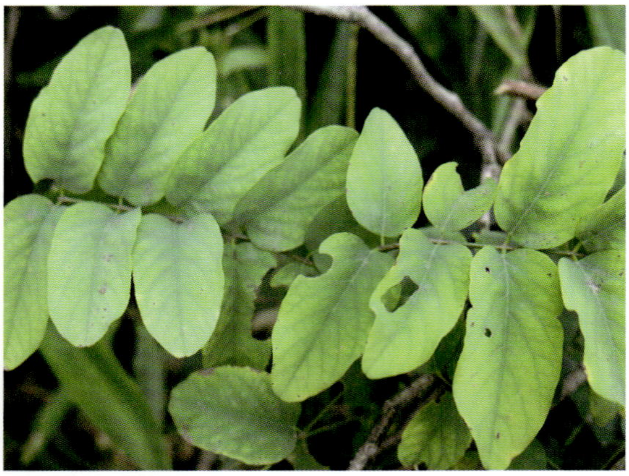

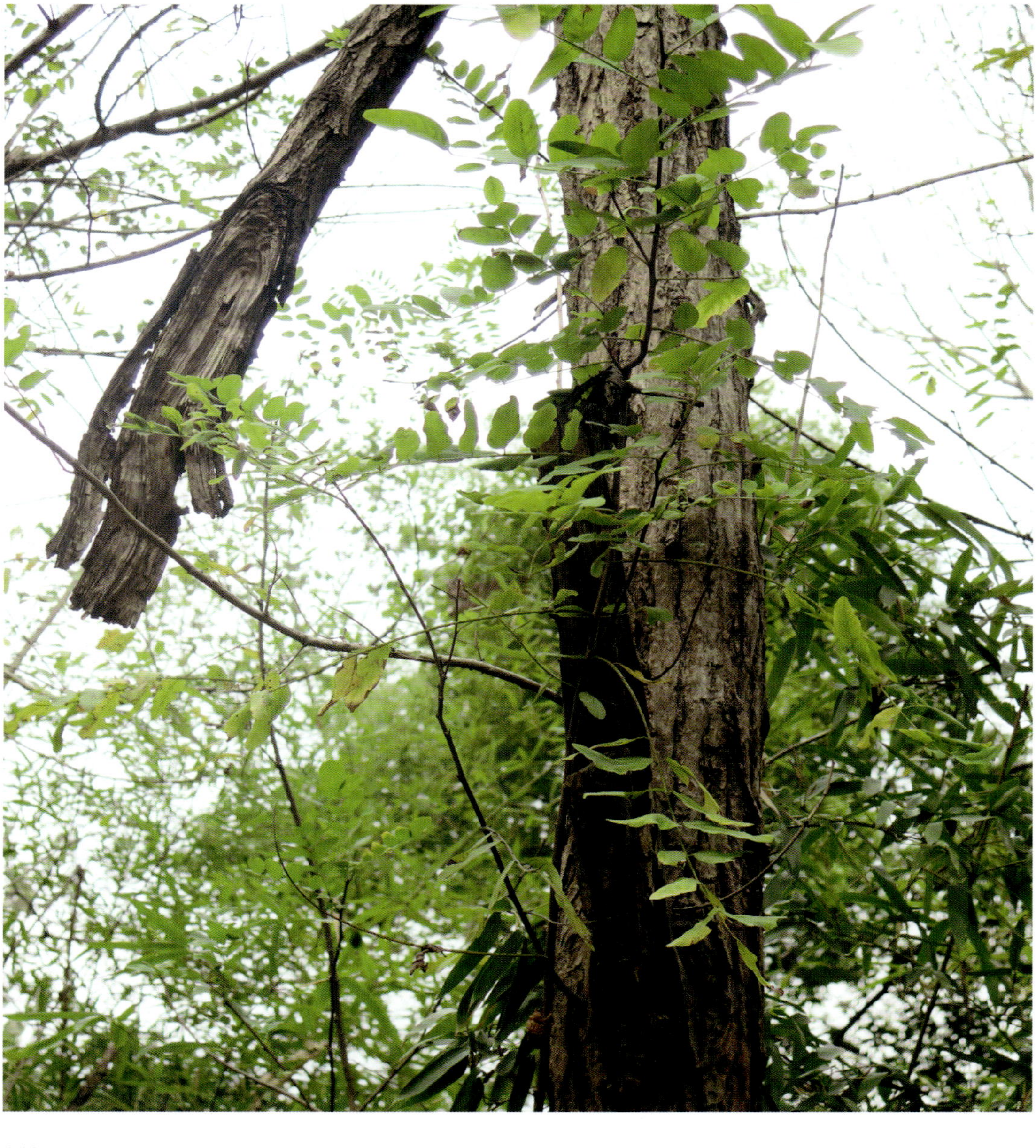

望江南

决明属 *Senna*
Senna occidentalis (Linnaeus) Link

形 态 特 征　灌木或半灌木。高 1～2m。叶互生，双数羽状复叶；叶柄上面近基部有一个腺体；小叶 6～10 片对生，卵形或卵状披针形，边缘有纤毛。伞房状总状花序顶生或腋生，花少数；萼筒短，裂片 5 片；花瓣 5 片，黄色，雄蕊 10 枚，上面 3 个不育，最下面的 2 雄蕊花药较大。荚果条形，扁，长 10～13cm，宽 1cm，近无毛，沿缝线边缘增厚，中间棕色，边缘淡黄棕色。

生境与分布　生于砂质土的山坡或河边等地，全省常见。

利 用 价 值　可作牛、羊饲料。有微毒，牲畜误食过量可以致死。种子炒后治疟疾；根有利尿功效；鲜叶捣碎治毒蛇毒虫咬伤。

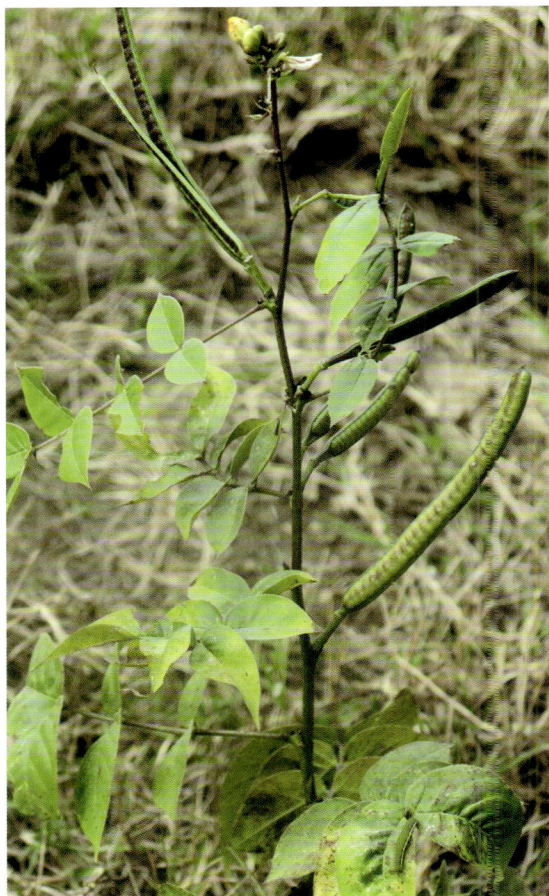

决明 | 决明属 *Senna*
Senna tora (Linnaeus) Roxburgh

形态特征 一年生亚灌木状草本。直立，粗壮。高1~2m。叶长4~8cm；叶柄上无腺体；叶轴上每对小叶间有棒状的腺体1枚；小叶3对，膜质，倒卵形，长2~6cm，宽1.5~2.5cm，顶端圆钝而有小尖头，基部渐狭，偏斜，叶面被稀疏柔毛，叶背被柔毛；小叶柄长1.5~2mm；托叶线状，被柔毛，早落。花腋生，通常2朵聚生；萼片卵形，膜质，外面被柔毛；花瓣黄色，下面2片略长，长12~15mm，宽5~7mm；能育雄蕊7枚，花药四方形，顶孔开裂，花丝短于花药；子房无柄，被白色柔毛。荚果纤细，近四棱形，两端渐尖，长达15cm，宽3~4mm，膜质；种子约25颗，菱形，光亮。花果期8~11月。

生境与分布 生于山坡草地、灌丛、旱地、路边，南北各地均有分布。

利用价值 对猪的适口性好，鲜草或晒干打成草粉猪都喜食。在混播草地对牛的采食观察表明，在有足够青绿禾本科牧草时，牛对它的采食不多，但在秋季采食量增加。种子叫决明子，有清肝明目、利水通便之功效，同时还可提取蓝色染料；苗叶和嫩果可食。

决明分枝期茎叶的化学成分

生育期	样品	干物质 (%)	占干物质比例 (%)						
			粗蛋白	粗脂肪	粗纤维	无氮浸出物	粗灰分	钙	磷
分枝期	全株	93.46	13.71	5.00	19.54	46.31	8.89	1.36	0.30

采集地点：江西省南昌市南昌县莲塘镇；送检单位：江西省农业科学院畜牧兽医研究所。

田菁 | 田菁属 *Sesbania*
Sesbania cannabina (Retz.) Poir.

形态特征 小灌木。高约 1m，无刺。羽状复叶；小叶 20～60 片，条状长圆形，先端钝，有细尖，基部圆形，两面密生褐色小腺点，幼时有茸毛。2～6 朵排成腋生疏松的总状花序，花萼钟状，无毛，萼齿近三角形；花冠黄色。荚果圆柱条形，种子多数，长圆形，黑褐色。一般 3～4 月萌芽，9～10 月枯死。

生境与分布 栽于田间、路旁或潮湿地，南昌、宜春、赣州等地有分布。

利用价值 牛羊喜吃嫩叶和嫩枝。还可作绿肥。

田菁分枝期茎叶的化学成分

生育期	样品	干物质（%）	占干物质比例（%）						
			粗蛋白	粗脂肪	粗纤维	无氮浸出物	粗灰分	钙	磷
分枝期	全株	93.12	12.94	3.37	20.11	47.21	9.51	1.44	0.34

采集地点：江西省南昌市南昌县莲塘镇；送检单位：江西省农业科学院畜牧兽医研究所。

苦参

苦参属 *Sophora*
Sophora flavescens Alt.

形 态 特 征　灌木。高 1.5～3m。幼枝有疏毛，后变无毛。羽状复叶长 20～25cm；披针形至条状披针形，稀椭圆形，先端渐尖，基部圆形，叶背密生平贴柔毛。总状花序顶生，长约 15～20cm；萼钟状，长约 6～7mm，有疏短柔毛或近无毛；花冠淡黄色，旗瓣匙形，翼瓣无耳。荚果长约 5～8cm，于种子间微缢缩，呈不明的串珠状，疏生短柔毛，有种子 1～5 粒。

生境与分布　生于沙地或山坡的阴处，鹰潭、南昌等地有分布。

利 用 价 值　常用作叶草饲料进行饲喂。也可作猪饲料添加剂，具有较好的防病增效作用，若配合健脾、消食导泻、活血、安神等中草药，效果会更好。根入药，味苦，性寒，能清热除湿、祛风杀虫、抑制多种皮肤真菌；具抗炎、抗病毒、保肝、调血脂、促进毛发生长的药理作用；种子可做农药。

苦参开花期茎叶的化学成分

生育期	样品	干物质（%）	占干物质比例（%）						
			粗蛋白	粗脂肪	粗纤维	无氮浸出物	粗灰分	钙	磷
开花期	嫩枝叶	94.19	19.75	2.83	23.29	42.54	5.79	0.79	0.28

采集地点：江西省鹰潭市贵溪县龙虎山地质公园；送检单位：江西省农业科学院畜牧兽医研究所。

白三叶 | 车轴草属 *Trifolium*
Trifolium repens L.

形 态 特 征　多年生草本。主根短，侧根发达。匍匐茎长达 30～60cm，实心光滑，能节节生根，萌发新芽长成新的匍匐茎。侵占性很强。掌状三出复叶，叶柄细长，层高度可达 35cm；小叶倒卵形或心脏形，叶面中央有"V"形白斑；叶量大，生长整齐一致，全株光滑无毛。头状花序，自叶腋处生出，花梗多长于叶柄，故花序多居于草层之上；每花序有小花 20～40 朵，白色或淡粉红色。荚果很小、细长，每荚含种子 3～4 粒，种子为心脏形，黄色或棕黄色。

生境与分布　生于林下、田边、路旁、旷野、河岸及沟谷等地，中部和北部广泛栽培。

利 用 价 值　营养丰富，蛋白质含量高而粗纤维含量低。茎叶光滑柔嫩，叶量特多，适口性很好，为各种畜、禽所喜爱。用鲜草饲喂牛、猪、禽、兔。其茎枝匍匐，耐践踏，再生力强，最适于放牧。草场种植宜与禾本科牧草混播。放牧地应实行轮牧，每次放牧后要停止放牧 2～3 周，以利再生草生长。也可与禾本科牧草混合调制青贮饲料。此外，还可作绿肥、观赏草坪。

白三叶开花期茎叶的化学成分

生育期	样品	干物质（%）	占干物质比例（%）						
			粗蛋白	粗脂肪	粗纤维	无氮浸出物	粗灰分	钙	磷
开花期	茎叶	92.65	23.22	3.29	16.79	39.58	9.87	1.87	0.43

采集地点：江西省南昌市南昌县莲塘镇；送检单位：江西省农业科学院畜牧兽医研究所。

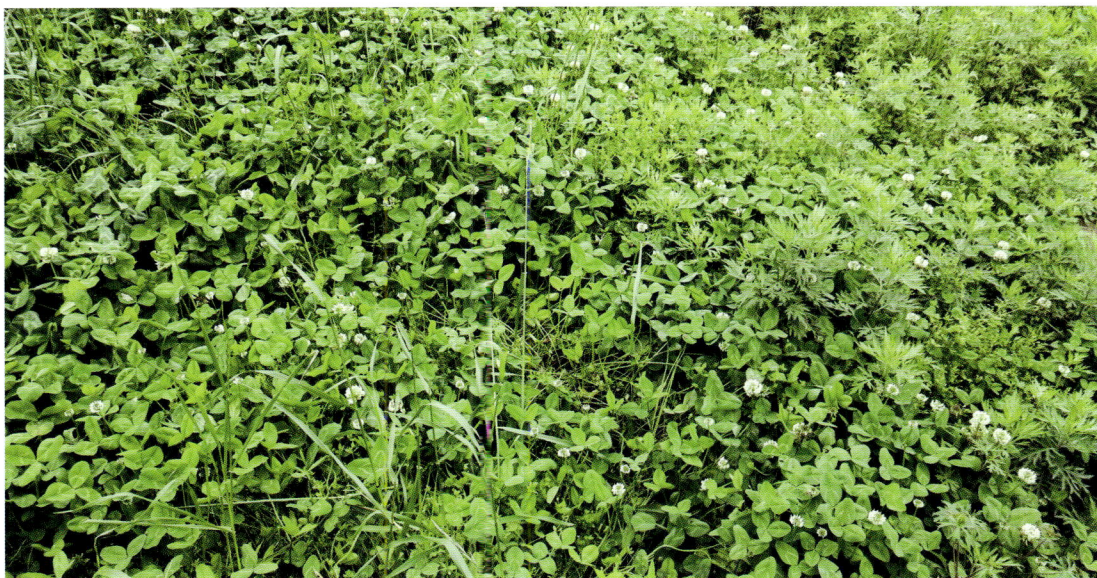

广布野豌豆

野豌豆属 *Vicia*
Vicia cracca L.

形态特征 　多年生蔓性草本。有微毛。羽状复叶，有卷须；小叶 8～24 片，狭椭圆形或狭披针形，长 10～30mm，宽 2～8mm，先端突尖，基部圆形，上面无毛，下面有短柔毛；叶轴有淡黄色柔毛；托叶披针形或戟形，有毛。总状花序腋生，有花 7～15 朵，萼斜钟形，萼齿 5 个，上面 2 齿较长，有短柔毛；花冠紫色或蓝色；子房无毛，具长柄，花柱顶端四周被黄色腺毛，荚果长圆形，褐色，长 1.5～2.5cm，膨胀，两端急尖，具柄。种子 3～5 粒，黑色。

生境与分布 　生于田边、草坡、岩石上，全省各地均有分布。

利用价值 　与窄叶野豌豆相似，为优良牧草。可作绿肥。为早春蜜源及观赏绿篱等。

救荒野豌豆 | 野豌豆属 *Vicia*
Vicia sativa L.

形 态 特 征　一年或二年生草本。高 25～50cm。羽状复叶，有卷须；小叶 8～16 片，长椭圆形或倒卵圆形，长 8～12mm，宽 3～7mm，先端截形，凹入，有细尖，基部楔形，两面疏生黄色柔毛；托叶戟形。花 1～2 朵生叶腋，花梗有黄色柔毛；萼钟状，萼齿 5 个，披针形，渐尖，有白色疏短毛；花冠紫色或红色；子房无毛，无柄，花柱顶端背部有淡黄色髯毛。荚果条形，扁平，长 25～45cm，近无毛，种子棕色，圆球形。

生境与分布　生于山脚草地、路旁、灌木丛中或麦田中，全省各地均有分布。

利 用 价 值　茎蔓细弱且柔嫩多汁，无异味，各种畜禽均喜食。马、牛、羊喜食其茎叶。嫩茎叶经切碎调制，猪、鸭、鹅等也喜食。种子加工后是一种很好的精饲料，属优良野生牧草。可作绿肥。为早春蜜源及观赏绿篱等。

救荒野豌豆开花期茎叶的化学成分

生育期	样品	干物质（%）	占干物质比例（%）						
			粗蛋白	粗脂肪	粗纤维	无氮浸出物	粗灰分	钙	磷
开花期	茎叶	91.21	19.44	2.24	27.99	32.27	9.27	0.64	0.44

采集地点：江西省南昌市南昌县莲塘镇；送检单位：江西省农业科学院畜牧兽医研究所。

野豇豆 | 豇豆属 *Vigna*
Vigna vexillata (L.) Rich.

形态特征 多年生攀缘或蔓生草本。根纺锤形，木质。茎被开展的棕色刚毛，老时渐变为无毛。羽状复叶具3小叶；托叶卵形至卵状披针形，长3~5mm，基部心形或耳状；小叶膜质，形状变化较大，卵形至披针形，长4~9（~15）cm，宽2~2.5cm，先端急尖，基部圆形，通常全缘，少数微具3裂片，两面被棕色或灰色柔毛。花序腋生，有2~4朵生于花序轴顶部的花，使花序近伞形；总花梗长5~20cm；小苞片钻状，早落；花萼被棕色或白色刚毛，稀变无毛；旗瓣黄色、粉红或紫色，有时在基部内面具黄色或紫红斑点，顶端凹缺，无毛，翼瓣紫色，基部稍淡，龙骨瓣白色或淡紫，镰状，喙部呈180°弯曲，左侧具明显的袋状附属物。荚果直立，线状圆柱形，长4~14cm，宽2.5~4mm，被刚毛；种子10~18颗，浅黄色至黑色，无斑点或棕色至深红色而有黑色的溅点，长圆形或长圆状肾形，长2~5mm。花期7~9月。

生境与分布 生于旷野、灌丛或疏林中，南北各地都有分布。

利用价值 草质好，为牛、羊、兔、猪等家畜所喜食，种子可供食用，可与玉米混播用为青贮料（1份豆蔓，2份玉米），也可青饲或晒制干草。根或全株作草药，有清热解毒、消肿止痛、利咽喉之功效。

野豇豆分枝期茎叶的化学成分

生育期	样品	干物质（%）	占干物质比例（%）						
			粗蛋白	粗脂肪	粗纤维	无氮浸出物	粗灰分	钙	磷
分枝期	全株	92.89	16.77	4.91	33.87	26.73	10.61	1.50	0.24

采集地点：江西省抚州市崇仁县相山镇；送检单位：江西省农业科学院畜牧兽医研究所。

贼小豆 | 豇豆属 *Vigna*
Vigna minima (Roxb.) Ohwi et Ohashi

形态特征 一年生缠绕草本。茎纤细，无毛或被疏毛。羽状复叶具 3 小叶；托叶披针形，长约 4mm，盾状着生、被疏硬毛；小叶的形状和大小变化颇大，卵形、卵状披针形、披针形或线形，长 2.5~7cm，宽 0.8~3cm，先端急尖或钝，基部圆形或宽楔形，两面近无毛或被极稀疏的糙伏毛。总状花序柔弱；总花梗远长于叶柄，通常有花 3~4 朵；小苞片线形或线状披针形；花萼钟状，具不等大的 5 齿，裂齿被硬缘毛；花冠黄色，旗瓣极外弯，近圆形；龙骨瓣具长而尖的耳。荚果圆柱形，长 3.5~6.5cm，宽 4mm，无毛，开裂后旋卷；种子 4~8 颗长圆形，深灰色，种脐线形，凸起。花果期 8~10 月。

生境与分布 生于旷野、草丛或灌丛中，全省常见。

利用价值 秸秆可作饲草，种子可作畜禽日常饲料补充。植株产量大，不易枯干，可进行青贮饲料制备。种子可食用。

赤小豆 | 豇豆属 *Vigna*
Vigna umbellata (Thunb.) Ohwi et Ohashi

形态特征　一年生草本。茎纤细，长达 1m 或过之，幼时被黄色长柔毛，老时无毛。羽状复叶具 3 小叶；托叶盾状着生，披针形或卵状披针形，长 10～15mm，两端渐尖；小托叶钻形，小叶纸质，卵形或披针形，长 10～13cm，宽（2～）5～7.5cm，先端急尖，基部宽楔形或钝，全缘或微 3 裂，沿两面脉上薄被疏毛，有基出脉 3 条。总状花序腋生，短，有花 2～3 朵；苞片披针形；花梗短，着生处有腺体；花黄色；龙骨瓣右侧具长角状附属体。荚果线状圆柱形，下垂，长 6～10cm，宽约 5mm，无毛，种子 6～10 颗，长椭圆形，通常暗红色，有时为褐色、黑色或草黄色，种脐凹陷。花期 5～8 月，果期 8～9 月。

生境与分布　常生于荒野草地、田间、园地、路旁、河岸及溪沟边，全省常见。

利用价值　藤叶可作牛羊饲料。种子供食用；入药，有行血补血、健脾去湿、利水消肿之功效。

赤小豆营养期茎叶的化学成分

生育期	样品	干物质（%）	占干物质比例（%）						
			粗蛋白	粗脂肪	粗纤维	无氮浸出物	粗灰分	钙	磷
营养期	全株	93.73	16.36	3.28	25.93	36.93	11.23	1.84	0.27

采集地点：江西省九江市永修县虬津镇；送检单位：江西省农业科学院畜牧兽医研究所。

丁癸草 | 丁癸草属 *Zornia*
Zornia gibbosa Spanog.

形态特征　多年生、纤弱多分枝草本。高 20～50cm。无毛，有时有粗厚的根状茎。托叶披针形，无毛，有明显的脉纹，基部具长耳。小叶 2 枚，卵状长圆形、倒卵形至披针形，长 0.8～1.5cm，先端急尖而具短尖头，基部偏斜，两面无毛，背面有褐色或黑色腺点。总状花序腋生，花 2～6(～10) 朵疏生于花序轴上；苞片 2，卵形，盾状着生，具缘毛，有明显的纵脉纹 5～6 条；花萼长 3mm，花冠黄色，旗瓣有纵脉，翼瓣和龙骨瓣均较小，具瓣柄。荚果有荚节 2～6，荚节近圆形，表面具明显网脉及针刺。花期 4～7 月，果期 7～9 月。

生境与分布　生于田边、村边稍干旱的旷野草地上，上饶、抚州等地有分布。

利用价值　可作牧草饲养畜禽。可治疟疾，和蜜捣敷可治牛马疔，亦治蛇伤。

球柱草

球柱草属 *Bulbostylis*
Bulbostylis barbata (Rottb.) C. B. Clarke

形态特征 一年生草本。秆丛生，纤细，高6～25cm。叶细条形，边缘外卷；叶鞘膜质，边缘有白色缘毛；苞片2～3片，叶状，细条形，长1～2.5cm，背部疏被柔毛；长侧枝聚伞状花序头状，有3至多个小穗；小穗披针形，长3～6.5mm，宽1～1.5mm，有7～13朵，无小穗梗；鳞片膜质，卵状或宽卵形，长1.5～2mm，宽1～1.5mm，棕色或黄绿色，顶端有外弯的短尖，背面有龙骨状突起，有一条脉，雄蕊1枚，少有2枚，柱头3个，无下位刚毛，花柱基小，盘状。小坚果倒卵状三棱形，长0.8mm，宽0.5mm，表面有花形网纹。

生境与分布 生于田边、沙田中的湿地，南北各地均有分布。

利用价值 可作牛、猪饲料。

球柱草结实期茎叶的化学成分

生育期	样品	干物质 (%)	占干物质比例（%）						
			粗蛋白	粗脂肪	粗纤维	无氮浸出物	粗灰分	钙	磷
结实期	全株	92.53	7.87	7.28	24.38	45.09	7.89	0.68	0.23

采集地点：江西省宜春市奉新县澡下镇；送检单位：江西省农业科学院畜牧兽医研究所。

十字薹草

薹草属 *Carex*
Carex cruciata Wahlenb.

形态特征　多年生草本。匍匐根状。茎粗壮，木质。秆粗壮，高达 90cm，有三钝棱，基部具暗褐色旧叶鞘，叶片长于秆。圆锥花序复生，长 20～40cm，具多数侧生支花序；序轴疏被短粗毛；苞片叶状，长于花序，苞稍长；小穗极多数；全部从囊内无花的囊状枝先出叶中生长，雄雌顺序，椭圆形，几成直角开展，雌花鳞片宽卵形，膜质密生锈点茸，有 3 条脉，顶端具短芒尖，果囊长圆状卵形，肿胀，淡黄褐色带锈色点线，具多数脉，上部边缘生粗短毛，顶端极尖或中等长的喙，喙口具 2 齿。小坚果卵状长圆形，有 3 棱；柱头 3 个。

生境与分布　生于林边或沟边草地、路旁、火烧迹地，中、南部和北部有分布。

利用价值　四季常青，牛、羊吃少量叶。

十字薹草开花期茎叶的化学成分

生育期	样品	干物质（%）	占干物质比例（%）						
			粗蛋白	粗脂肪	粗纤维	无氮浸出物	粗灰分	钙	磷
开花期	茎叶	92.01	4.58	1.94	28.65	49.42	7.42	0.29	0.01

采集地点：江西省九江市永修县柘林镇；送检单位：江西省农业科学院畜牧兽医研究所。

浆果薹草 | 薹草属 *Carex*
Carex baccans Nees

形态特征 根状茎木质。秆密丛生，直立而粗壮，高80~150cm，粗5~6mm，三棱形，无毛，中部以下生叶。叶基生和秆生，长于秆，平张，宽8~12mm，叶背光滑，叶面粗糙，基部具红褐色、分裂成网状的宿存叶鞘。苞片叶状，长于花序，基部具长鞘。圆锥花序复出，长10~35cm；支圆锥花序3~8个，单生，轮廓为长圆形，下部的1~3个疏远，其余的甚接近。小苞片鳞片状，披针形，革质，仅基部1个具短鞘，其余无鞘，顶端具芒；花序轴钝三棱柱形，几无毛；小穗多数，全部从内无花的囊状枝先出叶中生出，圆柱形；雄花鳞片宽卵形，顶端具芒，膜质，栗褐色；雌花鳞片宽卵形，顶端具长芒，纸质，紫褐色或栗褐色。果囊倒卵状球形或近球形，肿胀，长3.5~5mm，近革质，成熟时鲜红色或紫红色。小坚果椭圆形，三棱形，长3~3.5mm，成熟时褐色，基部具短柄，顶端具短尖；花柱基部不增粗，柱头3个。花果期8~12月。

生境与分布 生于林边、河边及村边，南部有分布。

利用价值 可作牛羊饲草。

浆果薹草结实期茎叶的化学成分

生育期	样品	干物质（%）	占干物质比例（%）						
			粗蛋白	粗脂肪	粗纤维	无氮浸出物	粗灰分	钙	磷
结实期	茎叶	91.67	8.35	3.02	23.58	51.61	5.11	0.17	0.01

采集地点：江西赣州市信丰县古陂镇；送检单位：江西省农业科学院畜牧兽医研究所。

畦畔莎草 | 莎草属 *Cyperus*
Cyperus haspan L.

形态特征 多年生或一年生草本。秆丛生或散生，高2～100cm，扁三棱状。叶条形，短于秆，宽2～3mm，有时仅有叶鞘。苞片2片，叶状，较花序短或等长；长侧枝聚伞花序复出或简单，具多数细长的辐射枝，最长达17cm，小穗通常3～6个，条形或条形技针形，有6～24朵小花，小轴无翅；鳞片膜质，长圆状卵形，长约1.5m，背部有龙骨突，顶端圆，有短尖，中间绿色，两侧紫红色或白色，有3条脉，雄蕊1～3枚，花药顶端有白色刚毛状附属物；柱头3个。小坚果倒卵形，有三棱，长约为鳞片的1/3，淡黄色，表面有疣状小突起。

生境与分布 多生长于水田或浅水塘等多水的地方，山坡上亦能见到，中、南部有分布。

利用价值 可作牛羊饲草。

畦畔莎草成熟期茎叶的化学成分

生育期	干物质（%）	占干物质比例（%）						
		粗蛋白	粗脂肪	粗纤维	无氮浸出物	粗灰分	钙	磷
成熟期	41.61	8.67	1.30	14.31	69.20	——	0.39	0.03

数据来源：虞道耿. 海南莎草科植物资源调查及饲用价值研究[D]. 海口：海南大学，2012.

异型莎草 | 莎草属 *Cyperus*
Cyperus difformis L.

形态特征 一年生草本。根为须根。秆丛生，稍粗或细弱，高 2～65cm，扁三棱形，平滑。叶短于秆，宽 2～6mm，平张或折合；叶鞘稍长，褐色。苞片 2 枚，少 3 枚，叶状，长于花序；长侧枝聚伞花序简单，少数为复出，具 3～9 个辐射枝，辐射枝长短不等，最长达 2.5cm，或有时近于无花梗；头状花序球形，具极多数小穗，直径 5～15mm；小穗密聚，披针形或线形，长 2～8mm，宽约 1mm，具 8～28 朵花；小穗轴无翅；鳞片排列稍松，膜质，近于扁圆形，顶端圆，长不及 1mm，中间淡黄色，两侧深红紫色或栗色边缘具白色透明的边，具 3 条不很明显的脉；雄蕊 2，有时 1 枚，花药椭圆形，药隔不突出于花药顶端；花柱极短，柱头 3，短。小坚果倒卵状椭圆形，三棱形，几与鳞片等长，淡黄色。花果期 7～10 月。

图片由李光敏提供

生境与分布 常生于稻田中或水边潮湿处，南昌等地可见。

利用价值 牛羊可食。

异型莎草营养期茎叶的化学成分

生育期	样品	干物质 (%)	占干物质比例 (%)						
			粗蛋白	粗脂肪	粗纤维	无氮浸出物	粗灰分	钙	磷
营养期	34.19	9.15	1.56	26.50	55.20	——	0.62	0.04	0.01

数据来源：虞道耿. 海南莎草科植物资源调查及饲用价值研究 [D]. 海口：海南大学，2012.

毛轴莎草 | 莎草属 *Cyperus*
Cyperus pilosus Vahl

形态特征　多年生草本。根状茎长。秆散生，粗壮，高25～80cm，有三锐棱。叶短于秆，宽6～8mm，叶稍短，淡褐色。苞片3片，叶状，长于花序；长侧枝聚伞花序复出，第一次辐射枝最长可达10cm，第二次辐射枝短，聚成金字塔形；小穗二列，排成疏松的穗状花序，条状披针形，长5～14mm，花序轴有黄色粗硬毛，小穗轴具狭翅，鳞片宽卵形，长约2mm，背面有不明显的龙骨突，顶端具短尖，有5～7条脉，中间绿色，两侧褐色，边缘透明，雄蕊3枚，花柱有棕色斑，柱头3个。小坚果宽椭圆形或倒卵形，有3棱，长约为鳞片的1/2，具短尖，成熟黑色。

生境与分布　多生于水田边、河边潮湿处，全省各地均有分布。

利用价值　牛、羊喜吃叶。

毛轴莎草开花期茎叶的化学成分

生育期	样品	干物质（%）	占干物质比例（%）						
			粗蛋白	粗脂肪	粗纤维	无氮浸出物	粗灰分	钙	磷
开花期	茎叶	93.64	12.23	2.30	29.12	39.63	10.36	0.43	0.25

采集地点：江西南昌市南昌县莲塘镇；送检单位：江西省农业科学院畜牧兽医研究所。

扁穗莎草

莎草属 *Cyperus*
Cyperus compressus L.

形态特征　一年生草本。秆丛生，高 5～25cm，有三锐棱。叶茎生，短于秆或与秆近等长，宽 1.5～3mm，叶稍紫色。苞片 3～5 片，叶状；长于花序；长侧枝聚伞花序简单，辐射枝 2～7 个，最长达 5cm；小穗条状披针形，有 8～20 朵花，长 8～17mm，宽约 4mm，近四棱形，3～10 枚于辐射枝顶端排成头状的穗状花序；小穗轴具狭翅，鳞片卵形，长约 3mm，背部有龙骨突，顶端具芒，中间绿色，两侧白色或黄色，有时有锈色斑纹，有 9～13 条脉，雄蕊 3 枚，花柱长，柱头 3 个。小坚果倒卵形，有 3 棱，3 面微凹，长约为鳞片的 1/3，褐色。

生境与分布　多生于空旷的田野里，南北各地有分布。

利用价值　可作牛、羊饲料。

扁穗莎草营养期茎叶的化学成分

生育期	干物质（%）	占干物质比例（%）						
		粗蛋白	粗脂肪	粗纤维	无氮浸出物	粗灰分	钙	磷
营养期	33.21	9.04	2.99	18.00	60.17	——	0.51	0.08

数据来源：虞道耿 . 海南莎草科植物资源调查及饲用价值研究 [D]. 海口：海南大学，2012.

阿穆尔莎草 | 莎草属 *Cyperus*
Cyperus amuricus Maxim.

形态特征　一年生草本。秆丛生，纤细，高 5～50cm，扁三棱形。叶茎生，宽 2～4mm。苞片 3～5 片，叶状，下面 2 枚长于花序，长侧枝聚伞花序，辐射枝 2～10 个，最长达 12cm；小穗近平展，8～20 朵花，条状披针形，长 5～15mm，宽 1～2mm，5 至多枚于辐射枝顶端排成蒲扇形或长圆形穗状花序，花序长 10～25mm，宽 8～30mm；小穗轴有膜质翅，鳞片近圆形，长约 1mm，背面有龙骨突，顶端有短尖，5 脉，中间绿色，两侧红棕色；雄蕊 3 枚；花柱极短，柱头 3 个。小坚果倒卵形或长圆形，有三棱，与鳞片近等长，黑褐色，密生突起细点。

生境与分布　为平地田园中的杂草，中部和北部等地有分布。
利用价值　为草食畜禽饲料。

阿穆尔莎草开花期茎叶的化学成分

生育期	样品	干物质（%）	占干物质比例（%）						
			粗蛋白	粗脂肪	粗纤维	无氮浸出物	粗灰分	钙	磷
开花期	地上部分	93.53	3.89	1.78	24.28	56.07	7.51	0.27	0.06

采集地点：江西抚州市东乡区张古塘镇；送检单位：江西省农业科学院畜牧兽医研究所。

图片由刘冰提供

碎米莎草 | 莎草属 *Cyperus*
Cyperus iria L.

形态特征 一年生草本。秆丛生，纤细，高 8~25cm，扁三棱状。叶茎生，短于秆；鞘红棕色。苞片 3~5 片，叶状，下部的较花序长；长侧枝聚伞花序复出，辐射枝 4~9 个，每枝有 5~10 个穗状花序；穗状花序长圆状卵形。有 5~22 小穗；小穗直立，长圆形，压扁，有 6~22 朵花；小穗轴近无翅；鳞片顶端有干膜质边缘，有短尖，黄色，宽侧卵形，背面有龙骨突，有 3~5 脉，雄蕊 3 枚，花序着生于环形的胼胝体上；柱头 3 个。小坚果倒卵形或椭圆形，三棱形，与鳞片等长，褐色，密生突起细点。3~4 月生，8 月后枯死。

生境与分布 生于田间、山坡、路旁阴湿处，南北各地有分布。

利用价值 牛吃全草，羊吃少量叶片。

碎米莎草开花期茎叶的化学成分

生育期	样品	干物质（%）	占干物质比例（%）						
			粗蛋白	粗脂肪	粗纤维	无氮浸出物	粗灰分	钙	磷
开花期	茎叶	92.56	8.64	2.96	24.87	50.33	5.76	0.37	0.02

采集地点：江西抚州市东乡区张古塘镇；送检单位：江西省农业科学院畜牧兽医研究所。

水莎草 | 莎草属 *Cyperus*
Cyperus serotinus Ro-tb.

形态特征　多年生草本。根状茎长。秆散生，高35～100cm，粗壮，扁三棱状，叶片条形，宽3～10mm。苞片3片，叶状，较花序长1倍多；长侧枝聚伞花序复出，有4～7个辐射枝，最长达16cm，开展，每枝有1～4个穗状花序；小穗平展，条状披针形，长8～20mm，宽约3mm，有10～34朵花；小穗轴有透明翅，基部无关节，宿存；鳞片二列，舟状，宽卵形，顶端钝，长2.5mm，中肋绿色，两侧红褐色，有5～7脉；雄蕊3枚；柱头2个，有暗红色斑。小坚果椭圆形或倒卵形，平凸状，背腹压扁，面向小穗轴，长为鳞片的4/5，棕色，有突起细点。3～4月生，11月后枯死。

生境与分布　多生于浅水中、水边沙土上，或有时亦见于路旁，南北各地有分布。

利用价值　牛吃全草、羊吃少量叶片。

水莎草开花期茎叶的化学成分

生育期	样品	干物质（%）	占干物质比例（%）						
			粗蛋白	粗脂肪	粗纤维	无氮浸出物	粗灰分	钙	磷
开花期	茎叶	91.02	5.23	2.34	22.96	48.82	11.67	0.70	0.02

采集地点：江西省南昌市南昌县莲塘镇；送检单位：江西省农业科学院畜牧兽医研究所。

图片由刘冰提供

香附子 | 莎草属 *Cyperus*
Cyperus rotundus L.

形态特征 多年生草本。有匍匐根状茎和椭圆状块茎。秆直立，散生，高 15～95cm，有三锐棱。叶茎生，短于秆，宽 2～5mm；鞘棕色，常裂成纤维状。苞片 2～3 片，叶状，长于花序，长侧枝聚伞花序简单或复生，有 3～6 个开展的辐射枝，最长达 12cm；小穗条形，3～10 个排成伞形花序，长 1～13cm，宽 1.5mm；小穗轴有白色透明的翅；鳞片紧密，二列，膜质，卵形或长卵形，长约 3mm，中间绿色，两侧紫红色，有 5～7 脉，雄蕊 3 枚；柱头 3 个。小坚果长圆状倒卵形，有三棱，长约为鳞片的 1/3，表面具细点。

生境与分布 生于山坡荒地草丛中或水边潮湿处，全省各地均有分布。

利用价值 各种草食畜禽喜吃。块茎可供药用，除能作健胃药外，还可以治疗妇科各症。

香附子成熟期茎叶的化学成分

生育期	样品	干物质 (%)	占干物质比例（%）						
			粗蛋白	粗脂肪	粗纤维	无氮浸出物	粗灰分	钙	磷
成熟期	茎叶	91.58	6.04	1.90	23.26	52.22	8.16	0.43	0.04

采集地点：江西省南昌市南昌县莲塘镇；送检单位：江西省农业科学院畜牧兽医研究所。

图片由刘冰提供

丛毛羊胡子草 | 羊胡子草属 *Eriophorum*
Eriophorum comosum Nees

形态特征 多年生草本。具短而粗的根状茎。秆密丛生，钝三棱形，少有圆筒状，无毛，高 14～78cm，直径 1～2mm，基部有宿存的黑色或褐色的鞘。秆生叶不存在，具多数基生叶，叶片线形，边缘向内卷，具细锯齿，渐向上渐狭成刚毛状，顶端三棱形，其长超过花序。叶状苞片长超过花序；小苞片披针形，上部刚毛状，边缘有细齿；长侧枝聚伞花序伞房状，具极多数小穗；小穗单个或 2～3 个簇生，长圆形，在开花时为椭圆形，基部有空鳞片 4 片；空鳞片两大两小，小的长约为大的 1/2，卵形，顶端具小短尖，褐色，膜质，中肋明显，呈龙骨状突起；下位刚毛极多数，成熟时长超过鳞片；雄蕊 2，花药顶端具紫黑色、披针形的短尖；柱头 3。小坚果狭长圆形，扁三棱形，顶端尖锐，有喙，深褐色，有的下部具棕色斑点，长（速喙在内）2.5mm，宽约 0.5mm。花果期 6～11 月。

生境与分布 喜生于岩壁上，赣州可见。

利用价值 幼嫩时可作牛饲料。

两歧飘拂草

飘拂草属 *Fimbristylis*
Fimbristylis dichotoma (L.) Vahl

形态特征 一年生草本。秆丛生，高 15~50cm。叶条形，略短于秆，宽 1~2.5mm；鞘基部近革质，鞘口近截形、苞片 3~4 枚，叶状，其中有 1~2 枚长于花序；长侧枝聚伞花序复出，有 1~5 条辐射枝，有多数小穗，小穗单生辐射枝顶端，长圆形或卵形，长 4~12mm，宽约 2.5mm，有多数花；鳞片卵形或长圆形，褐色有光泽，有 3~5 脉，顶端有短尖；雄蕊 1~2 枚；花柱扁，上面有缘毛，柱头 2 个，具疣状突起。小坚果宽倒卵形，双凸状，长约 1mm，有 7~9 纵肋，有横长圆形网纹，有柄。

生境与分布 生于草地、稻田中，南北各地均有分布。

利用价值 可作牛、羊饲料。

两歧飘拂草开花期茎叶的化学成分

生育期	样品	干物质 (%)	占干物质比例（%）						
			粗蛋白	粗脂肪	粗纤维	无氮浸出物	粗灰分	钙	磷
开花期	地上部分	89.13	6.32	3.36	23.32	45.35	10.78	0.25	0.04

采集地点：江西抚州市东乡区张古塘镇；送检单位：江西省农业科学院畜牧兽医研究所。

复序飘拂草 | 飘拂草属 *Fimbristylis*
Fimbristylis bisumbel!ata (Forsk.) Bubani

形态特征 一年生草本。秆丛生，纤细，高 4~20cm，扁三棱形，平滑。叶基生，细条形，短于秆，宽 0.7~1.5mm；叶鞘疏被白色长柔毛。苞片叶状，2~5 枚，下部 1~2 枚近等长于花序，其余较短；长侧枝聚伞花序一次至多次复出，具 4~10 个辐射枝；小穗单生于辐射枝顶端，长圆状卵形或卵形，长 2~7mm，宽 1~1.8mm，棕色，背面有龙骨状突，有 3 条脉；雄蕊 1~2 枚；花柱长而扁，具缘毛，基部膨大，无毛，柱头 2 个。

小坚果宽倒卵形，双凸状，长约 0.8mm，黄白色，基部有极短的柄。表面具横长圆形网纹。

生境与分布 生在河边、沟旁、山溪边、沙地或沼地，以及山坡上潮湿处，全省各地均有分布。

利用价值 牛、羊喜吃。

复序飘拂草开花期茎叶的化学成分

生育期	样品	干物质（%）	占干物质比例（%）						
			粗蛋白	粗脂肪	粗纤维	无氮浸出物	粗灰分	钙	磷
开花期	茎叶	91.97	6.41	2.67	25.12	50.24	7.53	0.25	0.04

采集地点：江西抚州市东乡区张古塘镇；送检单位：江西省农业科学院畜牧兽医研究所。

水虱草 | 飘拂草属 *Fimbristylis*
Fimbristylis littoralis Grandich

形态特征 一年生草本。秆丛生，高 10～60cm，扁四棱形，基部有 1～3 枚无叶片的鞘。叶条形、侧扁，与秆等长，宽约 1.5～2mm；叶鞘侧扁，背部呈锐龙骨突状，无叶舌。苞片 2～4 枚，刚毛状，基部较宽，短于花序；长侧枝聚伞花序，一次至多次复出；辐射枝 3～6 条，0.8～5cm；小穗单生于辐射枝顶端，近球形，长 1.5～5mm，宽约 2mm；鳞片卵形，长约 1mm，栗色，背面有龙骨突，有 3 条脉；雄蕊 2 枚；花柱三棱形，基部稍膨大，无缘毛，柱头 3 个。小坚果倒卵形或宽倒卵形，有三锐棱，长约 1mm，具疣状突起和横长圆形网纹；3～5 月生长，7～8 月旺盛，12 月枯死。

生境与分布 生于水边、田边、路旁、草地，全省各地均有分布。

利用价值 牛吃全草、羊吃叶。

水虱草结实期茎叶的化学成分

生育期	样品	干物质 (%)	占干物质比例（%）						
			粗蛋白	粗脂肪	粗纤维	无氮浸出物	粗灰分	钙	磷
结实期	茎叶	95.42	14.59	3.43	35.12	29.95	12.34	0.48	0.31

采集地点：江西省南昌市南昌县莲塘镇；送检单位：江西省农业科学院畜牧兽医研究所。

短尖飘拂草 | 飘拂草属 *Fimbristylis*
Fimbristylis squarrose var. *esquarrosa* Makino

形态特征　无根状茎。秆丛生，细弱，一般较矮，高 10～25cm，扁钝三棱形，基部具少数叶。叶短于秆，极狭，宽不及 1mm；鞘淡棕色，被较密的柔毛。苞片 3～7 枚，叶状，最下面的苞片等长或稍短于花序，其余均短于花序，基部稍扩大；长侧枝聚伞花序复出或多次复出，疏散，具辐射枝；小穗单生于辐射枝顶端，披针形或长圆形，顶端急尖，长 3～7mm，宽 1.2～2mm，具多数花；鳞片较松地螺旋状排列，膜质，长圆形，顶端钝，长 1.5～2mm，黄棕色，下部色常较淡，背面具 1 条中脉，脉稍隆起，顶端延伸成短芒，芒长约为鳞片的 1/5，稍外弯；雄蕊 1，花药线形，药隔稍突出；花柱长，稍扁，具疏缘毛，基部膨大，具白色下垂的丝状长柔毛，常覆盖于小坚果顶部；花柱 2，具乳头状小突起。小坚果倒卵形，扁双凸状，长约 0.5mm，黄色，具短柄，表面近于平滑或具极不明显的六角形网纹。

生境与分布　生于水边或水湿地，南昌等地有分布。

利用价值　牛羊可食。

短尖飘拂萱开花期茎叶的化学成分

生育期	干物质（%）	占干物质比例（%）						
		粗蛋白	粗脂肪	粗纤维	无氮浸出物	粗灰分	钙	磷
开花期	43.47	7.44	1.30	19.99	56.95	——	0.17	0.06

数据来源：虞道耿. 海南莎草科植物资源调查及饲用价值研究 [D]. 海口：海南大学，2012.

短叶水蜈蚣 | 水蜈蚣属 *Kyllinga*
Kyllinga brevifolia Rottb.

形态特征 多年生草本。匍匐根状茎长，被褐色鳞片，每节上生一秆；秆成列散生，细弱，高 7～20cm，扁三棱形，基部具 4～5 叶鞘，上面 2～3 叶鞘顶端具叶片。叶宽 2～4mm。叶状苞片 3 片，后期反折；穗状花序单一，近球形，长 5～10mm，宽 5～10mm；小穗极多数，长圆状披针形，扁，长约 3mm，宽 0.8～1mm，有 1 朵花；鳞片白色具锈斑，长 2.8～3mm，龙骨状突起绿色，具刺，顶端具外弯的短尖，脉 5～7 条，雄蕊 1～3 枚；柱头 2 个。小坚果倒卵状长圆形，扁双凸状，长为鳞片的 1/2，具密细点。

生境与分布 生于山坡荒地、路旁草丛中、田边草地、溪边，全省各地均有分布。

利用价值 牛、羊吃叶。

短叶水蜈蚣的化学成分

生育期	干物质（%）	占干物质比例（%）						
		粗蛋白	粗脂肪	粗纤维	无氮浸出物	粗灰分	钙	磷
果后期	——	8.88	——	25.08	——	15.31	0.72	0.28

数据来源：《赣南野生牧草》编委会.赣南野生牧草（全国草场资源调查丛书）[M].赣州：江西省赣州地区农牧渔业局，1985:159.

球穗扁莎 | 扁莎属 *Pycreus*
Pycreus flavidus (Retzius) T. Koyama

形态特征 一年生草本。根状茎短，具须根。秆丛生，细弱，高 7～50cm，钝三棱形，一面具沟，平滑。叶少，短于秆，宽 1～2mm；叶鞘长，下部红棕色。苞片 2～4 枚，细长，较长于花序；简单长侧枝聚伞花序具 1～6 个辐射枝，辐射枝长短不等；每一辐射枝具 2～20 余个小穗；小穗密聚于辐射枝上端呈球形，辐射展开，线状长圆形，极压扁，具 12～34 朵花；小穗轴近四棱形，两侧有具横隔的槽；鳞片稍疏松排列，膜质，长圆状卵形，顶端钝，背面龙骨状突起绿色；具 3 条脉，两侧黄褐色、红褐色，具白色透明的狭边；雄蕊 2，花药短，长圆形；花柱中等长，柱头 2，细长。小坚果倒卵形，顶端有短尖，双凸状，稍扁，长约为鳞片的 1/3，褐色，具白色透明有光泽的细胞层和微突起的细点。花果期 6～11 月。

生境与分布 生于田边、沟旁潮湿处或溪边湿润的沙土上，全省可见。

利用价值 牛吃全草、羊吃少量叶片。

球穗扁莎营养期茎叶的化学成分

生育期	样品	干物质（%）	占干物质比例（%）						
			粗蛋白	粗脂肪	粗纤维	无氮浸出物	粗灰分	钙	磷
营养期	茎叶	90.25	3.71	1.22	24.53	50.57	10.22	0.47	0.03

采集地点：江西省南昌市南昌县莲塘镇；送检单位：江西省农业科学院畜牧兽医研究所。

萤蔺 | 萤蔺属 *Schoenoplectiella*
Schoenoplectiella juncoides (Roxburgh) Lye

形 态 特 征 多年生草本。根状茎短，须根密。秆直立，丛生，较细瘦，圆柱形，平滑，高 25～60cm。无叶片，仅有 1～3 个叶鞘着生于秆的基部。苞片 1 片；小穗 3～15 个排列成头状，卵圆或长圆形，长 8～17mm，具多数花，鳞片宽卵形，顶端钝，具短尖，长 3.5～4mm，背部绿色，两侧具棕色条纹；下位刚毛 3～5 条，与小坚果近等长，有倒刺，雄蕊 3 枚；柱头 2 个，极少 3 个。小坚果倒卵形或宽倒卵形，长 2～2.5mm，有不明显的横皱纹。

生境与分布 生于路旁、荒地潮湿处，或水田边、池塘边、溪旁、沼泽中，宜春、南昌等地有分布。

利 用 价 值 为牛、羊牧草。有清热解毒、凉血利尿等功效。

萤蔺开花期茎叶的化学成分

生育期	干物质 (%)	占干物质比例（%）						
		粗蛋白	粗脂肪	粗纤维	无氮浸出物	粗灰分	钙	磷
开花期	42.88	5.31	2.22	26.70	60.20	——	0.34	0.02

数据来源：虞道耿. 海南莎草科植物资源调查及饲用价值研究 [D]. 海口：海南大学，2012.

水葱 | 水葱属 *Schoenoplectus*
Schoenoplectus tabernaemontani (C. C. Gmelin) Palla

形态特征　多年生草本。匍匐根状茎粗壮，具须根。秆高大，圆柱状，高 1~2m，平滑，基部具 3~4 个叶鞘，鞘长可达 38cm，管状，膜质，最上面一个叶鞘具叶片。叶片线形。苞片 1 枚；长侧枝聚伞花序，具 4~13 个辐射枝；小穗单生，卵形，顶端急尖，具多数花；鳞片椭圆形，顶端稍凹，具短尖，膜质，棕色、紫褐色，有时基部色淡，背面有铁锈色突起小点，脉 1 条，边缘具缘毛；雄蕊 3，花药线形，药隔突出；花柱中等长，柱头 2，长于花柱。小坚果倒卵形，双凸状。花果期 6~9 月。

生境与分布　生于湖边或浅水塘中，全省各地均有分布。

利用价值　幼嫩时牛、羊喜吃。亦可观赏。

水葱营养期茎叶的化学成分

生育期	样品	干物质（%）	占干物质比例（%）						
			粗蛋白	粗脂肪	粗纤维	无氮浸出物	粗灰分	钙	磷
营养期	茎叶	95.16	16.01	2.85	25.11	42.48	8.71	0.32	0.02

采集地点：江西省南昌市南昌县莲塘镇；送检单位：江西省农业科学院畜牧兽医研究所。

图片由周耘秀提供

下田菊

下田菊属 *Adenostemma*
Adenostemma lavenia (L.) O. Kuntze

形态特征 一年生草本。高 30～100cm。茎直立，单生，有白色短柔毛或无毛。中部茎叶较大，矩椭圆形披针状，长 4～12cm，宽 2～5cm，两面有稀疏的短柔毛；叶柄有狭翅，长 0.5～4cm，上部和下部的叶渐小，头状花序小，在枝端排列成伞房状或伞房圆锥状花序，花序分枝被柔毛；总苞半球形，宽 6～10mm；苞片 2 层，几膜质，绿色，外层苞片大部分合生，有白色长柔毛；花全部结实，两性，筒状，筒白色，顶端 5 齿裂。瘦果倒披针形；冠毛棒状，基部结合成环状。春季萌生，秋季茂盛，冬季枯死。

生境与分布 生于林下及潮湿处，全省常见。

利用价值 幼嫩时可作猪饲料。全草治脚气病。

藿香蓟 | 藿香蓟属 *Ageratum*
Ageratum conyzoides L.

形态特征 一年生草本。茎稍带紫色，被白色多节长柔毛，幼茎幼叶及花梗上的毛较密。叶卵形或菱状卵形，长 4~13cm，宽 2.5~6.5cm，两面被稀疏的白色长柔毛，基部钝，圆形或宽楔形，少有心形，边缘有钝圆锯齿；叶柄长 1~3cm。头状花序较小，直径约 1cm，在茎或分枝顶端排成伞房花序；总苞片矩圆形，顶端急尖，外面被稀疏白色多节长柔毛，花淡紫色或浅蓝色，冠毛鳞片状，上端渐狭成芒状，5 枚。

生境与分布 生于山谷、山坡林下或林缘、河边或山坡草地、田边或荒地上，全省各地均有分布。

利用价值 猪、羊吃少量叶片。有清热解毒、消肿止血的功效。

藿香蓟成熟期茎叶的化学成分

生育期	样品	干物质（%）	占干物质比例（%）						
			粗蛋白	粗脂肪	粗纤维	无氮浸出物	粗灰分	钙	磷
成熟期	全株	97.6	6.94	3.10	43.18	36.34	5.21	1.41	0.11

采集地点：江西省南昌市南昌县莲塘镇；送检单位：江西省农业科学院畜牧兽医研究所。

杏香兔儿风 | 兔儿风属 *Ainsliaea*
Ainsliaea fragrans Champ.

形态特征　多年生草本。具匍匐状短根状茎，茎直立，高 30～60cm，被棕色长毛，不分枝。叶 5～10 枚，基生，卵状矩圆形，长 3～10cm，宽 2～5cm，顶端圆钝，基部心形，全缘，少量有疏短刺状齿，叶面绿色，无毛或疏被毛，叶背有时紫红色。被棕色长毛；叶柄与叶片近等长，被毛。头状花序多数，排成总状，有短梗或近无梗；总苞细筒状，总苞片数层，外层较短，卵形、狭椭圆形。内层披针形，顶端尖锐，花筒状，白色，稍有杏仁气味。瘦果倒披针状矩圆形，栗褐色，扁平，有条纹和细毛；冠毛羽状，棕黄色。

生境与分布　生于山坡灌木林下或路旁、沟边草丛中，全省可见。

利用价值　猪、牛吃全草。有清肺、散结、利尿之功效。

豚草 | 豚草属 *Ambrosia*
Ambrosia artemisiifolia L.

形态特征　一年生草本。高 20~150cm。茎直立，上部有圆锥状分枝，有棱，被疏生密糙毛。下部叶对生，具短叶柄，二次羽状分裂，裂片狭小，长圆形至倒披针形，全缘，有明显的中脉，上面深绿色，被细短伏毛或近无毛，背面灰绿色，被密短糙毛；上部叶互生，无柄，羽状分裂。雄头状花序半球形或卵形，具短梗，下垂，在枝端密集成总状花序。总苞宽半球形或碟形；总苞片全部结合，无肋，边缘具波状圆齿，稍被糙伏毛。花托具刚毛状托片；每个头状花序有 10~15 个不育的小花；花冠淡黄色，有短管部，上部钟状，有宽裂片；花药卵圆形；花柱不分裂，顶端膨大成画笔状。雌头状花序无花序梗，在雄头花序下面或在下部叶腋单生，或 2~3 个密集成团伞状，有 1 个无被能育的雌花，总苞闭合，具结合的总苞片，倒卵形或卵状长圆形，顶端有围裹花柱的圆锥状嘴部，在顶部以下有 4~6 个尖刺，稍被糙毛；花柱 2 深裂，丝状，伸出总苞的嘴部。瘦果倒卵形，无毛，藏于坚硬的总苞中。花期 8~9 月，果期 9~10 月。

生境与分布　生于路旁、荒地、旱地等，全省常见。

利用价值　幼嫩时可煮熟喂猪。

黄花蒿 | 蒿属 *Artemisia*
Artemisia annua L.

形态特征　一年生草本。茎直立，高 50~150cm，多分枝，无毛。基部和下部叶在花期枯萎，中部叶卵形，三次羽状深裂，长 4~7cm，宽 1.5~3cm，裂片及小裂片矩圆形或倒卵形，开展，顶端尖，基部裂片常抱茎，两面被短微毛；上部叶小，常一次羽状细裂。头状花序极多数，球形，长及宽约为 1.5mm，有短梗，排列成复总状或总状，常有条形苞叶；总苞无毛；苞片 2~3 层，外层狭圆形，绿色，内层椭圆形；除中脉外，边缘宽膜质；花托长圆形，花筒状，长不超过 1mm，外层雌性，内层两性。瘦果矩圆形，长 0.7mm，无毛。3~4 月生，8~9 月开花，10~11 月枯死。

生境与分布　生于山坡、林缘及荒地，全省常见。

利用价值　气味强烈，适口性较差，幼嫩时可少量拌入猪、牛饲草，枯黄的植株为骆驼所乐食，为绵羊和山羊所采食。能治各种类型疟疾，具速效、低毒的优点。

黄花蒿开花期的化学成分

生育期	样品	占干物质比例（%）						
		粗蛋白	粗脂肪	粗纤维	无氮浸出物	粗灰分	钙	磷
开花期	全株	5.20	2.78	28.97	55.94	7.11	0.15	0.10

数据来源：《中国饲用植物志》编委会.中国饲用植物志（第 6 卷）[M].北京：中国农业出版社，1997:188.

奇蒿 | 蒿属 *Artemisia*
Artemisia anomala S. Moore

形 态 特 征　多年生草本。茎直立，高 80～150cm，中部以上常分枝，上部有花序枝，被微柔毛，下部叶在花期枯死，中部叶矩圆状或卵状披针形，长 7～11cm，宽 3～4cm，基部渐狭成短柄，不分裂，顶端渐尖，边缘有密锯齿，近革质，上面被微糙毛，下面色浅，被蛛丝状微毛或近无毛，有 5～8 对羽状脉。头状花序极多数，无梗，密集于花枝上，在茎端及上部叶腋组成长达 25cm 的复总状花序，总苞近钟状，无毛，长 3mm，总苞片 3～4 层，长圆形，边缘宽膜质，带白色；花筒状，外层雌性，内层两性。瘦果微小，矩圆形，无毛。

生境与分布　生于林缘、路旁、沟边、河岸、灌丛及荒坡等地，全省常见。

利 用 价 值　牛、猪吃幼嫩茎叶。民间用于治疗肠、胃及妇科疾患，近年亦用于治血丝虫病，还可代茶泡饮作清凉解热药。

艾

蒿属 *Artemisia*
Artemisia argyi Levl. et Van.

形态特征 多年生草本。高 50~120cm，被密茸毛，中部以上或仅上部有开展及斜升的花序枝，叶互生，下部叶在花期枯萎；基部急狭，或渐狭成短稍长的柄，或稍扩大而成托叶状；叶片羽状深裂或浅裂，侧裂片约 2 对，常楔形，中裂片又常三裂，裂片边缘有齿，上面被蛛丝状毛，有白色密或疏腺点，下面被白色或淡黄色密茸毛；上部叶渐小，三裂或全缘，无梗。头状花序多数，排列成长总状，花后下倾，总苞卵形；总苞片 4~5 层，边缘膜质，背面被棉毛；花带红色，多数，外层雌性，内层两性。瘦果几达 1mm，无毛。3~4 月萌芽，5~6 月生长，8~9 月枯萎。

生境与分布 生于荒地、路旁河边及山坡等地，局部地区为植物群落的优势种，南北各地均有分布。

利用价值 猪、牛、羊吃嫩叶。全草入药，有温经、去湿、散寒、止血、消炎、平喘、止咳、安胎、抗过敏等作用。此外，全草作杀虫的农药或薰烟作房间消毒、杀虫药。嫩芽及幼苗作菜蔬。

艾分枝期茎叶的化学成分

生育期	样品	干物质 (%)	占干物质比例（%）						
			粗蛋白	粗脂肪	粗纤维	无氮浸出物	粗灰分	钙	磷
分枝期	茎叶	91.91	19.23	5.73	34.13	14.68	18.13	0.85	0.71

采集地点：江西省南昌市南昌县莲塘镇；送检单位：江西省农业科学院畜牧兽医研究所。

牡蒿 | 蒿属 *Artemisia*
Artemisia japonica Thunb.

形态特征　多年生草本。根状茎粗壮，茎直立，常丛生，高 50～150cm，上部有分枝，被微柔毛。下部叶在花期萎谢，匙形，长 3～8cm，宽 1～2.5cm，下部渐狭，有条形假托叶，上部有齿；中部叶楔形，顶端有齿，近无毛；上部叶近条形，3 裂或不裂。头状花序极多数，排列成复总状，有短梗及条形苞叶；总苞球形，直径 1～2mm，无毛，总苞片约 4 层，背面叶质，边缘宽膜质；花外层雌性，能育，内层两性，不育。瘦果无毛。

生境与分布　生于山边、路旁、旷野，南北各地有分布。

利用价值　羊吃少量叶。

野艾蒿

蒿属 *Artemisia*
Artemisia lavandulifolia Candolle

形态特征　多年生草本。茎成小丛，稀单生，高达1.2m，分枝多；茎、枝被灰白色蛛丝状柔毛。叶上面具密集白色腺点及小凹点，初疏被灰白色蛛丝状柔毛，下面除中脉外密被灰白色密棉毛；基生叶与茎下部叶宽卵形或近圆形，长8~13cm，二回羽状全裂或一回全裂，二回深裂；中部叶卵形、长圆形或近圆形，长6~8cm，二回羽状深裂，每侧裂片2~3，裂片椭圆形或长卵形，具2~3线状披针形或披针形小裂片或深裂齿，边缘反卷，基部有羽状分裂小假托叶；上部叶羽状全裂；苞片叶3全裂或不裂。头状花序极多数，椭圆形或长圆形，排成密穗状或复穗状花序，在茎上组成圆锥花序；总苞片背面密被灰白或灰黄色蛛丝状柔毛；雌花4~9；两性花10~20，花冠檐部紫红色。瘦果长卵圆形或倒卵圆形。

生境与分布　多生于路旁、林缘、山坡、草地、山谷、灌丛及河湖滨草地等，全省常见。
利用价值　煮熟可喂猪。

野艾蒿苗期茎叶的化学成分

生育期	样品	干物质（%）	占干物质比例（%）						
			粗蛋白	粗脂肪	粗纤维	无氮浸出物	粗灰分	钙	磷
苗期	全株	92.69	18.17	3.95	19.06	40.68	10.83	0.74	0.39

采集地点：江西省南昌市南昌县莲塘镇；送检单位：江西省农业科学院畜牧兽医研究所。

三脉紫菀 | 紫菀属 *Aster*
Aster trinervius subsp. *ageratoides* (Turczaninow) Grierson

形 态 特 征　多年生草本。高 40～100cm，茎直立，有柔毛或粗毛。下部叶宽卵形，急狭成长柄，在花期枯落；中部叶椭圆形或长圆状披针形，顶端渐尖，基部楔形，边缘有 3～7 对浅或深锯齿；上部叶渐小，有浅齿，或全缘；全部叶纸质，叶面有短粗毛，叶背有短柔毛，或两面有短茸毛，叶背沿脉有粗毛，有离基三出脉，侧脉 3～4 对。头状花序直径 1.5～2cm，排列成伞房状或圆锥伞房状；总苞倒锥状或半球形，宽 4～10mm；总苞片 3 层，条状长圆形，上部绿色或紫褐色，下部干膜质；舌状花 10 多个，舌片紫色，浅红色或白色，筒状花黄色。瘦果长 2～2.5mm，冠毛浅红褐色或污白色。

生境与分布　生于田野、草地、路旁，全省常见。

利 用 价 值　牛、猪、羊吃叶和嫩秆。

马兰 | 紫菀属 Aster
Aster indicus L.

形态特征　多年生草本。高 30～70cm。茎直立，叶互生，薄质，倒披针形或倒卵状长圆形，顶端钝或尖，基部渐狭无叶柄，边缘有疏粗齿或羽状浅裂，上部叶小，全缘。头状花序，单生于枝顶排成疏伞房状；总苞片 2～3 层，倒披针形或倒披针状长圆形，上部草质，有疏短毛，边缘膜质，有睫毛；舌状花 1 层，舌片淡紫色，筒状花多数，筒部被短毛。瘦果倒卵状长圆形，极扁，褐色，边缘浅色而有厚肋，上部被腺及短柔毛，易脱落，不等长。3～4 月生长，4～5 月旺盛，9～10 月枯黄。

生境与分布　生于林缘、草丛、溪岸、路旁，南北各地有分布。

利用价值　草食畜禽喜吃嫩枝叶。全草药用，有清热解毒、消食积、利小便、散瘀止血的功效。

马兰开花期茎叶的化学成分

生育期	样品	干物质 (%)	占干物质比例（%）						
			粗蛋白	粗脂肪	粗纤维	无氮浸出物	粗灰分	钙	磷
开花期	茎叶	86.86	14.59	2.23	21.92	38.73	9.39	1.72	0.48

采集地点：江西省南昌市南昌县莲塘镇；送检单位：江西省农业科学院畜牧兽医研究所。

鬼针草 | 鬼针草属 *Bidens*
Bidens pilosa L.

形态特征　一年生草本。高 50～100cm。中部和下部的叶对生，二回羽状深裂，裂片顶端尖或渐尖，边缘具不规则细齿或钝齿，两面略有短毛，具长叶柄；上部的叶互生，羽状分裂。头状花序，总花梗长；总苞片条状椭圆形，顶端尖或钝，被细短毛；舌状花黄色，通常 1～3 朵，不发育；筒状花黄色，发育。瘦果条形，有短毛，顶端冠毛芒状，3～4 枚。3～4 月生长旺盛，8～9 月老化。

生境与分布　生于路旁、荒地、山坡及田间，全省常见。

利用价值　牛、羊、猪吃嫩叶。我国民间常用草药，有清热解毒、散瘀活血的功效。

鬼针草的化学成分

占干物质比例（%）					
粗蛋白	粗纤维	无氮浸出物	粗灰分	钙	磷
2.80	39.20	——	7.06	1.26	——

数据来源：余世俊．江西牧草 [M]．北京：中国农业出版社，1997:98.

狼耙草 | 鬼针草属 *Bidens*
Bidens tripartita L.

形态特征 一年生草本。高 30~50cm。叶对生，无毛，叶柄有狭翅，中部叶通常羽状 3~5 裂，顶端裂片较大，椭圆形，边缘有锯齿，上部叶 3 深裂。头状花序顶生，直径 1~3cm，总苞片多数，外层倒披针形，叶状，长 1~4cm，有睫毛；花黄色，全为两性筒状花。瘦果扁平，两侧边缘各有一列倒钩刺；冠毛芒状，2 枚，少有 3~4 枚，具倒钩刺。

生境与分布 生于路边荒野及水边湿地，全省各地均有分布。

利用价值 开花前，枝叶柔嫩多汁，无毛。稍有异味，畜禽多避而不食，经切碎、蒸煮后，猪喜食，也可作鹅、鸭、鸡饲料。青干草或霜打后的枯草，可饲喂牛、羊、马、骆驼。加工成干草粉，可作配合饲料的原料。全草入药，有清热解毒的功效。可作绿肥植物。

狼耙草开花期茎叶的化学成分

生育期	样品	干物质 (%)	占干物质比例（%）						
			粗蛋白	粗脂肪	粗纤维	无氮浸出物	粗灰分	钙	磷
开花期	全株	95.15	19.53	3.81	22.01	36.77	13.03	1.49	0.50

采集地点：江西省南昌市进贤县下埠集乡；送检单位：江西省农业科学院畜牧兽医研究所。

天名精 | 天名精属 *Carpesium*
Carpesium abrotanoides L.

形态特征 多年生草本。高 50~100cm，茎直立，上部多分枝；密生短柔毛，下部近无毛。下部叶宽椭圆形或长圆形，顶端尖或钝，基部狭成具翅的叶柄，边缘有不规则的锯齿，或全缘，叶面贴生短毛，叶背有短柔毛和腺点；上部叶渐小，长圆形无叶柄。头状花序较多，沿茎枝腋生，有短梗或近无梗，直径 6~8mm，平立或斜下垂；总苞针状球形，总苞片 3 层，外层极短，卵形，顶端尖，有短柔毛，中层和内层长圆形，顶端圆钝，无毛；花黄色，外围的雌花花冠丝状，3~5 齿裂，中央的两性花花冠筒状，顶端 5 齿裂。瘦果条形，具细纵条，顶端有短喙，有腺点。

生境与分布 生于村旁、路边荒地、溪边及林缘，全省常见。

利用价值 嫩叶可喂猪、羊。还可药用，可作驱蛔虫剂。

石胡荽 | 石胡荽属 *Centipeda*
Centipeda minima (L.) A. Br. et Aschers.

形 态 特 征　一年生小草本。茎多分枝，高5～20cm，匍匐状，微被蛛丝状毛或无毛。叶互生，楔状倒披针形，长7～18mm，顶端钝，基部楔形，边缘有少数锯齿。头状花序小，扁球形，直径约3mm，单生于叶腋，无花序梗或极短；总苞半球形；总苞片2层，椭圆状披针形，绿色，边缘透明膜质，外层较大；边缘花雌性，多层，花冠细管状，淡绿黄色，顶端2～3微裂；盘花两性，花冠管状，顶端4深裂，淡紫红色，下部有明显的狭管。瘦果椭圆形，具4棱，棱上有长毛，无冠状冠毛。花果期6～10月。

生境与分布　生于路旁、荒野阴湿地，全省可见。

利 用 价 值　可作猪草。能通窍散寒、祛风利湿、散瘀消肿，主治鼻炎、跌打损伤等症。

图片由刘冰提供

野菊 | 菊属 *Chrysanthemum*
Chrysanthemum indicum Linnaeus

形 态 特 征　多年生草本。高 25～100cm。根状茎粗厚分枝，有长或短的地下匍匐枝。茎直立或基部铺展。基生叶脱落，茎生叶卵形或长圆形卵状，长达 6～7cm，羽状深裂，顶裂片大，侧裂片常 2 对，卵形或长圆形，全部裂片边缘浅裂或有锯齿；上部叶渐小；全部叶面有腺体及疏柔毛，叶背灰绿色，毛较多，下部渐狭成具翅的叶柄，基部有具锯齿的托叶。头状花序直径 2.5～5cm，在茎枝顶端排成伞房状圆锥花序或不规则伞房花序；总苞直径 8～20mm，长 5～6mm；总苞片边缘宽膜质；舌状花黄色，雌性；盘花两性，筒状。瘦果全部同型，有 5 条极细极明显的纵肋。3～4 月生，9～10 月开花。

生 境 与 分 布　生于山坡、田埂、路旁等处，全省常见。

利 用 价 值　猪、羊、牛吃嫩秆和叶。

菊苣 | 菊苣属 *Cichorium*
Cichorium intybus L.

形态特征　多年生草本。茎直立，高 40~100cm，单生，分枝开展，全部茎枝绿色，有条棱，被极稀疏的长而弯曲的糙毛。基生叶莲座状，花期生存，倒披针状长椭圆形，包括基部渐狭的叶柄，全长 15~34cm，宽 2~4cm，基部渐狭有翼柄，侧裂片 3~6 对，顶侧裂片较大，向下侧裂片渐小，全部侧裂片镰刀形或三角形。茎生叶少数，较小，卵状倒披针形至披针形，无柄，基部圆形或戟形扩大半抱茎。全部叶质地薄，两面被稀疏的多细胞长节毛，但叶脉及边缘的毛较多。头状花序多数，单生或数个集生于茎顶或枝端，或 2~8 个为一组沿花枝排列成穗状花序。总苞圆柱状；总苞片 2 层，外层披针形，上半部绿色，边缘有长缘毛，背面有极稀疏的头状具柄的长腺毛或单毛，下半部淡黄白色，质地坚硬，革质；内层总苞片线状披针形。舌状小花蓝色，长约 14mm，有色斑。瘦果倒卵状、椭圆状或倒楔形，外层瘦果压扁，紧贴内层总苞片，3~5 棱，顶端截形，向下收窄，褐色，有棕黑色色斑。冠毛极短，2~3 层，膜片状。花果期 5~10 月。

生境与分布　生于荒地、河边、水沟边或山坡，南昌等地有栽培。

利用价值　高产作物，每亩可产鲜草 10t 左右。供青期 2~11 月。各种畜禽都喜食，可促进食欲。有止泻之功效。幼嫩期还可用作蔬菜。

菊苣莲座叶丛期、初花期的化学成分

生育期	干物质 (%)	占干物质比例 (%)						
		粗蛋白	粗脂肪	粗纤维	无氮浸出物	粗灰分	钙	磷
莲座叶丛期	85.85	26.64	5.20	15.03	35.32	17.81	1.50	0.42
初花期	86.56	17.02	2.43	42.54	37.75	9.26	1.18	0.24

数据来源：《中国饲用植物志》编委会 . 中国饲用植物志（第 4 卷）[M]. 北京：农业出版社，1992:260.

蓟

蓟属 *Cirsium*
Cirsium japonicum Fisch. ex DC.

形态特征　多年生草本。块根纺锤状或萝卜状。茎直立，高 30～80cm，分枝，全部茎枝有条棱，被多细胞长节毛，接头状花序下部灰白色。基生叶较大，全形卵形、长倒卵形、椭圆形或长椭圆形，长 8～20cm，宽 2.5～8cm，羽状深裂，基部渐狭成短或长翼柄，柄翼边缘有针刺及刺齿；侧裂片 6～12 对，卵状披针形、半椭圆形、斜三角形、长三角形或三角状披针形，宽狭变化极大，边缘有稀疏大小不等小锯齿；顶裂片披针形或长三角形。自基部向上的叶渐小，与基生叶同型并等样分裂，但无柄，基部扩大半抱茎。全部茎叶两面同色，绿色。头状花序直立；总苞钟状；小花红色或紫色；冠毛浅褐色，多层，基部联合成环，整体脱落。花果期 4～11 月。

生境与分布　生于山坡林中、林缘、灌丛中、草地、荒地、田间、路旁或溪旁，全省常见。

利用价值　牛、羊、猪吃茎叶。

刺儿菜 | 蓟属 *Cirsium*
Cirsium arvense var. *integrifolium* C. Wimm. et Grabowski

形态特征 多年生草本。根状茎长。茎直立，高 20～50cm，无毛或被蛛丝状毛。叶椭圆形或椭圆状披针形，顶端钝尖，基部狭或钝圆，全缘或有齿裂，有刺，两面被疏或密蛛丝状毛，无柄。头状花序，单生于茎端，雌雄异株，雄株头状花序较小，总苞长 18mm，雌株头状花序较大，总苞长 23mm，总苞片多层，外层较短，长圆状披针形，内层披针状，顶端长尖，具刺；雄花花冠长 17～20mm，雌花花冠 26mm，紫红色。瘦果椭圆形或长卵形，略扁平；冠毛羽状，先端稍肥厚而弯曲。

生境与分布 生于荒地、路旁、田间，全省各地有分布。

利用价值 嫩叶可作牛、猪、羊饲料。

野茼蒿 ｜ 野茼蒿属 *Crassocephalum*
Crassocephalum crepidioides (Benth.) S. Moore

形态特征　直立草本。高 20～100cm。茎有纵条纹，光滑无毛。叶互生，膜质，长圆状椭圆形，顶端渐尖，基部楔形，边缘有一锯齿或有时基部羽状分裂，两面近无毛；叶柄长。头状花序，排成圆锥状，生于枝顶，总苞圆柱形，苞片 2 层，条状披针形，边膜质，顶端有小束毛，基部有数片小苞片；花全为两性，筒状，粉红色，花冠顶端有 5 齿裂，花柱基部小球形，分枝顶端有线状披毛的尖端。瘦果狭圆柱形，赤红色，有条纹，被毛；冠毛丰富，白色。3～4 月生长，5～6 月旺盛，9～10 月枯死。

生境与分布　山坡路旁、水边、灌丛中常见，全省各地有分布。

利用价值　猪、牛、羊吃嫩秆和叶。全草入药，有健脾、消肿的功效，治消化不良、脾虚浮肿等症。嫩叶是一种味美的野菜。

野茼蒿成熟期茎叶的化学成分

生育期	样品	干物质（%）	占干物质比例（%）						
			粗蛋白	粗脂肪	粗纤维	无氮浸出物	粗灰分	钙	磷
成熟期	全株	91.01	12.23	2.53	26.25	40.18	9.72	1.40	0.27

采集地点：江西省萍乡市芦溪县麻田乡；送检单位：江西省农业科学院畜牧兽医研究所。

鳢肠 | 鳢肠属 *Eclipta*
| *Eclipta prostrata* (L.) L.

形 态 特 征　一年生草本。茎直立或平卧，高 15～60cm，被伏毛，着土后节上生根。叶披针形，椭圆状披针形或条状披针形，全缘有细锯齿。头状花序有梗，腋生或顶生，总苞片 5～6 枚，革质，被毛，托叶披针形或刚毛状，花杂性；舌状花白色，舌片小，全缘或 2 裂，管状花两性，有四裂片。管状花的瘦果三棱状，舌状花的瘦果扁四棱形；表面具瘤状凸起，无冠毛。

生境与分布　生于河边，田边或路旁，南北各地有分布。

利 用 价 值　茎叶柔嫩，各类家畜喜食，民间常用作猪饲料。

鳢肠营养期茎叶的化学成分

生育期	样品	干物质（%）	占干物质比例（%）						
			粗蛋白	粗脂肪	粗纤维	无氮浸出物	粗灰分	钙	磷
营养期	茎叶	95.88	23.45	2.65	10.91	42.64	16.23	1.86	0.38

采集地点：江西省宜春市奉新县柳溪乡；送检单位：江西省农业科学院畜牧兽医研究所。

白花地胆草

地胆草属 *Elephantopus*
Elephantopus tomentosus L.

形态特征　根状茎粗壮，斜升或平卧，具纤维状根。茎直立，高0.8~1m，多分枝，具棱条，被白色开展的长柔毛，具腺点；叶散生于茎上，基部叶在花期常凋萎，下部叶长圆状倒卵形，长8~20cm，宽3~5cm，顶端尖，基部渐狭成具翅的柄，稍抱茎，上部叶椭圆形或长圆状椭圆形，长7~8cm，宽1.5~2cm，近无柄或具短柄，最上部叶极小，全部叶具有小尖的锯齿，稀近全缘，上面皱而具疣状突起；头状花序12~20个在茎枝顶端密集成团球状复头状花序，复头状花序基部有3个卵状心形的叶状苞片，具细长的花序梗，排成疏伞房状；总苞长圆形；总苞片绿色，或有时顶端紫红色，花4个，花冠白色，漏斗状，裂片披针形，无毛。瘦果长圆状线形。花期8月至翌年5月。

生境与分布　生于山坡旷野、路边或灌丛中，全省常见。

利用价值　嫩时牛、猪、羊都吃。全草入药，有清热解毒、消肿利尿之功效，治感冒、菌痢、胃肠炎、扁桃体炎、咽喉炎、肾炎水肿、结膜炎、疖肿等症。

一点红 | 一点红属 *Emilia*
Emilia sonchifolia (L.) DC.

形态特征　直立或近直立草本。高 10～40cm，光滑无毛或被疏毛，多少分枝；枝条柔弱，粉绿色。叶稍肉质，生于茎下部的叶卵形、琴状分裂，边具钝齿，茎上部的叶小，通常全缘或有细齿，全无柄，常抱茎，叶面深绿色，叶背常为紫红色。头状花序，具长梗，为疏散的伞房花序，花枝常 2 歧分枝；花全为两性，筒状，5 齿裂；总苞圆柱状，苞片 1 层与花冠等长，花紫红色，狭长圆柱形，有棱；冠毛白色，柔软，极丰富。2～3 月生，4～5 月长，5～6 月开花，10～11 月枯死。

生境与分布　生于山坡草地和荒地及水沟边，全省常见。

利用价值　可作猪、羊饲料。全草药用，消炎，止痢，主治腮腺炎、乳腺炎、小儿疳积、皮肤湿疹等症。

一点红的化学成分

占干物质比例（%）						
粗蛋白	粗脂肪	粗纤维	无氮浸出物	粗灰分	钙	磷
18.94	——	25.28	——	13.33	1.00	0.28

数据来源：余世俊 . 江西牧草 [M]. 北京：中国农业出版社，1997:104.

小蓬草 | 飞蓬属 *Erigeron*
Erigeron canadensis L.

形态特征　一年生草本。根纺锤状，具纤维状根。茎直立，高50~100cm，圆柱状，具棱，有条纹，被疏长硬毛，上部多分枝。叶密集，基部叶花期常枯萎，下部叶倒披针形，长6~10cm，宽1~1.5cm，边缘具疏锯齿或全缘，中部和上部叶较小，线状披针形或线形，近无柄，全缘。头状花序多数，小，排列成顶生多分枝的大圆锥花序；花序梗细，总苞近圆柱状；总苞片2~3层，淡绿色，线状披针形或线形，顶端渐尖，外层约短于内层；花托平，具不明显的突起；雌花多数，舌状，白色，舌片小，稍超出花盘，线形，顶端具2个钝小齿；两性花淡黄色，花冠管状，上端具4或5个齿裂，管部上部被疏微毛。瘦果线状披针形，被贴微毛；冠毛污白色，1层，糙毛状。花期5~9月。

生境与分布　常生于旷野、荒地、日边和路旁，全省常见。

利用价值　嫩茎、叶可作猪饲料。全草入药消炎止血、祛风湿，治血尿、水肿、肝炎、胆囊炎、小儿头疮等症。

一年蓬 | 飞蓬属 *Erigeron*
Erigeron annuus (L.) Pers.

形态特征　一年生或二年生草本。茎直立，高 30～100cm，上部有分枝，全株被上曲的短硬毛。叶互生，茎生叶长圆形或宽卵形，长 4～17cm。宽 1.5～4cm，边缘有粗齿，基部渐狭成具翅的叶柄，中部和上部叶较小，长圆状披针形，或披针形，长 1～3cm，宽 0.5～2cm，具短柄或无叶柄，边缘有不规则的齿裂，最上部通常条形，全缘；具睫毛。头状花序排成伞房状或圆锥状；总苞半球形；总苞片 3 层，革质，密被长的直节毛；舌状花层，白色或淡紫色，舌片线形；两性花筒状，黄色。瘦果披针形，扁平，冠毛异形，在雌花有一层极短而连成环形的膜质小冠，在两性花有 2 层冠毛，外层鳞片状，内层为 10～15 条长约 2mm 的刚毛。

生境与分布　常生于路边旷野或山坡荒地，南北各地有分布。

利用价值　叶量大，现蕾期以前茎叶柔软、多汁，牛、羊喜食，猪也喜食。开花后，茎叶老化，刚毛增多，适口性降低。可作绿肥，药材用。全草可入药，有治疟的良效。

一年蓬苗期茎叶的化学成分

生育期	样品	干物质 (%)	占干物质比例（%）						
			粗蛋白	粗脂肪	粗纤维	无氮浸出物	粗灰分	钙	磷
苗期	全株	91.84	17.13	2.83	15.12	44.29	12.46	1.16	0.41

采集地点：江西省南昌市南昌县莲塘镇；送检单位：江西省农业科学院畜牧兽医研究所。

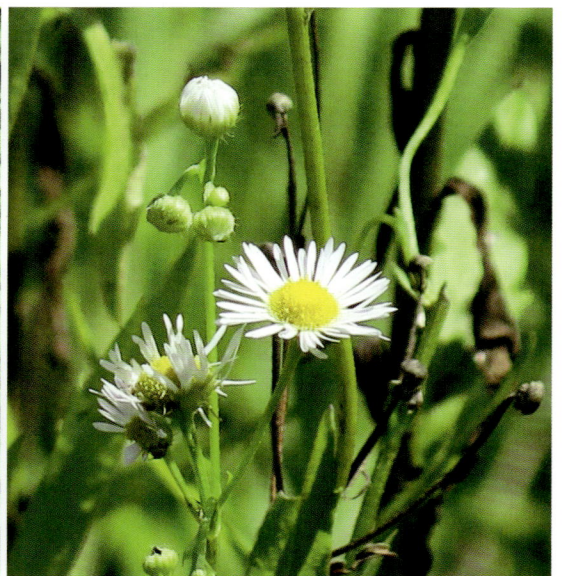

林泽兰 | 泽兰属 *Eupatorium*
Eupatorium lindleyanum DC.

形态特征　多年生草本。根茎短，有多数细根。茎直立，高 30~150cm。下部及中部红色或淡紫红色，上部仅有伞房状花序分枝；全部茎枝被稠密的白色柔毛。下部茎叶花期脱落；中部茎叶长椭圆状披针形或线状披针形，长 3~12cm，宽 0.5~3cm，不分裂或三全裂，质厚，基生三出脉，两面粗糙，被白色粗毛及黄色腺点，叶面及沿脉的毛密；全部茎叶基生三出脉，边缘有深或浅犬齿，无柄或几乎无柄。头状花序多数在茎顶或枝端排成紧密的伞房花序，或排成大型的复伞房花序，花序径达 20cm；花序枝及花梗紫红色或绿色。总苞钟状，含 5 个小花；总苞片覆瓦状排列，约 3 层；外层苞片短，披针形或宽披针形，中层及内层苞片渐长，长椭圆形或长椭圆状披针形；全部苞片绿色或紫红色，顶端急尖。花白色、粉红色或淡紫红色，花冠长 5mm，外面散生黄色腺点。瘦果黑褐色，椭圆状，5 棱，散生黄色腺点；冠毛白色，与花冠等长或稍长。花果期 5~12 月。

生境与分布　生于山谷阴处水湿地、林下湿地或草原上，全省可见。

利用价值　可作猪羊饲料。枝叶入药，有和中化湿之功效。

图片由李光敏提供

佩兰 | 泽兰属 *Eupatorium*
Eupatorium fortunei Turcz.

形态特征 一年生草本。茎高30～100cm，被短柔毛，上部及花序枝上的毛较密；中下部脱毛。叶长卵形或卵状披针形，边缘有粗大的锯齿，但大部分叶是3全裂的，中裂较大，长圆形，卵状披针形或长椭圆形，长6.5～10cm，宽2～2.5cm，侧生裂片较小，两面无毛及腺点，全部叶有长叶柄，长达2cm。头状花序在茎顶或短花序分枝的顶端排列成复伞房花序，总苞钟状；总苞片顶端钝；头状花序含小花5个，花红紫色。瘦果无毛及腺点。

生境与分布 生于荒地、村旁、路边，北部有分布。

利用价值 可作猪、羊饲料。全草供药用。

大吴风草 | 大吴风草属 *Farfugium*
Farfugium japonicum (L. f.) Kitam.

形态特征 多年生莲状草本。根茎粗壮。花莛高达70cm，幼时被密的淡黄色柔毛，后多少脱毛。叶全部基生，莲座状，有长柄，柄长15~25cm，幼时被与花莛上一样的毛，后多脱毛，叶片肾形，长9~13cm，宽11~22cm，先端圆形，全缘或有小齿至掌状浅裂，基部弯缺宽，长为叶片的1/3，叶质厚，近革质，两面幼时被灰色柔毛，后脱毛，叶面绿色，叶背淡绿色；茎生叶1~3，苞叶状，长圆形或线状披针形，长1~2cm。头状花序辐射状，2~7，排列成伞房状花序；总苞钟形或宽陀螺形，总苞片2层，长圆形，内层边缘褐色宽膜质；舌状花8~12，黄色，舌片长圆形或匙状长圆形；管状花多数，冠毛白色与花冠等长。瘦果圆柱形，有纵肋。花果期8月至翌年3月。

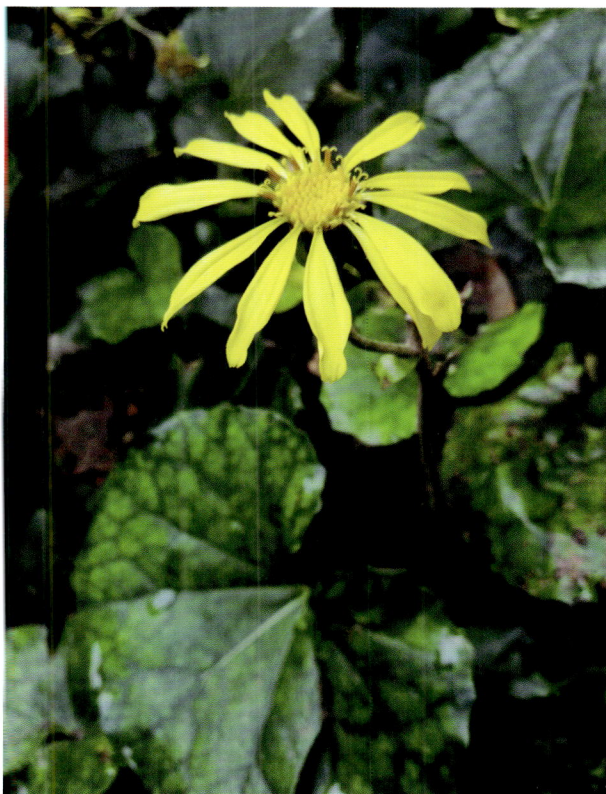

生境与分布 生于林下、山谷及草丛，中部高山区常见。

利用价值 可作猪饲料。也有药用价值，亦可种于公园、庭院供观赏。

红凤菜

菊三七属 *Gynura*
Gynura bicolor (Willd.) DC.

形态特征 多年生草本。高 50～100cm，全株无毛。茎直立，柔软。叶片倒卵形或倒披针形，长 5～10cm，宽 2.5～4cm，边缘有不规则的波状齿或小尖齿，侧脉 7～9 对，弧状上弯，叶面绿色，叶背干时变紫色；上部和分枝上的叶小，披针形至线状披针形。头状花序多数直径 10mm，在茎、枝端排列成疏伞房状；花序梗细。总苞狭钟状，基部有 7～9 个线形小苞片；总苞片 1 层，约 13 个，线状披针形或线形，背面具 3 条明显的肋。小花橙黄色至红色，花冠明显伸出总苞；裂片卵状三角形；花药基部圆形，或稍尖；花柱分枝钻形，被乳头状毛。瘦果圆柱形，淡褐色；冠毛丰富，白色，绢毛状，易脱落。花果期 5～10 月。

生境与分布 生于山坡林下、岩石上或河边湿处，中南部常见。

利用价值 可作畜禽饲料。可作蔬菜，有降血压之功效。

泥胡菜

泥胡菜属 *Hemistepta*
Hemisteptia lyrata (Bunge) Fischer et C. A. Meyer

形态特征 二年生草本。茎直立，高 30~80cm，无毛或有白色蛛丝状毛。基生叶莲座状，具柄，倒披针形或倒披针状椭圆形，长 7~21cm，提琴状羽状分裂，顶裂片三角形，较大，有时 3 裂，侧裂片 7~8 对，长椭圆状倒披针形，下面被白色蛛丝状毛；中部叶椭圆形，无柄，羽状分裂，上部叶条形披针形至条形，头状花序多数；总苞球形，总苞片约 5~8 层，外层较短，卵形，中层椭圆形，内层条状披针形，背面顶端下具 1 紫红色鸡冠状附片；花紫色。瘦果圆柱形，长 2.5mm，具 15 条纵肋，冠毛白色，2 层，羽状。

生境与分布 生于山坡、山谷、平原、丘陵、林下、草地、荒地、田间、河边、路旁等处，全省各地均有分布。

利用价值 苗期叶片柔软，气味纯正，开花期前茎秆脆嫩，水分多，纤维少，故花蕾和幼苗被多数家畜所喜食，亦是人们春季可食用的野菜，同时还可作猪、禽、兔的优质饲茞，全株切碎煮熟喂猪，饲用价值更高。进入结籽期，根出叶老化，茸毛粗硬，叶片枯黄，除煮熟喂猪外，多数家畜不再采食。泥胡菜是一种春季短期饲用牧草。全草可入药，具有清热解毒等功效，可治疗乳腺炎、疗疮、颈淋巴炎、痈肿、牙痛、牙龈炎等症。

泥胡菜现蕾期茎叶的化学成分

生育期	样品	干物质 (%)	占干物质比例 (%)						
			粗蛋白	粗脂肪	粗纤维	无氮浸出物	粗灰分	钙	磷
现蕾期	全株	92.06	14.70	2.77	16.25	49.89	8.45	0.30	0.18

采集地点：江西省宜春市高安市相城镇；送检单位：江西省农业科学院畜牧兽医研究所。

苦荬菜 | 苦荬菜属 *Ixeris*
Ixeris polycephala Cass

形态特征 一年生草本植物。根为直根系，植株高大，茎直立，株高可达 1.5~2m，含白色乳汁，上部多分枝，光滑或稍有毛。叶片披针形，叶缘呈锯齿状，故有"齿缘"之称。花为头状花序，舌状花呈黄色。瘦果纺锤形，黑色，种子细小而轻。

生境与分布 生于山坡林缘、灌丛、草地、田野路旁，南北各地有分布。

利用价值 开花前，叶茎嫩绿多汁，适口性好，各种畜禽均喜食，尤以猪、鸡、鸭、鹅、兔、山羊最喜食；牛和绵羊也采食，是一种优质青绿饲草。开花后，基生叶和茎下部的叶片逐渐干枯，茎枝老化，适口性和草质明显降低。适于放牧，也可刈割，但用作青绿饲草最为适宜。放牧以叶丛期或分枝之前为最好；刈割饲喂以现蕾之前最为适宜。全草入药，具清热解毒、去腐化脓、止血生机之功效；可治疗疮、无名肿毒、子宫出血等症。可作绿肥用。嫩茎叶可作蔬菜。

苦荬菜营养期、开花期茎叶的化学成分

生育期	样品	干物质 (%)	占干物质比例（%）						
			粗蛋白	粗脂肪	粗纤维	无氮浸出物	粗灰分	钙	磷
营养期	全株	94.94	18.87	2.94	27.38	28.71	17.04	1.86	0.33
开花期	地上部分	89.35	15.38	3.52	12.52	43.56	14.37	3.03	0.42

采集地点：江西省南昌市南昌县莲塘镇；送检单位：江西省农业科学院畜牧兽医研究所。

翅果菊 | 莴苣属 *Lactuca*
Lactuca indica L.

形态特征　多年生草本。根粗厚，分枝成萝卜状。茎单生，直立，粗壮，高 0.6~2m，上部圆锥状花序分枝，全部茎枝无毛。中下部茎叶全形倒披针形、椭圆形或长椭圆形，二回羽状深裂，长达 30cm，宽达 17cm，无柄，基部宽大，顶裂片狭线形，一回侧裂片 5 对或更多，中上部的侧裂片较大，向下的侧裂片渐小，二回侧裂片线形或三角形，长短不等；向上的茎叶渐小，与中下部茎叶同型并等样分裂或不裂而为线形。头状花序多数，在茎枝顶端排成圆锥花序。总苞果期卵球形；总苞片 4~5 层，外层卵形、宽卵形或卵状椭圆形，中内层长披针形，全部总苞片顶端急尖或钝，边缘或上部边缘染红紫色。舌状小花 21 攻，黄色。瘦果椭圆形，压扁，棕黑色，长 5mm，宽 2mm，边缘有宽翅，每面有 1 条高起的细脉纹，顶端急尖成长 0.5mm 的粗喙。冠毛 2 层，白色，长 8 层，几为单毛状。花果期 7~10 月。

生境与分布　生于山谷、山坡林缘、灌丛、草地及荒地，全省常见。

利用价值　可作家畜家禽和鱼的优良饲料及饵料，根或全草可入药，嫩茎叶可作蔬菜。

稻槎菜 | 稻槎菜属 *Lapsana*
Lapsanastrum apogonoides (Maxim) Pak & K. Bremer

形态特征 一年生草本。高 10~20cm。基生叶有柄,羽状分裂,长 4~10cm,宽 1~2cm,顶裂片较大,卵形,侧裂片 3~4 对,椭圆形。头状花序小,排成疏散伞房状圆锥花序,有纤细的梗;总苞椭圆形长约 5mm,外层总苞片卵状披针形,长约 1mm,内层总苞片 5~6 枚,椭圆状披针形,长约 5mm,全部苞片无毛;小花全部舌状,两性,结实,花冠黄色。瘦果椭圆状披针形,扁,长 3~4mm,上部收缩,顶端有细刺突生或两侧各具钩刺 1 枚,果棱多条,无冠毛。

生境与分布 生于田野、荒地及路边,南北各地有分布。

利用价值 幼嫩茎叶可作猪饲料。

稻槎菜开花期茎叶的化学成分

生育期	样品	干物质 (%)	占干物质比例 (%)						
			粗蛋白	粗脂肪	粗纤维	无氮浸出物	粗灰分	钙	磷
开花期	茎叶	93.58	9.42	2.86	19.43	31.40	30.47	0.49	0.34

采集地点:江西省南昌市南昌县莲塘镇;送检单位:江西省农业科学院畜牧兽医研究所。

鼠曲草 | 鼠曲草属 *Pseudognaphalium*

Pseudognaphalium affine (D. Don) Anderberg

形态特征　二年生草本。茎直立，高 10～50cm，簇生，不分枝或少有分枝，密生白色棉毛。叶互生，基部叶花期枯萎，下部和中部叶倒披针形或匙形，长 2～7cm，宽 4～12mm，顶端具小尖，基部渐狭，下延，无叶柄，全缘，两面有灰白色棉毛。头状花序多数，通常在顶端密集成伞房状，总苞球状钟形；总苞片 3 层，金黄色，干膜质，顶端钝；外层总苞片较短，宽卵形，内层长圆形，花黄色，外围的雌花花冠丝状；中央的两性花花冠筒状，长约 2mm，顶端 5 裂。瘦果长圆形，长约 0.5mm，有乳头状突起，冠毛淡黄色。

生境与分布
利用价值　生于低海拔干燥地区或湿润草地上，尤以稻田最常见，全省各地均有分布。牛、猪、羊喜吃。茎叶入药，为镇咳、祛痰、治气喘和支气管炎以及非传染性溃疡、创伤之寻常用药，内服还有降血压疗效。

鼠曲草开花期茎叶的化学成分

生育期	样品	干物质（%）	占干物质比例（%）						
			粗蛋白	粗脂肪	粗纤维	无氮浸出物	粗灰分	钙	磷
开花期	茎叶	92.72	13.27	3.12	29.42	34.27	12.64	0.57	0.53

采集地点：江西省南昌市南昌县莲塘镇；送检单位　江西省农业科学院畜牧兽医研究所。

千里光 | 千里光属 *Senecio*
Senecio scandens Buch.-Ham. ex D. Don

形态特征 多年生草本。茎曲折，攀缘，长 2～5m，多分枝。初常被密柔毛，后脱落，叶有短柄，叶片长三角形。顶端长渐尖，基部截形或近斧形至心形，边缘有浅或深齿，或叶的下部有 2～4 对深裂片，稀近全缘，两面无毛或下面被短毛。头状花序多数，在茎及枝端排列成复总状的伞房花序，总花梗常反折或开展，被密微毛，有细条形苞叶；总苞筒状，基部有数个条形小苞片，总苞片一层，12～13 个，条状披针形，顶端渐尖；舌状花黄色，8～9 个；筒状花多数。瘦果圆柱形，有纵沟，被短毛；冠毛白色，约与筒状花等长。4 月生长，6～7 月生长旺盛并开花。

生境与分布 常生于树林、灌丛中，攀缘于灌木、岩石上或溪边，南北各地有分布。

利用价值 牛、羊吃叶。

千里光营养期茎叶的化学成分

生育期	样品	干物质(%)	占干物质比例（%）						
			粗蛋白	粗脂肪	粗纤维	无氮浸出物	粗灰分	钙	磷
营养期	嫩枝叶	89.91	14.64	3.61	31.52	29.91	10.23	1.84	0.23

采集地点：江西省南昌市南昌县莲塘镇；送检单位：江西省农业科学院畜牧兽医研究所。

图片由袁荣斌提供

豨莶 | 豨莶属 *Sigesbeckia*
Sigesbeckia orientalis Linnaeus

形态特征　一年生草本。茎高 30～100cm，被白色柔毛。茎中部叶三角状卵形或卵状披针形，两面被毛，叶背有腺点，边缘有不规则的浅齿或粗齿，基部宽楔形下延成翅柄。头状花序多数排成圆锥状；总苞片 2 层，背面被紫褐色头状有柄腺毛；雌花舌状，黄色，两性花筒状。瘦果长 3～3.5mm，无冠毛。

生境与分布　生于山野、荒草地、灌丛、林缘及林下，也常见于耕地中，全省常见。

利用价值　可作猪、羊饲料。全草伝药用，有解毒、镇痛作用，治全身酸痛、四肢麻痹，并有平降血压作用。

串叶松香草 | 松香草属 *Silphium*
Silphium perfoliatum L.

形态特征 多年生草本。生长期长达 12～15 年之久。播种的第一年只长莲座状叶片，年终时从主根上长出根状茎，到第 2 年才在根茎上长出嫩茎叶。茎直立，一般株高 1.8～2m，最高可达 3m 以上。茎生叶对生、肥大，叶量多占整株草量的 55%～70%。叶卵形，边缘有缺刻，上部叶合生贯穿叶，含有松香树脂香味，故而得名。头状花序，花冠黄色。果实为瘦果，长心脏形，棕色，种子呈宽扁心状暗褐色。

生境与分布 生于荒地、山坡，南昌、抚州、宜春等地有栽培。

利用价值 可作青饲料，又可青贮或制作干粉，饲喂各种家畜家禽都很好。营养价值在蛋白质、钙、磷和胡萝卜素等方面均不低于玉米和苜蓿，是猪、牛、兔、羊的好饲草，以兔、羊最爱吃；因含有微量松香脂，畜禽初吃时，不太习惯，连喂几天后就会慢慢适应。

串叶松香草叶丛期的化学成分

生育期	干物质 (%)	占干物质比例 (%)						
		粗蛋白	粗脂肪	粗纤维	无氮浸出物	粗灰分	钙	磷
叶丛期	16.00	23.60	2.00	8.60	46.70	19.10	3.22	0.28

数据来源：《中国饲用植物志》编委会.中国饲用植物志（第 2 卷）[M].北京：农业出版社，1989:274.

蒲儿根 | 蒲儿根属 *Sinosenecio*
Sinosenecio oldhamianus (Maxim.) B. Nord.

形态特征 多年生草本。根状茎木质，粗，具多数纤维状根。茎单生，有时数个，直立，高40~80cm，不分枝，被白色蛛丝状毛及疏长柔毛。基部叶在花期凋落，具长叶柄；下部茎叶具柄，叶片卵状圆形或近圆形，长3~5（8）cm，宽3~6cm，顶端尖或渐尖，基部心形，边缘具浅至深重齿或重锯齿，齿端具小尖，膜质，叶面绿色，掌状5脉，叶脉两面明显；上部叶渐小，叶片卵形或卵状三角形，基部楔形，具短柄；最上部叶卵形或卵状披针形。头状花序多数排列成顶生复伞房状花序；花序梗细，被疏柔毛，基部通常具1线形苞片。总苞宽钟状，无外层苞片；总苞片约13枚，1层，长圆状披针形，紫色，草质，具膜质边缘。舌状花约13枚，无毛，舌片黄色，长圆形，顶端钝，具3细齿，4条脉；管状花多数，花冠黄色，檐部钟状；裂片卵状长圆形，顶端尖，花药长圆形，附片卵状长圆形；花柱分枝外弯，顶端截形，被乳头状毛。瘦果圆柱形，舌状花瘦果无毛，在管状花被短柔毛；冠毛在舌状花缺，管状花冠毛白色，长3~3.5mm。花期1~12月。

生境与分布 生于林缘、溪边、潮湿岩石边及草坡、田边，萍乡等地有分布。

利用价值 嫩时可作猪饲料。

一枝黄花 | 一枝黄花属 *Solidago*
Solidago decurrens Lour.

形态特征　多年生草本。茎高 15～60cm，上部有时分枝。叶互生，着生于基部的有柄，卵形至长圆形，边缘疏生小锯齿，两面无毛，上部叶较小而狭，近全缘，叶柄有翼。头状花序小，2～4 个聚生于一腋生的短花柄上，或为一顶生，狭长圆形，具叶的圆锥花序，花异型，外围的花舌状，1 列，雌性，黄色，盘花两性，管状，5 裂；总苞片 3 裂，狭而尖，成覆瓦状排列。瘦果全部无毛。

生境与分布　生于阔叶林缘、林下、灌丛中及山坡草地上，南北各地有分布。现为恶性杂草。

利用价值　嫩叶可作猪饲料。全草入药。疏风解毒、退热行血、消肿止痛。主治毒蛇咬伤、痈、疖等症。全草含皂苷，家畜误食过多会中毒引起麻痹及运动障碍。

一枝黄花苗期茎叶的化学成分

生育期	样品	干物质（%）	占干物质比例（%）						
			粗蛋白	粗脂肪	粗纤维	无氮浸出物	粗灰分	钙	磷
苗期	全株	91.79	13.95	3.12	15.21	48.73	10.78	0.94	0.38

采集地点：江西省南昌市南昌县莲塘镇；送检单位：江西省农业科学院畜牧兽医研究所。

苦苣菜 | 苦苣菜属 *Sonchus*
Sonchus oleraceus L.

形态特征　一年生草本。根纺锤状。茎高 30～100cm，不分枝或上部分枝，无毛或上部有腺毛。叶柔软无毛，羽状深裂，大头状羽状全裂或羽状半裂，顶裂片大或顶裂片和侧生裂片等大，少有叶不分裂的，边缘有刺状尖齿，下部的叶柄有翅，基部扩大抱茎，中上部的叶无柄，基部宽大戟耳形。头状花序在茎端排成伞房状；梗或总苞下部初期有蛛丝状毛，有时有疏腺毛；总苞钟状，暗绿色；总苞片 2～3 列；舌头花黄色，两性，结实。瘦果长椭圆状倒卵形，压扁，亮褐色、褐色或肉色，边缘有微齿，两面各有 3 条高起的纵沟，肋间有细皱纹；冠毛毛状，白色。

生境与分布　生于山坡或山谷林缘、林下或平地田间、空旷处或近水处，全省各地均有分布。

利用价值　茎叶柔嫩多汁，无刺、无毛，稍有苦味，适口性佳，是一种良好的青绿饲料。猪、鹅最喜食，兔、鸭喜食，山羊、绵羊乐食，马、牛少量采食。全草入药，有祛湿、清热解毒之功效。嫩茎叶可作蔬菜食用，亦可制绿肥。

苦苣菜苗期茎叶的化学成分

生育期	样品	干物质 (%)	占干物质比例 (%)						
			粗蛋白	粗脂肪	粗纤维	无氮浸出物	粗灰分	钙	磷
苗期	全株	92.18	16.37	6.33	21.97	35.43	12.08	1.97	0.31

采集地点：江西省南昌市南昌县莲塘镇；送检单位：江西省农业科学院畜牧兽医研究所。

钻叶紫菀 | 联毛紫菀属 *Symphyotrichum*
Symphyotrichum subulatum (Michx.) G.L.Nesom

形 态 特 征　一年生草本。茎高 25～100cm，无毛。基生叶倒披针形，花后凋落；茎中部叶线状披针形，长 6～10cm，宽 5～10mm，主脉明显，侧脉不显著，无柄；上部叶渐狭窄，全缘，无柄，无毛。头状花序，多数在茎顶端排成圆锥状，总苞钟状，总苞片 3～4 层，外层较短，内层较长，线状钻形，边缘膜质，无毛；舌状花细狭，淡红色，长与冠毛相等或稍长；管状花多数，花冠短于冠毛。瘦果长圆形或椭圆形，长 1.5～2.5mm，有 5 纵棱，冠毛淡褐色，长 3～4mm。

生境与分布　生于林下、田埂、荒地，全省各地常见。

利 用 价 值　幼嫩时可煮熟喂猪。

苍耳 | 苍耳属 *Xanthium*

Xanthium strumarium L.

形态特征　一年生草本。根纺锤状。茎直立，高 20～90cm，下部圆柱形，上部有纵沟，被灰白色糙伏毛。叶三角状卵形，长 4～9cm，宽 5～10cm，近全缘，顶端尖，基部稍心形，与叶柄连接处成相等的楔形，边缘有不规则的粗锯齿，有 3 基出脉，侧脉弧形，直达叶缘，脉上密被糙伏毛，叶面绿色，叶背苍白色，被糙伏毛。雄性的头状花序球形，总苞片长圆状披针形，花托柱状，托片倒披针形，花冠钟形，管部上端有 5 宽裂片；花药长圆状线形；雌性的头状花序椭圆形，外层总苞片小，披针形，被短柔毛，内层总苞片结合成囊状，宽卵形或椭圆形，绿色，淡黄绿色，有时带红褐色，在瘦果成熟时变坚硬，外面有疏生的具钩状的刺，刺极细而直，基部微增粗，基部被柔毛，常有腺点；喙坚硬，锥形，上端略呈镰刀状。瘦果 2，倒卵形。花期 7～8 月，果期 9～10 月。

生境与分布　常生于平原、丘陵、低山、荒野路边、田边，全省常见。

利用价值　幼嫩时可作猪草，营养价值高。结实后有刺，适口性和营养价值降低。种子可榨油，苍耳子油与桐油的性质相仿，可掺和桐油制油漆，也可作油墨、肥皂、油毡的原料；又可制硬化油及润滑油；果实供药用。

苍耳开花期叶的化学成分

生育期	样品	干物质（%）	占干物质比例（%）						
			粗蛋白	粗脂肪	粗纤维	无氮浸出物	粗灰分	钙	磷
开花期	叶片	88.76	17.92	2.68	14.02	38.88	15.26	2.63	0.41

采集地点：江西省上饶市余干县东塘乡；送检单位：江西省农业科学院畜牧兽医研究所。

黄鹌菜

黄鹌菜属 *Youngia*
Youngia japonica (L.) DC.

形态特征　一年生草本。茎直立，高 20～90cm。基生叶丛生，倒披针形，琴状或羽状半裂，长 8～14cm，宽 1.3～3cm，顶裂片较侧裂片稍大，侧裂片向下渐小，有深波状齿，无毛或有细软毛，叶柄具翅或有不明显的翅；茎生叶少数，通常 1～2 片。头状花序小，有 10～20 朵小花，排成聚伞状圆锥花序；总花梗细，长 2～10mm；总苞果期钟状，长 4～7mm，外层总苞片 8 片，被针形；舌状花黄色，长 5～10mm。瘦果红棕色或褐色，纺锤形，长 1.5～2.5mm，稍扁平，有 11～13 条粗细不等的纵肋；冠毛白色。春秋萌芽，冬季枯死。

生境与分布　生于山坡、山谷及山沟林缘、林下、林间草地及潮湿地、河边沼泽地、田间与荒地上，全省常见。

利用价值　嫩时可作猪饲料。

金荞麦 | 荞麦属 *Fagopyrum*
Fagopyrum dibotrys (D. Don) Hara

形态特征 多年生草本。根状茎木质化，黑褐色。茎直立，高50~100cm，分枝，具纵棱，无毛。有时一侧沿棱被柔毛。叶三角形，长4~12cm，宽3~11cm，顶端渐尖，基部近戟形，边缘全缘，两面具乳头状突起或被柔毛；叶柄长可达10cm；托叶鞘筒状，膜质，褐色，偏斜，顶端截形，无缘毛。花序伞房状，顶生或腋生；苞片卵状披针形，顶端尖，边缘膜质，每苞内具2~4花；花梗中部具关节，与苞片近等长；花被5深裂，白色，花被片长椭圆形，雄蕊8，花柱3，柱头头状。瘦果宽卵形，具3锐棱，长6~8mm，黑褐色，无光泽。花期7~9月，果期8~11月。

生境与分布 生于山谷湿地、山坡灌丛，九江、吉安、上饶、萍乡、景德镇、宜春、新余、南昌、抚州、赣州、鹰潭均有少量居群，部分居群仅数株，濒临灭绝。

利用价值 叶量丰富，柔嫩多汁。分枝期粗蛋白质含量高，适宜刈割利用，也可与其他牧草混播放牧，还可青贮或晒制干草。可直接饲喂猪、兔、鹅，不用打浆或切碎；饲喂牛、羊、鸡时需要切碎与饲料或其他牧草混合饲喂。一般猪日喂量为4~8kg，鸡0.2~0.5kg，鹅为0.5~1.0kg，兔为0.2~0.4kg，牛为10~15kg，羊为4~8kg。块根供药用，有清热解毒、排脓去瘀之功效。嫩茎叶和种子可食。可作绿肥。

金荞麦花前期、结实期、成熟期、枯黄期茎叶的化学成分

生育期	样品	干物质（%）	占干物质比例（%）						
			粗蛋白	粗脂肪	粗纤维	无氮浸出物	粗灰分	钙	磷
花前期	茎叶	94.33	18.08	2.27	17.08	46.24	10.77	1.38	0.56
结实期	茎叶	94.40	11.73	1.61	21.73	50.12	9.21	1.39	0.22
成熟期	茎叶	95.25	11.49	1.45	17.51	57.17	7.63	1.29	0.28
枯黄期	茎叶	95.98	3.64	1.37	24.52	61.70	4.75	0.58	0.30

采集地点：江西省南昌市南昌县莲塘镇；送检单位：江西省农业科学院畜牧兽医研究所。

毛蓼 | 蓼属 *Persicaria*
Persicaria barbata (L.) H. Hara

形态特征　一年生草本。茎直立，高 40～100cm，无毛或生稀疏的短柔毛。叶柄密生柔毛，叶披针形，长 8～15cm，宽 1.5～3cm，顶端渐尖，基部狭窄，两面疏生短柔毛；托叶鞘筒状，膜质，密生长柔毛。花序穗状，长 3～10cm，顶生或腋生，总花梗疏生短柔毛或近于无毛；花淡红色或白色；花被 5 深裂。瘦果卵形，有 3 棱，长约 2mm，黑色光亮。一般 3 月萌芽，6～7 月旺盛，12 月渐死。

生境与分布　生于水旁、路边湿地及林下，南北各地有分布。

利用价值　羊、猪、牛吃少量叶片。

毛蓼果后期的化学成分

生育期	干物质 (%)	占干物质比例（%）						
		粗蛋白	粗脂肪	粗纤维	无氮浸出物	粗灰分	钙	磷
果后期	——	11.32	——	21.13		6.36	1.43	0.16

数据来源：余世俊 . 江西牧草 [M]. 南昌：中国农业出版社，1997:121.

蓼子草 | 蓼属 *Persicaria*
Persicaria criopolitana (Hance) Migo

形态特征 一年生草本。茎高 10~15cm，自基部分枝，平卧，丛生，节部生根，被长糙伏毛及稀疏的腺毛。叶狭披针形或披针形，长 1~3cm，宽 3~8mm，顶端急尖，基部狭楔形，两面被糙伏毛，边缘具缘毛及腺毛；叶柄极短或近无柄；托叶鞘膜质，顶端截形，具长缘毛。花序头状，顶生，花序梗密被腺毛；苞片卵形，密生糙伏毛，具长缘毛，每苞内具 1 花；花梗比苞片长，密被腺毛，顶部具关节；花被 5 深裂，淡紫红色，花被片卵形；雄蕊 5，花药紫色；花柱 2，中上部合生，瘦果椭圆形，双凸镜状，有光泽，包于宿存花被内。花期 7~11 月，果期 9~12 月。

生境与分布 生于河滩沙地、沟边湿地，鄱阳湖地区常见。

利用价值 可作猪、牛饲料。

金线草 | 蓼属 *Persicaria*
Persicaria filiformis (Thunb.) Nakai

形态特征 多年生草本。具粗短根茎。茎直立，节部膨胀，分枝或不分枝。叶互生，椭圆形至倒卵形，先端锐尖，基部渐狭成叶柄，几无毛，表面常具暗斑；叶鞘管状，膜质，无短缘毛。穗状花序细长，花稀疏，苞片斜筒状，有缘毛，每苞内有花1~3朵花；花被4裂，淡红色，果时增大；雄蕊通常5枚，较花被短；花柱2个，向外反曲，先端钩状。瘦果卵形，两面凸起，暗褐色，平滑而有光泽，包藏于宿存花被内。一般3月开始生长，5~6月生长旺盛，10~11月后渐枯死。

生境与分布 生于山坡林缘、山谷路旁。中、南部和西部有分布。

利用价值 羊吃少量叶。

金线草成熟期茎叶的化学成分

生育期	样品	干物质（%）	占干物质比例（%）						
			粗蛋白	粗脂肪	粗纤维	无氮浸出物	粗灰分	钙	磷
成熟期	全株	94.38	7.19	1.35	38.29	40.47	7.09	1.41	0.09

采集地点：江西省吉安市安福县金田乡；送检单位：江西省农业科学院畜牧兽医研究所。

水蓼 | 蓼属 *Persicaria*
Persicaria hydropiper (L.) Spach

形态特征 一年生草本。茎直立或倾斜，高 20~80cm。多分枝，无毛。叶无柄或短柄；叶片披针形，两端渐尖，基部楔形，通常两面有腺点；托叶鞘筒状，膜质，紫褐色，有睫毛。花序穗状，顶生或腋生，细长，下部间断；苞片针形，疏生睫毛或无毛，花疏生，淡绿色或淡红色；花被 5 深裂，有腺点，雄蕊通常 6 枚，花柱 2~3 个。瘦果卵形，扁体，少有 3 棱，有小点，暗褐色，稍有光泽。一般 2 月开始萌芽，5~6 月生长旺盛，8 月开花，11 月渐枯死。

生境与分布 生于河滩、水沟边、山谷湿地，南北各地有分布。

利用价值 青嫩多汁，产量高，适口性好，营养丰富，牛、羊、猪均喜食。可青贮、晒制干草，是大牲畜和猪、鹅的良等饲草。全草入药，消肿解毒、利尿、止痢。古代为常用调味剂。

水蓼开花期茎叶的化学成分

生育期	样品	干物质 (%)	占干物质比例（%）						
			粗蛋白	粗脂肪	粗纤维	无氮浸出物	粗灰分	钙	磷
开花期	地上部分	94.50	22.28	5.39	16.03	44.39	6.41	2.11	0.46

采集地点：江西南昌市南昌县莲塘镇；送检单位：江西省农业科学院畜牧兽医研究所。

丛枝蓼 | 蓼属 *Persicaria*

Persicaria posumbu (Buch.-Ham. ex D. Don) H. Gross

形态特征　一年生草本。茎高 30～50cm，平卧或斜生，细弱，无毛，近基多分枝。叶柄极短，疏生长柔毛；叶宽披针形或卵状披针形，长 5～8cm，宽 1.5～3cm，顶端尾状渐尖，基部狭窄，两面疏生短柔毛或近于无毛，托叶鞘筒状，膜质，长 5～8mm，边缘生长睫毛。花序穗状，顶生或腋生，细弱，花排列稀疏，花序下部间断；苞片漏斗状，绿色，有睫毛，花粉红色或白色；花被 5 深裂，裂片长约 2mm，雄蕊通常 8 枚。瘦果卵形，有 3 棱，黑色，光亮。一般 3 月萌芽，10～11 月枯黄。

生境与分布　生于山坡林下、山谷水边，南北各地有分布。

利用价值　可作猪、牛饲料，羊吃少量叶片。

箭头蓼 | 蓼属 *Persicaria*
Persicaria sagittata (Linnaeus) H. Gross ex Nakai

形态特征 一年生草本。茎高达 1m，细弱，蔓延或近直立，四棱形，沿棱有倒钩刺。叶柄有倒生钩刺；叶片长卵状披针形，顶端急尖或圆钝；基部箭形，无毛；下面有钩刺；托叶鞘膜质，无毛。花序头状，通常成对，顶生；苞片长圆状卵形，顶端急尖；花梗短，无毛；花白色或淡红色，密集；花被 5 深裂，裂片长圆形，雄蕊 8 枚；花柱 3 个，下部合生。瘦果卵形，有 3 棱，黑色，无光泽。3 月开始生长，7～8 月开花结果，11 月后渐枯死。

生境与分布 生于山谷、沟旁、水边，南北各地有分布。

利用价值 羊吃叶片，割草可喂猪。全草供药用，有清热解毒、止痒之功效。

箭叶蓼花果期茎叶的化学成分

生育期	样品	干物质 (%)	占干物质比例（%）						
			粗蛋白	粗脂肪	粗纤维	无氮浸出物	粗灰分	钙	磷
花果期	茎叶	90.42	8.25	3.51	18.23	52.31	8.12	1.38	0.22

采集地点：江西省吉安市峡江县水边镇；送检单位：江西省农业科学院畜牧兽医研究所。

何首乌 | 何首乌属 *Pleuropterus*
Pleuropterus multiflorus (Thunb.) Nakai

形态特征　多年生草本。茎缠绕，长3~4m，中空，多分枝，基部木质化。叶有柄，叶片卵形，长5~7cm，宽3~5cm，顶端渐尖，基部心形，两面无毛；托叶鞘短筒状，膜质。花序圆锥形，大而开展，顶生或腋生，苞片卵状披针形；花小，白色，花被5深裂，裂片大小不等，在果时增大外面3片肥厚，背部有翅，雄蕊8枚，短于花被；花柱3个。瘦果椭圆形，有3棱、光滑、黑色，有光泽。

生境与分布　生于山谷灌丛、山坡杯下、沟边石隙，南部有分布。

利用价值　茎叶都可作猪、牛饲料。块根入药，安神、养血、活络。

何首乌营养期茎叶的化学成分

生育期	样品	干物质（%）	占干物质比例（%）						
			粗蛋白	粗脂肪	粗纤维	无氮浸出物	粗灰分	钙	磷
营养期	茎叶	94.12	16.47	2.64	26.72	40.94	7.35	2.74	0.26

采集地点：江西赣州于都县大阪乡；送检单位：江西省农业科学院畜牧兽医研究所。

萹蓄 | 萹蓄属 *Polygonum*
Polygonum aviculare L.

形态特征 一年生草本。茎高10~40cm，平卧或上升，自基部分枝，有棱角。叶有极短柄或近无柄；叶片狭椭圆形或披针形，顶端钝或急尖，基部楔形，全缘；托叶鞘膜质，下部褐色，上部白色透明，有不明显脉纹。花腋生，1~15朵簇生叶腋，遍布于全植株；花梗细而短，顶部有关节；花被5深裂，裂片椭圆形，绿色，边缘白色或近淡红色，雄蕊8枚；花柱3个。瘦果卵形，有3棱，黑色或褐色，生不明显小点，无光泽。2月开始生长，5~6月生长旺盛，9~10月渐枯死。

生境与分布 生于田边、路边、沟边湿地，全省各地广布。

利用价值 茎叶柔软，适口性良好，生育期长，各类家畜全年均可食用。在青鲜期羊、猪、鹅、兔最喜食，牛喜食，马、骆驼及其他禽类也乐食。调制成干草，羊、牛、马、骆驼均喜食。把干草加工成粉，配合其他饲料煮熟，适宜喂猪、鹅、鸭、鸡和兔。生育期长，耐践踏、再生性强，为理想的放牧型草。全草供药用，有通经利尿、清热解毒之功效。

萹蓄初花期茎叶的化学成分

生育期	样品	干物质(%)	占干物质比例（%）						
			粗蛋白	粗脂肪	粗纤维	无氮浸出物	粗灰分	钙	磷
初花期	茎叶	91.83	13.27	1.23	29.81	39.87	7.65	1.82	0.39

采集地点：江西省赣州市于都县大陂乡；送检单位：江西省农业科学院畜牧兽医研究所。

火炭母

蓼蓼属 *Polygonum*
Polygonum chinense L.

形态特征 多年生草本。茎直立或蜿蜒，高达 1m，无毛。叶有短柄；叶柄基部两侧常各有一耳垂形的小裂片，垂片通常早落；叶片卵形或长圆状卵形，长 5～10cm，宽 3～6cm，顶端渐尖，基部截形，全缘。由数个头状花序排成伞房状花序或圆锥花序；花序轴密生腺毛；苞片膜质，卵形，无毛；花白色或淡红色；花被 5 深裂，裂片在果时稍增大，雄蕊 8 枚，花柱 3 个。瘦果卵形，有 3 棱，黑色，光亮。3 月生长，6～7 月旺盛，冬季渐枯黄。

生境与分布 生山谷湿地、山坡草地，中部和南部有分布。

利用价值 猪、牛、羊喜欢吃梗、叶。根状茎供药用，有清热解毒、散瘀消肿之功效。

杠板归

蓼蓄属 *Polygonum*
Polygonum perfoliatum L.

形态特征 多年生蔓性草本。茎长 1~2m，红褐色，有棱角，棱上有倒生的钩状刺。叶互生，膜质，盾状三角形，先端钝或微尖，基部心形，叶背中肋及脉纹上有散生的钩状刺，叶柄盾状着生，有倒沟状刺；叶鞘圆或卵圆形，叶状，抱茎。花小，两性，白色或淡红紫色，顶生或腋生穗状花序，序梗有倒生钩刺，花被 5 裂，裂片卵圆形，覆瓦状排列；雄蕊 8 枚，着生花被内面，子房上位，花柱由中部分成三叉状，柱头头状。果实球形，黑褐色，有光泽，藏于蓝色多汁的花被内。3~4 月开始长，5~6 月旺盛，11 月后渐枯死。

生境与分布 生于田边、路旁、山谷湿地，南北各地有分布。

利用价值 羊吃叶片。

杠板归营养期叶的化学成分

生育期	样品	干物质（%）	占干物质比例（%）						
			粗蛋白	粗脂肪	粗纤维	无氮浸出物	粗灰分	钙	磷
营养期	叶	95.15	9.91	2.18	38.16	36.11	8.79	2.35	0.27

采集地点：江西南昌市南昌县莲塘镇；送检单位：江西省农业科学院畜牧兽医研究所。

戟叶蓼 | 萹蓄属 *Polygonum*
Polygonum thunbergii Sieb. et Zucc.

形态特征 一年生草本。茎高 30～70cm，直立或上升，下部有时平卧，有匍匐枝，四棱形，沿棱有倒生钩刺。叶柄有狭翅和刺毛；叶片戟形，长 4～9cm，宽 2～6cm，顶端渐尖，基部截形或呈心形，边缘生短睫毛，叶面密生伏毛，叶背沿叶脉生伏毛；托叶鞘膜质，圆筒形，通常边缘草质，绿色，向外反卷。花序聚伞状，顶生或腋生；苞片卵形，绿色，生短毛；花白色或淡红色；花被 5 深裂；雄蕊 8 枚。瘦果卵形，有 3 棱，黄褐色，平滑，无光泽。

生境与分布 生于山谷湿地、山坡草丛，西部和北部有分布。

利用价值 可作猪、牛饲料。

戟叶蓼开花期茎叶的化学成分

生育期	样品	干物质（%）	占干物质比例（%）						
			粗蛋白	粗脂肪	粗纤维	无氮浸出物	粗灰分	钙	磷
开花期	全株	93.41	10 80	0.95	28.95	43.89	8.82	1.35	0.27
开花期	茎叶	90.87	10 75	2.40	31.79	33.76	12.17	1.48	0.30

采集地点：江西抚州崇仁县相山镇、江西省赣州市上犹县双溪乡；送检单位：江西省农业科学院畜牧兽医研究所。

虎杖 | 虎杖属 *Reynoutria*
Reynoutria japonica Houtt.

形态特征　多年生草本。根茎木质，褐色。茎高 1.5～2m，粗壮，圆筒形，中空，幼时散生红紫色小点。叶互生，宽卵形至长圆形，先端短尖，基部圆形，全缘，叶面绿色，叶背淡色；叶柄长，叶鞘短，脱落。花白色，雌雄异株，呈腋生或顶生复总状花序；花萼 5 裂，外轮 3 片背面有翅，果时增长，雄花雌蕊 8 枚；雌花花柱 3 个，柱头头状。瘦果卵椭圆形，有 3 棱，黑褐色，有翅，翅端有一凹缺。

生境与分布　生于山坡灌丛、山谷、路旁、田边湿地，南北各地有分布。

利用价值　牛、羊吃少量叶。根状茎供药用，有活血、散瘀、通经、镇咳等功效。

虎杖营养期茎叶的化学成分

生育期	样品	干物质 (%)	占干物质比例 (%)						
			粗蛋白	粗脂肪	粗纤维	无氮浸出物	粗灰分	钙	磷
营养期	茎叶	94.86	13.39	6.22	34.83	33.64	6.78	0.78	0.21

采集地点：江西省宜春市奉新县柳溪乡；送检单位：江西省农业科学院畜牧兽医研究所。

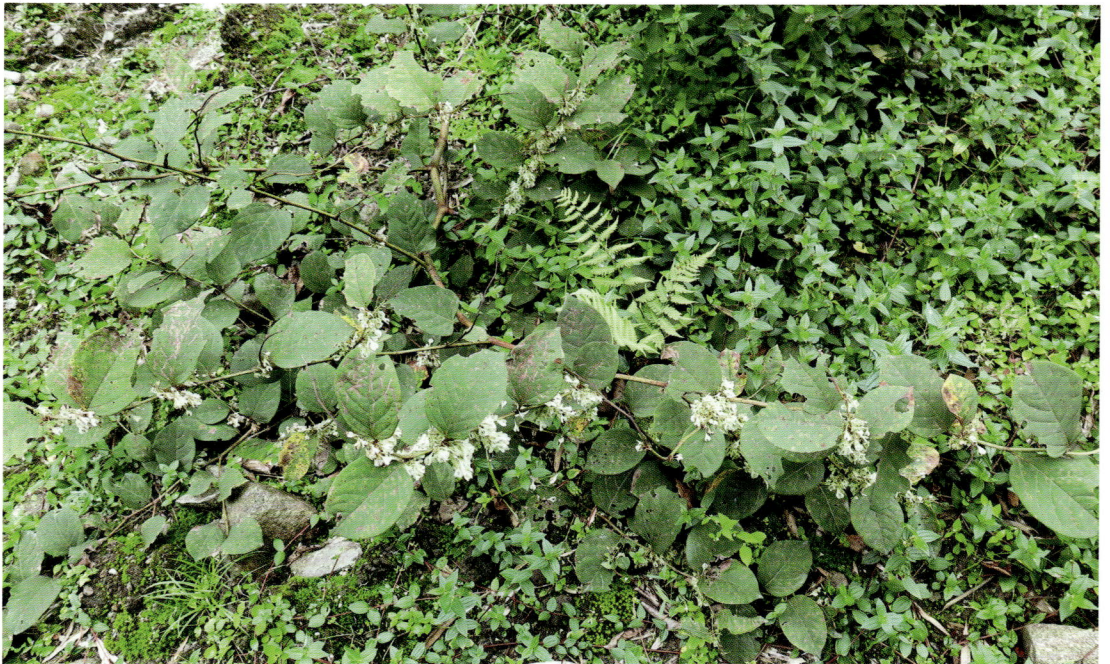

酸模 | 酸模属 *Rumex*
Rumex acetosa L.

形态特征 多年生草本。茎直立，高30～80cm，细弱，通常不分枝。基生叶有柄；叶片长圆形，顶端急尖或圆钝，基部箭形，全缘；茎上部的叶较小，披针形，无柄；托叶鞘膜质，斜形。花序圆锥形，顶生；花单性，雌雄异株，花被片6片，椭圆形，成2轮；雄花内轮花被片长3mm，外轮花被片较小，直立；雄蕊6枚，雌花内轮花被片在果时增大，圆形，全缘，基部心形，外轮花被较小，反折；柱头3个，画笔状。瘦果椭圆形，有3棱，暗褐色，有光泽。

生境与分布 生于山坡、林缘、沟边、路旁、撂荒地，西北部各地有分布。

利用价值 幼嫩时茎叶可作猪饲料。全草供药用，有凉血、解毒之功效；嫩茎、叶可作蔬菜。

酸模苗期茎叶的化学成分

生育期	样品	干物质（%）	占干物质比例（%）						
			粗蛋白	粗脂肪	粗纤维	无氮浸出物	粗灰分	钙	磷
苗期	全株	91.94	19.53	2.94	15.98	41.17	12.28	0.79	0.37

采集地点：江西省南昌市南昌县莲塘镇；送检单位：江西省农业科学院畜牧兽医研究所。

土牛膝

牛膝属 *Achyranthes*
Achyranthes aspera L.

形态特征 多年生草本。根细长，土黄色。茎高 20～120cm，四棱形，有柔毛，节部稍膨大，分枝对生。叶片纸质，宽卵状倒卵形或椭圆状矩圆形，长 1.5～7cm，宽 0.4～4cm，顶端圆钝，具突尖，基部楔形或圆形，全缘或波状缘，两面密生柔毛，或近无毛。穗状花序顶生，直立，花期后反折；总花梗具棱角，粗壮，坚硬，密生白色伏贴或开展柔毛；花疏生；苞片披针形，顶端长渐尖，小苞片刺状，坚硬，光亮，常带紫色，基部两侧各有 1 个薄膜质翅，全缘，全部贴生在刺部，但易于分离；花被片披针形，长渐尖，花后变硬且锐尖，具 1 脉。胞果卵形。种子卵形，不扁压，长约 2mm，棕色。花期 6～8 月，果期 10 月。

生境与分布 生于山坡疏林或村庄附近空旷地，全省常见。

利用价值 叶可喂猪、羊。根药用，有清热解毒、利尿之功效，主治感冒发热、扁桃体炎、白喉、流行性腮腺炎、泌尿系统结石、肾炎水肿等症。

莲子草 | 莲子草属 *Alternanthera*
Alternanthera sessilis (L.) DC.

形态特征　一年生草本。茎基部匍匐，上部上升，中空，具分枝。叶对生，长圆形，长圆状倒卵形或卵状披针形，顶端圆钝，基部渐狭，叶面有贴生毛，边有睫毛。头状花序单生于叶腋，具总花梗；苞片和小苞片干膜质，宿存；花被片白色，长圆形；雄蕊5枚，花丝基部合生成环状，花药1室，退化雄蕊端分裂成窄条。4~5月生长旺盛。

生境与分布　生于村庄附近的草坡、水沟、田边或沼泽、海边潮湿处，全省各地均有分布。

利用价值　多以喂猪、羊为主，亦可喂鸡、鸭。喂猪、鸡时多采取切碎或打浆后拌精料饲喂。喂羊时，一般喂切碎野生鲜草或整株。全植株入药，有散瘀消毒、清火退热之功效。治牙痛、痢疾，疗肠风、下血；嫩叶作野菜食用。

莲子草开花期茎叶的化学成分

生育期	样品	干物质（%）	占干物质比例（%）						
			粗蛋白	粗脂肪	粗纤维	无氮浸出物	粗灰分	钙	磷
开花期	全株	92.33	17.60	3.20	17.01	39.35	15.17	1.03	0.38

采集地点：江西省南昌市南昌县莲塘镇；送检单位：江西省农业科学院畜牧兽医研究所。

皱果苋

苋属 *Amaranthus*
Amaranthus viridis L.

形态特征　一年生草本。全株无毛。茎直立，高 40～80cm，少分枝。叶卵形至卵状长圆形，顶端微缺，稀圆钝，具小芒尖，基部近截形。花单性或杂性，成腋生穗状花序，或再集成大型顶生圆锥花序，苞片和小苞片干膜质，披针形，小；花被片 3 片。胞果扁球形，不裂，极皱缩，超出宿存花被片。2 月开始生长，4～5 月生长极旺，8 月渐老化，10～11 月枯死。

生境与分布　生于房舍间隙杂草地上或田野间，南北各地有分布。

利用价值　嫩茎、叶是猪、牛、羊的好饲料。全草入药，有清热解毒、利尿止痛之功效。嫩茎叶还可作野菜食用。

皱果苋结实期茎叶的化学成分

生育期	样品	干物质（%）	占干物质比例（%）						
			粗蛋白	粗脂肪	粗纤维	无氮浸出物	粗灰分	钙	磷
结实期	茎叶	90.15	14.74	3.47	17.36	41.65	12.93	2.10	0.32

采集地点：江西抚州崇仁县相山镇；送检单位：江西省农业科学院畜牧兽医研究所。

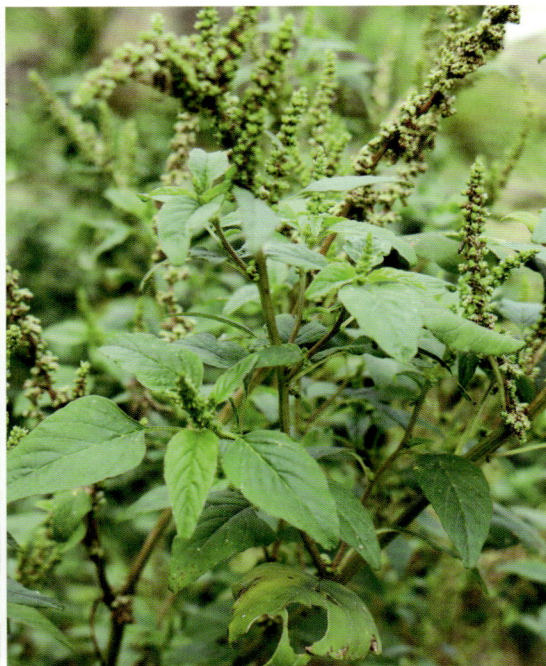

绿穗苋 | 苋属 *Amaranthus*
Amaranthus hybridus L.

形态特征 一年生草本。茎直立，高30～50cm，分枝，上部近弯曲，有开展柔毛。叶片卵形或菱状卵形，长3～5cm，宽1.5～2.5cm，顶端急尖或微凹，具凸尖，基部楔形，边缘波状或有不明显锯齿，微粗糙，叶面近无毛，叶背疏生柔毛；叶柄长1～2.5cm，有柔毛。圆锥花序顶生，细长，上升稍弯曲，有分枝，由穗状花序而成，中间花穗最长；苞片及小苞片钻状披针形，中脉坚硬，绿色，向前伸出成尖芒；花被片矩圆状披针形，顶端锐尖，具凸尖，中脉绿色；柱头3。胞果卵形，环状横裂，超出宿存花被片。种子近球形，直径约1mm，黑色。花期7～8月，果期9～10月。

生境与分布 生于田野、旷地或山坡，南北各地有分布。

利用价值 嫩茎、叶是猪、鹅、牛、羊的好饲料。

绿穗苋结实期茎叶的化学成分

生育期	样品	干物质（%）	占干物质比例（%）						
			粗蛋白	粗脂肪	粗纤维	无氮浸出物	粗灰分	钙	磷
结实期	全株	94.96	16.96	2.03	17.79	41.85	16.33	3.03	0.29

采集地点：江西省九江市永修县柘林镇；送检单位：江西省农业科学院畜牧兽医研究所。

刺苋 | 苋属 Amaranthus
Amaranthus spinosus L.

形态特征　一年生草本。茎高 30～100cm，多分枝，几无毛。叶菱状卵形或卵状披针形，长 3～12cm，宽 1～5.5cm；叶柄长 1～8cm，无毛，基部两侧各有 1 刺，刺长 5～10mm。花单性或杂性，圆锥花序腋生或顶生；一部分苞片变成尖刺，一部分呈狭披针形；花被片绿色；雄花的雄蕊 5 枚，雌花的花柱 2～3 个。胞果长圆形，盖裂。

生境与分布　生在旷地或园圃，南北各地有分布。

利用价值　开花结实之前，叶片柔软，茎枝柔嫩多汁，本应是上等青绿饲草，但因茎枝多刺（多为托叶变成的刺），严重影响适口性。在抽穗期前牛、羊喜食其嫩枝梢，经切碎或加工成草浆，猪、鹅、鸭均喜食。全草供药用，有清热解毒、散血消肿之功效。嫩茎叶可作蔬菜。

刺苋分枝期茎叶的化学成分

生育期	样品	干物质 (%)	占干物质比例（%）						
			粗蛋白	粗脂肪	粗纤维	无氮浸出物	粗灰分	钙	磷
分枝期	全株	92.40	19.00	1.85	17.26	36.33	17.96	2.63	0.22

采集地点：江西省景德镇市乐平市接渡镇；送检单位：江西省农业科学院畜牧兽医研究所。

地肤 | 沙冰藜属 *Bassia*
Bassia scoparia (L.) A.J.Scott

形态特征　一年生草本。根略呈纺锤形。茎直立，高50～100cm，圆柱状，淡绿色或带紫红色，有多数条棱，稍有短柔毛或下部几无毛；分枝稀疏，斜上。叶为平面叶，披针形或条状披针形，长2～5cm，宽3～7mm，无毛或稍有毛，先端短渐尖，基部渐狭入短柄，通常有3条明显的主脉，边缘有疏生的锈色绢状缘毛；茎上部叶较小，无柄，1脉。花两性或雌性，通常1～3个生于上部叶腋，构成疏穗状圆锥状花序，花下有时有锈色长柔毛；花被近球形，淡绿

色，花被裂片近三角形，无毛或先端稍有毛；翅端附属物三角形至倒卵形，有时近扇形，膜质，脉不很明显，边缘微波状或具缺刻；花丝丝状，花药淡黄色；柱头2，丝状，紫褐色，花柱极短。胞果扁球形，果皮膜质，与种子离生；种子卵形，黑褐色，长1.5～2mm，稍有光泽；胚环形，胚乳块状。花期6～9月，果期7～10月。

生境与分布　生于田边、路旁、荒地等处，南北均有分布。

利用价值　幼嫩时是良好的猪草，牛羊也喜食，营养价值高。幼苗可作蔬菜；果实称"地肤子"，为常用中药，能清湿热、利尿，治尿痛、尿急、小便不利及荨麻疹，外用治皮肤癣及阴囊湿疹。

地肤现蕾期茎叶的化学成分

生育期	样品	干物质（%）	占干物质比例（%）						
			粗蛋白	粗脂肪	粗纤维	无氮浸出物	粗灰分	钙	磷
现蕾期	嫩枝叶	91.06	19.14	1.82	24.81	30.12	15.17	2.31	0.26

采集地点：江西省南昌市南昌县莲塘镇；送检单位：江西省农业科学院畜牧兽医研究所。

青葙 | 青葙属 Celosia
Celosia argentea L.

形态特征	一年生草本。全株无毛。茎直立，高 30～100cm，有分枝。叶长圆形披针状，长 5～8cm，宽 1～3cm。穗状花序长 3～10cm；苞片、小苞片和花被片干膜质，光亮，淡红色；雄蕊花丝下部合生成杯状。胞果卵形，长 3～3.5cm，盖裂；种子肾状圆形，黑色，光亮。
生境与分布	野生或栽培，生于平原、田边、丘陵、山坡，南北各地有分布。
利用价值	开花前叶量大，茎枝肥嫩多汁，营养丰富。牛、羊、兔喜食，煮熟喂猪，猪喜食。种子供药用，有清热明目功效；根入药祛风除湿、小儿夜尿、止咳化痰、解毒消肿。花序宿存经久不凋，可供观赏；花可提取芳香油。嫩茎叶浸去苦味后，可作野菜食用。还可固土保水、绿化美化、作蜜源。

青葙成熟期茎叶的化学成分

生育期	样品	干物质 (%)	占干物质比例 (%)						
			粗蛋白	粗脂肪	粗纤维	无氮浸出物	粗灰分	钙	磷
成熟期	全株	93.61	13.40	4.91	31.53	31.49	12.29	1.79	0.26

采集地点：江西省南昌市南昌县莲塘镇；送检单位：江西省农业科学院畜牧兽医研究所。

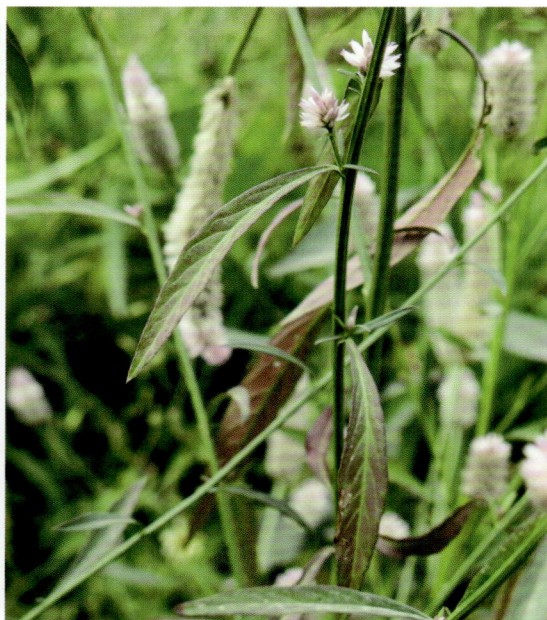

藜 | 藜属 *Chenopodium*
Chenopodium album L.

形态特征 一年生草本。茎直立，高 60～120cm，粗壮，有棱和绿色或紫红色的条纹，分枝；枝上升或开展。叶有长叶柄；叶片菱状卵形至披针形，先端急尖或微钝，基部宽楔形，边缘常有不整齐的牙齿，叶面深绿色，叶背灰白色或淡绿色，密生粉粒。花两性，数个集成团伞花簇，多数花簇排成腋生或顶生的圆锥状花序；花被片 5 片，宽卵形或椭圆形，具纵隆脊和膜质的边缘，先端钝或微凹；雄蕊 5 枚；柱头 2 个。胞果完全包于花被内或顶端稍露，果皮薄，种子紧贴；种子横生，双凸镜形，光亮胚环形。春季萌发，冬季枯死。

生境与分布 生于田间、路旁、荒地、宅旁等地，全省各地均有分布。

利用价值 幼嫩时可作牲畜饲料。幼苗也可供食用。

藜幼苗茎叶的化学成分

生育期	样品	干物质（%）	占干物质比例（%）						
			粗蛋白	粗脂肪	粗纤维	无氮浸出物	粗灰分	钙	磷
幼苗	茎叶	88.68	29.37	3.25	14.22	20.83	21.01	2.58	0.54

采集地点：江西省南昌市南昌县莲塘镇；送检单位：江西省农业科学院畜牧兽医研究所。

小藜 | 藜属 *Chenopodium*
Chenopodium ficifolium Smith

形态特征 一年生草本。茎直立，高 20~50cm，分枝，有条纹。叶长卵形或长圆形，先端钝，基部楔形，边缘有波状牙齿，下部的叶，近基部有 2 个较大的裂片，两面疏生粉粒；叶柄细弱。花序穗状，腋生或顶生；花两性；花被片 5 片，宽卵形，先端钝，淡绿色，微有龙骨状突起；雄蕊 5 枚，和花被片对生，且长于花被；柱头 2 个，条形。胞果包于花被内，果皮膜质，有明显的蜂窝状网纹；种子圆形，边缘有棱，黑色，直径约 1mm，胚环形。

生境与分布 生于田间、荒地、道旁、垃圾堆等处，中部和北部有分布。

利用价值 嫩时可作猪、羊饲料。

鸭跖草 | 鸭跖草属 *Commelina*
Commelina communis L.

形态特征　一年生披散草本。仅叶鞘及茎上部被柔短毛，茎下部匍匐生根，长可达1m。叶披针形至卵状披针形，长3～8cm。总苞片佛焰苞状，有1.5～4cm的长柄，与叶对生，心形，稍镰刀状弯曲，顶端短急尖，长近2cm，边缘常有硬毛。聚伞花序有花数朵，略伸出佛焰苞，萼片膜质，长约5mm，内面2枚常靠近或合生，花瓣深蓝色，有长爪，长近1cm，雄蕊6枚，3枚能育而长，3枚退化雄蕊顶端成蝴蝶状，花丝无毛。蒴果椭圆形，长5～7mm，2室，2瓣裂，有种4粒；种子长2～3mm，具不规则窝孔。一般3～4月萌芽，11月后渐枯死。

生境与分布　　生于湿地或林下，南北各地有分布。

利用价值　　茎嫩叶多，春季发芽早，秋季仍柔嫩，宜作牛和猪饲料。作猪饲料喂前应煮熟或发酵。全草为清热、利尿之药；嫩茎、叶可炒食。

鸭跖草成熟期茎叶的化学成分

生育期	样品	干物质 (%)	占干物质比例 (%)						
			粗蛋白	粗脂肪	粗纤维	无氮浸出物	粗灰分	钙	磷
成熟期	全株	94.20	15.76	5.27	28.84	31.40	12.93	1.90	0.33

采集地点：江西省九江市原瑞昌县（瑞昌市）S303 长河大桥；送检单位：江西省农业科学院畜牧兽医研究所。

谷精草

谷精草属 *Eriocaulon*
Eriocaulon buergerianum Körn.

形态特征　密丛生草本。叶基生，长披针状条形，长 6～20cm，基部宽 4～6mm，有横脉。花莛多，长短不一。头状花序近球形，直径 4～6mm，总苞片宽倒卵形或近圆形，秆黄色，花苞倒卵形，顶端聚尖，上部密生短毛，花托有柔毛；雄花外轮花被片仝生成倒卵形苞状、顶端 3 浅裂，钝，有短毛，内轮花被片合生成倒圆锥状筒形，雄蕊 6 枚，花药黑色，长 0.2mm；雌花，外轮花被合生成椭圆形苞状，内轮花被片 3 片，离生，匙形，顶端有一黑色腺体，有细长毛。蒴果长约 1mm；种子长椭圆形，有茸毛。

生境与分布　生于稻田、水边、阴湿处，赣州等地有分布。

利用价值　牛吃少量叶。

鸭舌草

雨久花属 *Monochoria*
Monochoria vaginalis (Burm. f.) C. Presl ex Kunth

形态特征　水生草本。全株光滑无毛。根状茎极短，下生纤维根。茎直立或斜上，高4～20cm。叶纸质，形状和大小多变异，由条形披针形长圆状卵形、卵形至宽卵形，长1.5～5.5cm，宽0.5～5.5cm，顶端渐尖，基部圆形、截形或心形，基部裂片若存在时宽圆形，不扩展，全缘，具弧状腺；叶柄长达20cm，基部成鞘。总状花序腋生，有3～25朵花，花梗长3～8mm，花直径5～7mm，花被裂片6片，披针形，长10～15mm。蒴果卵状，长约1cm。

生境与分布　生于稻田、沟旁、浅水池塘等水湿处，全省各地广布。

利用价值　嫩枝、叶是猪的良好饲料。

鸭舌草初花期茎叶的化学成分

生育期	样品	干物质 (%)	占干物质比例 (%)						
			粗蛋白	粗脂肪	粗纤维	无氮浸出物	粗灰分	钙	磷
初花期	全株	90.96	22.68	1.83	16.03	34.91	15.51	0.11	0.08

采集地点：江西省南昌市南昌县莲塘镇；送检单位：江西省农业科学院畜牧兽医研究所。

菝葜

菝葜属 *Smilax*
Smilax china L.

形 态 特 征 落叶藤状灌木。根状茎粗厚坚硬。茎高 1～5m，与枝条通常疏生刺。叶薄草质或纸质，干后一般红褐色或古铜色，通常宽卵形或圆形，叶背淡绿色，有时有粉霜，叶柄长 5～15mm，脱落点位于中部以上，占全长 1/3～1/2，具狭鞘，几乎全部有卷须。花单性，雌雄异株，绿黄色，多朵排成伞形花序，生于尚幼嫩的小叶上，总花梗长 1～2cm；雄花外轮花被片 3 片，长圆形，内轮花被片 3 片，稍狭，雄蕊长约为花被片的 2/3；雌花与雄花大小相似，具 6 枚退化雄蕊。浆果球形，直径 6～15mm，成熟时红色。

生境与分布 生于林下、灌丛、路旁、河谷或山坡上，全省各地均有分布。

利 用 价 值 牛、羊吃嫩叶，也可作猪饲料。根状茎可以提取淀粉和栲胶，或用来酿酒。

菝葜成熟期茎叶的化学成分

生育期	样品	干物质（%）	占干物质比例（%）						
			粗蛋白	粗脂肪	粗纤维	无氮浸出物	粗灰分	钙	磷
成熟期	全株	95.23	5.86	4.33	24.05	57.39	3.55	0.85	0.09

采集地点：江西省景德镇市乐平市接渡镇；送检单位：江西省农业科学院畜牧兽医研究所。

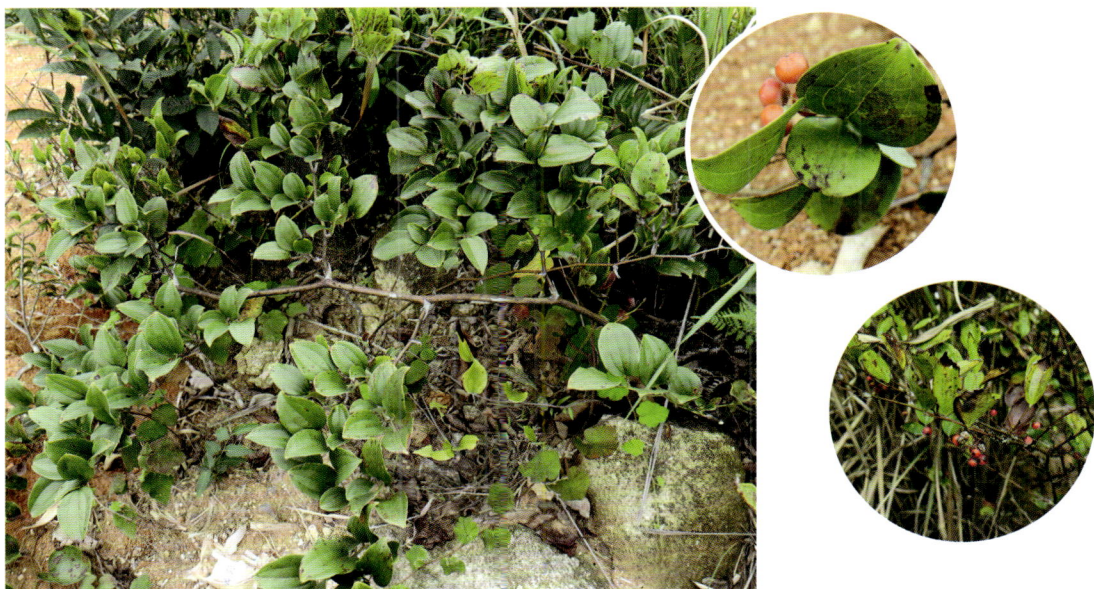

华肖菝葜 | 菝葜属 *Smilax*
Smilax chinensis (F. T. Wang) P. Li & C. X. Fu

形 态 特 征 常绿攀援灌木。除老茎、叶柄、花被外或多或少具短硬毛。小枝有棱。叶纸质，长圆形至披针形，长 3.5～16cm，宽 1～6cm，先端渐尖，基部近圆形或急尖，边缘常微波状，主脉 5 条，边缘 2 条靠近叶缘，但不与叶缘结合，小脉密网状，叶柄长 0.5～2.5cm，在下部 1/3 处有卷须和狭鞘。伞形花序生于叶腋或褐色苞片内，总花梗扁，有沟，长 0.5～2cm，花序托球形，直径 2mm，花被筒长圆形，长 5～6mm，顶端具 3 枚长尖齿，雄蕊 3 枚，雌花花被筒卵形，长 2.5～3mm，顶端 3 齿明显，内有 3 枚退化雄蕊。浆果近果形，熟时深绿色。种子卵圆形。

生境与分布 生于山谷密林中或林缘，南部有分布。

利 用 价 值 牛、羊吃嫩枝、叶。

华肖菝葜的化学成分

占干物质比例（%）						
粗蛋白	粗脂肪	粗纤维	无氮浸出物	粗灰分	钙	磷
7.40	——	35.30	——	2.97	0.34	——

数据来源：余世俊.江西牧草 [M].南昌：中国农业出版社，1997:252.

水烛 | 香蒲属 *Typha*
Typha angustifolia L.

形态特征　多年生水生或沼生草本。根状茎乳黄色、灰黄色，先端白色。地上茎直立，粗壮，高 1.5～3m。叶片长 54～120cm，宽 0.4～0.9cm，上部扁平，中部以下腹面微凹，背面向下逐渐隆起呈凸形，下部横切面呈半圆形；叶鞘抱茎。雄花序轴具褐色扁柔毛，单出，或分叉；叶状苞片 1～3 枚，花后脱落；雌花序基部具 1 枚叶状苞片，通常比叶片宽，花后脱落；雄花由 3 枚雄蕊合生，花药长约 2mm，长距圆形，花丝短，细弱，下部合生成柄，向下渐宽；雌花具小苞片；白色丝状毛着生于子房柄基部，并向上延伸，与小苞片近等长，均短于柱头。小坚果长椭圆形，长约 1.5mm，具褐色斑点，纵裂。种子深褐色。

生境与分布　生于湖泊、河流、池塘浅水处，沼泽、沟渠亦常见，当水体干枯时可生于湿地及地表龟裂环境中。北部有分布。

利用价值　茎叶可作牛、羊饲料。幼叶基部和根状茎先端可作蔬食；花粉入药；叶片用于编织、造纸等；雌花序可作枕芯和坐垫的填充物；可用于花卉观赏。

水烛营养期茎叶的化学成分

生育期	样品	干物质（%）	占干物质比例（%）						
			粗蛋白	粗脂肪	粗纤维	无氮浸出物	粗灰分	钙	磷
营养期	茎叶	91.44	15.51	2.98	40.91	24.92	7.13	0.52	0.32

采集地点：江西南昌市南昌县莲塘镇；送检单位：江西省农业科学院畜牧兽医研究所。

野鸢尾

鸢尾属 *Iris*
Iris dichotoma Pall.

形态特征　多年生草本。根状茎为不规则的块状，棕褐色至黑褐色；须根发达，粗而长，黄白色，分枝少。叶基生，两面灰绿色，剑形，长15～35cm，宽1.5～3cm，顶端多弯曲呈镰刀形，渐尖，基部鞘状抱茎，无明显的中脉。花茎实心，高40～60cm，上部二歧状分枝，分枝处生有披针形的茎生叶，下部有1～2枚抱茎的茎生叶。花序生于分枝顶端；苞片4～5枚，膜质，绿色，边缘白色，披针形，内包含有3～4朵花；花蓝紫色、浅蓝色，有棕褐色的斑纹，直径4～5cm；花梗细，常超出苞片；雄蕊长1.6～1.8cm，花药与花丝等长；花柱分枝扁平，花瓣状，顶端裂片狭三角形，子房绿色。蒴果圆柱形，果皮黄绿色，革质，成熟时自顶端向下开裂至1/3处；种子暗褐色，椭圆形，有小翅。花期7～8月，果期8～9月。

生境与分布　生于砂质草地、山坡石隙等向阳干燥处，南北各地有分布。

利用价值　叶片柔嫩，成丛生长，容易采食，是放牧型牧草。青鲜叶片有涩味，适口性较差，牛、马和绵羊都不采食，山羊对其有特殊的嗜好。经霜之后适口性可提高，干枯状态牛羊都乐食。除放牧利用外，也可刈制青干草，干制后牛、马、羊都喜食。

野鸢尾开花期茎叶的化学成分

生育期	样品	干物质 (%)	占干物质比例（%）						
			粗蛋白	粗脂肪	粗纤维	无氮浸出物	粗灰分	钙	磷
开花期	茎叶	88.96	9.37	3.61	27.52	38.98	9.48	1.94	0.11

采集地点：江西省宜春市奉新县百丈山镇；送检单位：江西省农业科学院畜牧兽医研究所。

薯莨

薯蓣属 *Dioscorea*
Dioscorea cirrhosa Lour.

形态特征　粗壮藤本。块根形状不一，圆锥形、长圆形或卵形，表面棕黑色，栓皮粗裂具凹纹，断面鲜时红色，干后铁锈色。茎圆形，有分枝，平滑无毛，近基部有刺。单叶互生，革质或近革质，长椭圆形，基部宽心形，上部叶对生，卵形，下面网状支脉明显。雄花序穗状，高大植株雄花序成金字塔形，圆锥花序，雄花花被片阔卵形，顶端钝，长约2mm，雄蕊6枚，与花等长，雌花序与雄花序相似。蒴果光滑无毛，不反曲；种子扁平，着生于果实每室中央，四周有薄状的翅。

生境与分布　生于山坡、路旁、河谷边的杂木林、阔叶林、灌丛中或林边，赣西等地有分布。

利用价值　嫩时可作牛、猪饲料。块茎可提制栲胶，或用作染丝绸、棉布、渔网，也可作酿酒的原料。入药能活血、补血、收敛固涩，治跌打损伤、血瘀气滞、月经不调、妇女血崩、咳嗽咳血、半身麻木及风湿等症。

薯莨营养期茎叶的化学成分

生育期	样品	干物质（%）	占干物质比例（%）						
			粗蛋白	粗脂肪	粗纤维	无氮浸出物	粗灰分	钙	磷
营养期	全株	90.87	8.96	2.80	22.18	48.50	8.43	1.88	0.16

采集地点：江西省萍乡市芦溪县麻田乡；送检单位：江西省农业科学院畜牧兽医研究所。

野灯芯草 | 灯芯草属 *Juncus*
Juncus setchuensis Buchen. ex Diels

形态特征　多年生草本。根状茎横走或短缩。茎高30~50cm，簇生，有纵条纹，芽苞叶鞘状或鳞片状，围生于茎基部，下部常红褐色或暗褐色，长10~11cm，叶片退化呈刺芒状。花序假侧生，聚伞状，多花或仅具几朵花，总苞片似茎的延伸，直或稍弯曲，先出叶卵状三角形，花被片6片，近等长，长2.5~3mm，卵状披针形，急尖，边缘膜质，雄蕊3枚，稍短于花被片，花药较花丝短。蒴果长于花被，卵状或近球状，不完全3室；种子偏斜倒卵形，长约0.5mm。

生境与分布　生于海拔800~1700m的山沟、林下阴湿地、溪旁、道旁的浅水处，全省各地均有分布。

利用价值　牛吃全草。

野灯芯草结实期茎叶的化学成分

生育期	样品	干物质（%）	占干物质比例（%）						
			粗蛋白	粗脂肪	粗纤维	无氮浸出物	粗灰分	钙	磷
结实期	茎叶	91.96	7.10	2.68	35.71	42.60	3.87	0.32	0.11

采集地点：江西省上饶市鄱阳县乐丰镇；送检单位：江西省农业科学院畜牧兽医研究所。

灯芯草 | 灯芯草属 *Juncus*
Juncus effusus L.

形态特征　多年生草本。根状茎横走，密生须根。茎簇生，高 40～100cm，直径 1.5～4mm，内充满乳白色髓。低出叶鞘状，红褐色或淡黄色，叶片退化呈刺芒状。花序假侧生，聚伞状，多花，密集或疏散，总苞片似茎的延伸，直立或稍弯曲，长 5～20cm，花长 2～2.5mm，花被 6 片，条状披针形，外轮稍长，边缘膜质，雄蕊 3 枚，稀为 6 枚，长为花被的 2/3，花药较花丝短。蒴果长于花被，卵状或球状；种子偏斜倒卵形，长约 0.5mm。

生境与分布　生于河边、池旁、水沟，稻田旁、草地及沼泽湿处，全省各地均有分布。

利用价值　牛、羊喜吃全草。

灯芯草营养期茎叶的化学成分

生育期	样品	干物质（%）	占干物质比例（%）						
			粗蛋白	粗脂肪	粗纤维	无氮浸出物	粗灰分	钙	磷
营养期	茎叶	89.75	12.11	2.02	30.41	48.82	6.64	0.30	0.22

采集地点：江西省上饶市鄱阳县乐丰镇；送检单位：江西省农业科学院畜牧兽医研究所。

南天竹

南天竹属 *Nandina*
Nandina domestica Thunb.

形态特征　常绿小灌木。茎常丛生而少分枝，高 1~3m，光滑无毛，幼枝常为红色，老后呈灰色。叶互生，集生于茎的上部，三回羽状复叶，长 30~50cm；二至三回羽片对生；小叶薄革质，椭圆形、椭圆状披针形，长 2~10cm，宽 0.5~2cm，顶端渐尖，基部楔形，全缘，叶面深绿色，冬季变红色，叶背叶脉隆起，两面无毛；近无柄。圆锥花序直立；花小，白色，具芳香；萼片多轮，外轮萼片卵状三角形，向内各轮渐大，最内轮萼片卵状长圆形；花瓣长圆形，先端圆钝；雄蕊 6 枚，花丝短，花药纵裂，药隔延伸；子房 1 室，具 1~3 枚胚珠。浆果球形，熟时鲜红色，稀橙红色。种子扁圆形。花期 3~6 月，果期 5~11 月。

生境与分布　生于山地林下沟旁、路边或灌丛中，全省各地有栽培。

利用价值　山羊喜食。适口性中等，饲用价值中等。根、叶具有强筋活络、消炎解毒之功效；果为镇咳药，但过量有中毒之虞。各地庭园常有栽培，为优良观赏植物。

南天竹营养期茎叶的化学成分

生育期	样品	干物质 (%)	占干物质比例 (%)						
			粗蛋白	粗脂肪	粗纤维	无氮浸出物	粗灰分	钙	磷
营养期	茎叶	89.04	12.95	1.87	24.29	43.21	6.72	1.86	0.21

采集地点：江西省南昌市南昌县莲塘镇；送检单位：江西省农业科学院畜牧兽医研究所。

蕺菜 | 蕺菜属 Houttuynia
Houttuynia cordata Thunb

形态特征　多年生草本。有腥臭味。茎高 15～50cm，下面伏地，生根，上部直立，通常无毛。叶互生，心形或宽卵形，长 3～8cm，宽 4～6cm，有细腺点，两面脉上有柔毛，叶背常紫色；叶柄长 1～3cm，常有疏毛。托叶膜质，条形，长 1～2cm，下部常与叶柄合生成鞘状。穗状花序生于茎上端，与叶对生，长约 1～1.5cm，基部有 4 片白色花瓣状苞片；花小，两性，无花被；雄蕊 3 枚，花丝下部与子房合生；雌蕊由 3 个下部合生的心皮组成，子房上位；花柱分离。蒴果顶端开裂。

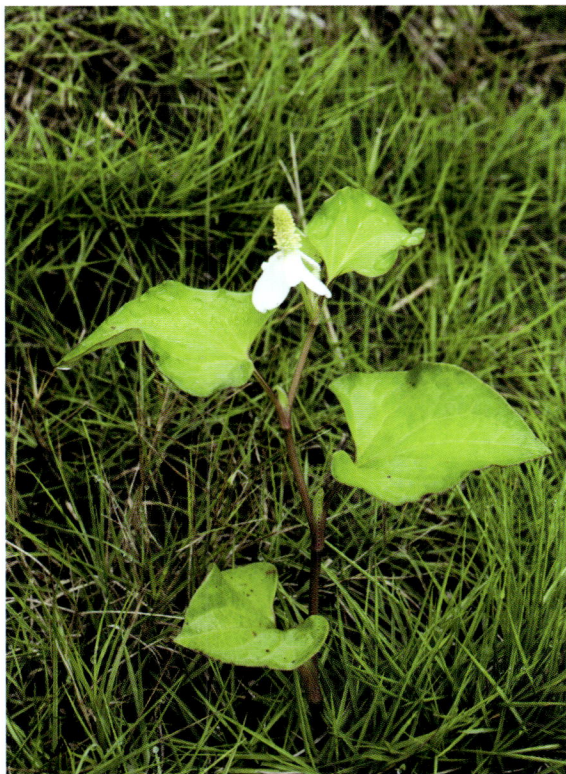

生境与分布　生于沟边、溪边或林下湿地上，全省各地有分布。

利用价值　可作猪饲料。全株入药，有清热、解毒、消肿止痛等功效。嫩根茎可食。

蕺菜开花期茎叶的化学成分

生育期	样品	干物质（%）	占干物质比例（%）						
			粗蛋白	粗脂肪	粗纤维	无氮浸出物	粗灰分	钙	磷
开花期	茎叶	91.97	11.20	2.91	24.38	33.14	20.34	0.58	0.29

采集地点：江西省萍乡市芦溪县新泉乡；送检单位：江西省农业科学院畜牧兽医研究所。

黄花草 | 黄花草属 *Arivela*

Arivela viscosa (Linnaeus) Rafinesque

形态特征　一年生直立草本。茎高 0.3～1m，基部常木质化，干后黄绿色，有纵细槽纹，全株密被黏质腺毛与淡黄色柔毛，无刺，有恶臭气味。叶为具 3～5 小叶的掌状复叶；小叶薄草质，近无柄，倒披针状椭圆形，中央小叶最大，长 1～5cm，宽 5～15mm，侧生小叶依次减小；叶柄长 2～4cm，无托叶。花单生于茎上部的叶腋内，但近顶端则成总状花序；花梗纤细；萼片分离，狭椭圆形、倒披针状椭圆形，近膜质，有细条纹，内面无毛；花瓣淡黄色，无毛，有数条明显的纵行脉，倒卵形，基部楔形，顶端圆形；雄蕊 10～22，花丝比花瓣短；子房无柄，圆柱形。果直立，圆柱形，密被腺毛，基部宽阔无柄，顶端渐狭成喙，成熟后果瓣自顶端向下开裂，果瓣宿存，表面有多条呈同心弯曲纵向平行凸起的棱与凹陷的槽，两条胎座框特别凸起；种子黑褐色，直径 1～1.5mm，表面有约 30 条横向平行的皱纹。无明显的花果期，通常 3 月出苗，7 月果熟。

生境与分布　多见于干燥气候条件下的荒地、路旁及田野间，全省各地可见。

利用价值　幼嫩茎叶可供牛羊采食。种子和鲜叶可供药用。

蔊菜

蔊菜属 *Rorippa*
Rorippa indica (L.) Hiern.

形态特征 一年生草本。全株无毛。茎直立或上升，高 10～50cm，柔弱，近基部分枝。下部叶有柄，羽状浅裂，长 2～10cm，顶生裂片宽卵形，侧生裂片小，上部叶无柄，卵形或宽披针形，先端渐尖，基部渐狭，稍抱茎，边缘具齿牙或不整齐锯齿，稍有毛。总状花序顶生，萼片 4 片，长圆形，花瓣 4 片，淡黄色，倒披针形，长约 2mm。长角果条形，长 2～2.25mm，宽 1～1.5mm，果梗丝形，长 4～5mm；种子 2 行，多数，细小，卵形，褐色。

生境与分布 生于路旁、田边、园圃、河边、屋边墙脚及山坡路旁等较潮湿处，全省各地有分布。

利用价值 茎、叶可作饲料。可作蔬菜，全草入药，内服有解表健胃、止咳化痰、平喘、清热解毒、散热消肿等功效；外用治痈肿疮毒及烫火伤。

蔊菜开花期茎叶的化学成分

生育期	样品	干物质（%）	占干物质比例（%）						
			粗蛋白	粗脂肪	粗纤维	无氮浸出物	粗灰分	钙	磷
开花期	茎叶	88.94	5.46	3.63	25.13	47.24	7.48	1.57	0.23

采集地点：江西省南昌市南昌县莲塘镇；送检单位：江西省农业科学院畜牧兽医研究所。

风花菜 | 蔊菜属 *Rorippa*
Rorippa globosa (Turcz.) Hayek

形态特征　一或二年生直立粗壮草本。植株被白色硬毛。茎高 20～80cm，单一，基部木质化，下部被白色长毛，上部近无毛分枝。叶片长圆形至倒卵状披针形。长 5～15cm，宽 1～2.5cm，基部渐狭，下延成短耳状而半抱茎，边缘具不整齐粗齿，两面被疏毛。总状花序多数，呈圆锥花序式排列，果期伸长。花小，黄色，具细梗，长 4～5mm；萼片 4 枚，长卵形，开展，基部等大，边缘膜质；花瓣 4 枚，倒卵形，与萼片等长成稍短，基部渐狭成短爪；雄蕊 6 枚。短角果实近球形，果瓣隆起，平滑无毛，有不明显网纹，顶端具宿存短花柱；果梗纤细，呈水平开展或稍向下弯；种子多数，淡褐色，极细小，扁卵形，一端微凹；子叶缘倚胚根。花期 4～6 月，果期 7～9 月。

生境与分布　生于河岸、湿地、路旁、沟边或草丛中，也生于干旱处，全省各地可见。

利用价值　茎、叶可作饲料。

风花菜开花期茎叶的化学成分

生育期	样品	干物质（%）	占干物质比例（%）						
			粗蛋白	粗脂肪	粗纤维	无氮浸出物	粗灰分	钙	磷
开花期	茎叶	90.43	5.57	5.38	25.12	46.83	7.53	1.42	0.31

采集地点：江西省南昌市南昌县莲塘镇；送检单位：江西省农业科学院畜牧兽医研究所。

荠

荠属 *Capsella*

Capsella bursa-pastoris (Linn.) Medic.

形态特征　一年生或二年生草本。稍有分枝毛。茎直立，高 20～50cm，有分枝。基生叶丛生，大头羽状分裂，长达 10cm，顶生裂片较大，侧生裂片较小，狭长，先端渐尖，浅裂有不规则粗锯齿，有长叶柄，茎生叶狭披针形，长 1～2cm，宽 2mm，基部抱茎，边缘有缺刻或锯齿，两面有细毛或无毛。总状花序顶生和腋生，花彐色，直径 2mm，短角果倒三角形或倒心形，长 5～8mm，宽 4～7mm，扁平，先端微凹，有极短的宿存花柱；种子 2 行，长椭圆形，长 1mm，淡褐色。

生境与分布　生于山坡、田边及路旁，全省各地均有。

利用价值　猪、羊早春饲料。全草入药，有利尿、止血、清热、明目、消积之功效；茎叶作蔬菜食用；种子供制油漆及肥皂用。

荠结实期茎叶的化学成分

生育期	样品	干物质（%）	占干物质比例（%）						
			粗蛋白	粗脂肪	粗纤维	无氮浸出物	粗灰分	钙	磷
结实期	茎叶	92.24	16.58	3.77	30.61	29.62	11.66	1.00	0.70

采集地点：江西省南昌市南昌县莲塘镇；送检单位：江西省农业科学院畜牧兽医研究所。

粗毛碎米荠 | 碎米荠属 *Cardamine*
Cardamine hirsuta L.

形态特征 一年生草本。无毛或疏生柔毛。茎高 6～25cm，1 条或多条，不分枝。基生叶有柄，单数羽状复叶，小叶 1～3 对，顶生小叶卵圆形，侧生小叶较小，歪斜，茎生小叶 2～3 对，狭倒卵形至条形，所有小叶上面及边缘有疏柔毛。总状花序在花时成伞房状，后延长，花白色，长 2.5～3mm，雄蕊 4～6 枚。长角果条形，长 18～25mm，宽约 1mm，近直展，裂瓣无脉，宿存花柱长约 0.5mm，果梗长 5～8mm；种子 1 行，长方形，褐色。

生境与分布 生于草坡或路旁，全省各地均有分布。

利用价值 嫩时为猪、羊饲料。

如意草 | 董菜属 *Viola*
Viola arcuata Blume

形态特征　地下茎很短。基生叶多，具长柄，宽心形、新月形，长可达 25cm（包括重片），边有浅波状圆齿，两面近于无毛；有时抽出几条纤弱茎，茎生叶少，疏列；托叶披针形或条状披针形，具疏锯齿。花较小，基生或在茎叶腋生，两侧对称，具长柄；萼片 5 片，披针形，基部附器半圆形，不显著；花瓣白色或淡紫色，5 片。果椭圆形，长约 8mm，无毛。

生境与分布　生于溪谷潮湿地、沼泽地、灌丛林缘，萍乡等地可见。

利用价值　全草可作猪、羊饲料。全草供药用，能清热解毒，可治疥疮、肿毒等症。

如意草开花期茎叶的化学成分

生育期	样品	干物质（%）	占干物质比例（%）						
			粗蛋白	粗脂肪	粗纤维	无氮浸出物	粗灰分	钙	磷
开花期	茎叶	95.74	5.53	1.08	8.57	22.49	58.06	0.18	0.13

采集地点：江西省萍乡市芦溪县新泉乡；送检单位：江西省农业科学院畜牧兽医研究所。

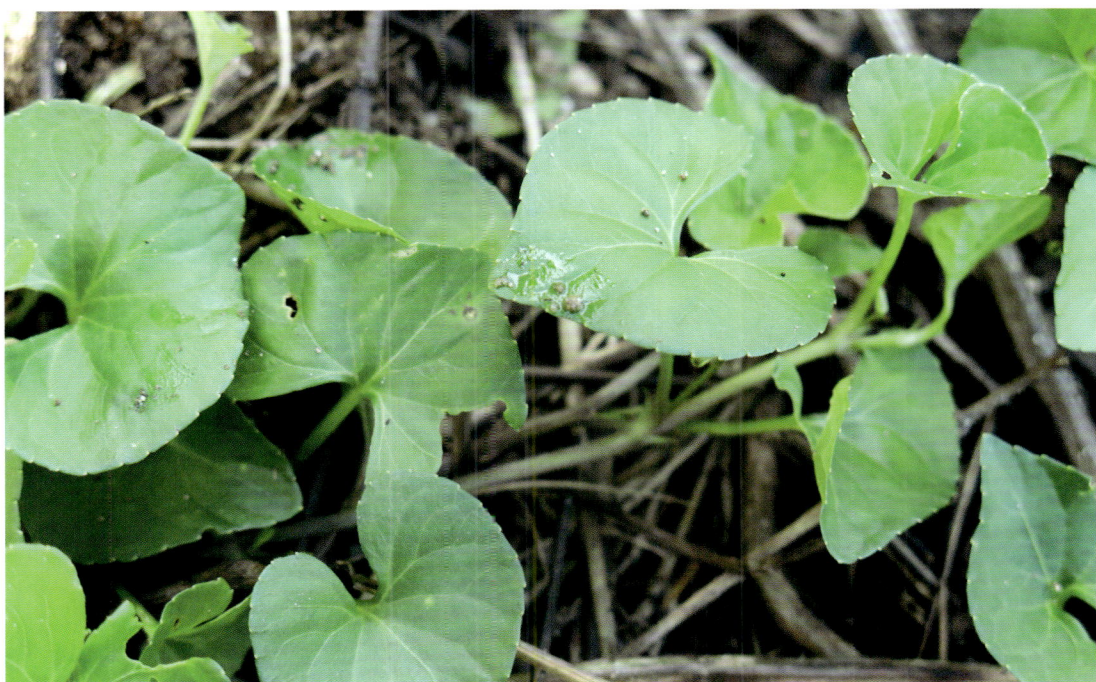

紫花地丁 | 董菜属 *Viola*
Viola philippica Cav.

形态特征	多年生草本。地下茎短，无匍匐枝。叶基生，长圆状披针形或卵状披针形，基部近截形或浅心形而稍下延于叶柄上部，顶端钝，长3～5cm，或下部叶三角状卵形，基部浅心形，托叶小，离生部分全缘。花两侧对称，具长柄，萼片5片，卵状披针形，基部附器短，长圆形，花瓣5片，淡紫色，距管状。常向顶部渐细，长4～5mm，直或稍下弯。果椭圆形，长约1.5mm，无毛。
生境与分布	生于田间、荒地、山坡草丛、林缘或灌丛中。在庭园较湿润处常形成小群落，全省常见。
利用价值	可作猪、羊饲料。全草供药用，能清热解毒、凉血消肿；嫩叶可作野菜；可作早春观赏花卉。

繁缕 | 繁缕属 *Stellaria*
Stellaria media (L.) Villars

形态特征　一年生草本。茎直立或平卧高 10～30cm，纤细，基部多分枝，茎上有一行短柔毛，其余部分无毛。叶卵形，长 0.5～2.5cm，宽 0.5～1.8cm，顶端锐尖，有或无叶柄。花单生叶腋或成顶生疏散的聚伞花序，花梗长约 3mm，花后不下垂，萼片 5 片，披针形，长 4mm，有柔毛，边缘膜质，花瓣 5 片，白色，比萼片短，2 深裂近基部，雄蕊 10 枚，子房卵形，花柱 3～4 个。蒴果卵形或长圆形，顶端 6 裂；种子黑褐色，圆形，密生纤细的突起。

生境与分布　生于林下、田间，全省各地均有分布。

利用价值　优良早春饲草，草质柔嫩，猪、牛、羊均喜食，鸡、鹅、鸭亦喜采食。茎、叶及种子供药用，嫩苗可食。

繁缕成熟期茎叶的化学成分

生育期	样品	干物质（%）	占干物质比例（%）						
			粗蛋白	粗脂肪	粗纤维	无氮浸出物	粗灰分	钙	磷
成熟期	全株	91.96	13.48	2.87	18.08	42.09	15.46	1.19	0.49

采集地点：江西省南昌市南昌县莲塘镇；送检单位：江西省农业科学院畜牧兽医研究所。

鹅肠菜 | 繁缕属 *Stellaria*
Stellaria aquatica (L.) Scop.

形态特征 一年生草本。高 50～80cm。茎多分枝。叶膜质，卵形或宽卵形，一般长 2.5～5.5cm，宽 1～3cm，顶端锐尖，基部近心形，叶柄长 5～10mm，疏生柔毛，上部叶常无柄或具极短柄。花顶生或单生叶腋，花梗细长，有毛，萼片 5 片，基部稍合生，外面有短柔毛，花瓣 5 片，白色，远长于萼片，顶端 2 深裂达基部，雄蕊 10 枚，比花瓣稍短，子房长圆形，花柱 5 个，丝状。蒴果 5 瓣裂，每瓣顶端再 2 裂；种子多数，近圆形，稍扁，褐色，有显著突起。

生境与分布 生于田间、路旁、园地或阴湿处，全省各地均有分布。

利用价值 猪、牛、禽的优良早春饲料。全草供药用，祛风解毒，外敷治疥疮；幼苗可作野菜。

鹅肠菜开花期茎叶的化学成分

生育期	样品	干物质（%）	占干物质比例（%）						
			粗蛋白	粗脂肪	粗纤维	无氮浸出物	粗灰分	钙	磷
开花期	茎叶	93.98	12.28	1.53	21.35	41.11	17.71	0.57	0.53

采集地点：江西省南昌市南昌县莲塘镇；送检单位：江西省农业科学院畜牧兽医研究所。

卷耳

卷耳属 *Cerastium*
Cerastium arvense subsp. *strictum* Gaudin

形态特征　一年生簇生草本。根茎细长，高 10～35cm。基部匍匐，上部直立，绿色并带淡紫红色，下部有下向柔毛，上部有腺毛，中部叶腋有狭叶。叶条状披针形或长圆状披针形，长 1～2.5cm，宽 1.5～4mm，有时稍宽，顶端尖，基部抱茎，疏生长柔毛。聚伞花序顶生，有 3～7 朵花，花梗细，密生白色腺毛；萼片 5 片，披针形，密生长柔毛，花瓣 5 片，白色，倒卵形，长为萼片的 2 倍或更长；雄蕊 10 枚，比花瓣短，花柱 5 个，丝形。蒴果长圆筒形，先端倾斜，有 10 齿；种子多数，褐色，肾形，略扁，有瘤状突起。

生境与分布　常生于平原、丘陵、低山、荒野路边、田边，中部和西部有分布。

利用价值　可作猪、羊饲料。有清热解毒之功效。

卷耳成熟期茎叶的化学成分

生育期	样品	干物质（%）	占干物质比例（%）						
			粗蛋白	粗脂肪	粗纤维	无氮浸出物	粗灰分	钙	磷
成熟期	茎叶	92.17	8.52	2.80	29.03	38.79	13.03	0.82	0.68

采集地点：江西南昌市南昌县莲塘镇；送检单位：江西省农业科学院畜牧兽医研究所。

粟米草

粟米草属 *Trigastrotheca*
Trigastrotheca stricta (L.) Thulin

形态特征　一年生草本。全体无毛。茎铺散，高 10～30cm，多分枝。基生叶成莲花状叶丛，长圆状披针形，至匙形，茎叶常 3～5 成假轮生，或对生。花梗长 2～6mm；萼片 5 片，宿存，椭圆形或近圆形，无花瓣，雄蕊 3 枚；子房上位，心皮 3 个，3 室。蒴果宽椭圆形或近球形，长约 2mm，3 瓣裂；种子多数，肾形，栗黄色，有多数粒状突起，无种阜。3 月生长，5～6 月结果，11 月后渐枯死。

生境与分布　生于空旷荒地、农田和海岸沙地，西北各地有分布。

利用价值　嫩时可作猪、羊饲料。全草可供药用，有清热解毒之功效，治腹痛泄泻、皮肤热疹、火眼及蛇伤。

图片由周建军提供

马齿苋 | 马齿苋属 Portulaca
Portulaca oleracea L.

形态特征　一年生草本。无毛。茎带紫色，通常匍匐。叶楔状长圆形或倒卵形。花3～5朵生枝顶端，直径3～4mm，无梗；苞片4～5片，膜质；萼片2片；花瓣5片，黄色；子房半下位，1室，柱头4～6裂。蒴果圆锥形，盖裂；种子多数，肾状卵形，直径不及1mm，黑色有小疣状突起。一般2月开始萌芽，7月最旺盛，秋季开花结果，冬月季枯死。

生境与分布　生于菜园、农田、路旁，全省各地均有分布。

利用价值　茎叶肥厚多汁，粗纤维多，养分丰富，且幼嫩、微带酸味，适口性好，猪最喜欢吃，生喂、熟喂、青贮、晒干或发酵均喜食，是一种优等饲料。全草供药用，有清热利湿、解毒消肿、消炎、止渴、利尿之功效；种子明目；可作兽药和农药；嫩茎叶可作蔬菜，味酸。

马齿苋现蕾期茎叶的化学成分

生育期	样品	干物质（%）	占干物质比例（%）						
			粗蛋白	粗脂肪	粗纤维	无氮浸出物	粗灰分	钙	磷
现蕾期	茎叶	92.56	21.95	3.42	17.88	40.06	9.25	0.24	0.01

采集地点：江西南昌市南昌县莲塘镇；送检单位：江西省农业科学院畜牧兽医研究所。

落葵薯

落葵薯属 *Anredera*
Anredera cordifolia (Tenore) Steenis

形态特征　缠绕藤本。根状茎粗壮。叶具短柄，叶片卵形至近圆形，长 2～6cm，宽 1.5～5.5cm，顶端急尖，基部圆形、心形，稍肉质，腋生小块茎（珠芽）。总状花序具多花，花序轴纤细，下垂；苞片狭，不超过花梗长度，宿存；花梗长 2～3mm，花托顶端杯状，花常由此脱落；下面 1 对小苞片宿存，宽三角形，急尖，透明，上面 1 对小苞片淡绿色，比花被短，宽椭圆形至近圆形；花被片白色，渐变黑，开花时张开，卵形、长圆形至椭圆形，顶端钝圆；雄蕊白色，花丝顶端在芽中反折，开花时伸出花外；花柱白色，分裂成 3 个柱头臂，每臂具 1 棍棒状或宽椭圆形柱头。果实、种子未见。花期 6～10 月。

生境与分布　生于菜园、路旁，南部和西部有分布。

利用价值　营养丰富，煮熟喂猪。牛羊采食。饲用价值良。嫩叶可作蔬菜；珠芽、叶及根供药用，有滋补、壮腰膝、消肿散瘀的功效，叶拔疮毒。

落葵薯开花期茎叶的化学成分

生育期	样品	干物质 (%)	占干物质比例（%）						
			粗蛋白	粗脂肪	粗纤维	无氮浸出物	粗灰分	钙	磷
开花期	茎叶	89.95	16.83	1.82	23.85	30.59	16.86	1.49	0.32

采集地点：江西省宜春市樟树市昌付镇；送检单位：江西省农业科学院畜牧兽医研究所。

野老鹳草

老鹳草属 *Geranium*
Geranium carolinianum L.

形态特征　一年生草本。根纤细。茎直立或仰卧，高 20～60cm，具棱角，密被倒向短柔毛。基生叶早枯，茎生叶互生或最上部对生；托叶披针形，外被短柔毛；茎下部叶具长柄；叶片圆肾形，长 2～3cm，宽 4～6cm，基部心形，掌状 5～7 裂近基部，裂片楔状倒卵形或菱形，下部楔形、全缘，上部羽状深裂，小裂片条状矩圆形，先端急尖，表面被短伏毛。花序腋生和顶生，长于叶，每总花梗具 2 花，顶生总花梗常数个集生，花序呈伞形状；苞片钻状，被短柔毛；萼片长卵形或近椭圆形，先端急尖；花瓣淡紫红色，倒卵形，稍长于萼，先端圆形，基部宽楔形，雄蕊稍短于萼片，中部以下被长糙柔毛；雌蕊稍长于雄蕊，密被糙柔毛。蒴果被短糙毛，果瓣由喙上部先裂向下卷曲。花期 4～7 月，果期 5～9 月。

生境与分布　生于平原和低山荒坡杂草丛中，全省各地均有分布。

利用价值　幼嫩时可作鹅、猪饲料。全草入药，有祛风收敛和止泻功效。

野老鹳草苗期茎叶的化学成分

生育期	样品	干物质（%）	占干物质比例（%）						
			粗蛋白	粗脂肪	粗纤维	无氮浸出物	粗灰分	钙	磷
苗期	全株	92.66	18.27	2.98	14.46	47.68	9.27	1.05	0.53

采集地点：江西省南昌市南昌县莲塘镇；送检单位：江西省农业科学院畜牧兽医研究所。

酢浆草 | 酢浆草属 *Oxalis*
Oxalis corniculata L.

形态特征　多年生草本。茎柔弱，常平卧，节上生不定根，被疏柔毛。叶柄细长，三小叶复叶，互生；小叶无柄，倒心形，长5～10mm，被柔毛，叶柄细长，长2～6.5cm，被柔毛。花1至数朵组成腋生的伞形花序，总花梗与叶柄等长；花黄色，长8～10mm；萼片5片，长圆形，顶端急尖，被柔毛；花瓣5片，倒卵形；雄蕊10枚，5长5短，花丝基部合生成筒；子房5室，柱头5裂。蒴果近圆柱形，长1～1.5cm，有5棱，被短柔毛，果熟后一动种子即跳出。3～4月生长，11～12月枯黄。

生境与分布　生于山坡草地、河谷沿岸、路边、田边、荒地或林下阴湿处等。全省各地有分布。

利用价值　嫩茎叶可作猪饲料，但牛羊食其过多可中毒致死。全草入药，能解热利尿、消肿散淤；茎叶含草酸，可用以磨镜或擦铜器，使其具光泽。

酢浆草开花期茎叶的化学成分

生育期	样品	干物质 (%)	占干物质比例 (%)						
			粗蛋白	粗脂肪	粗纤维	无氮浸出物	粗灰分	钙	磷
开花期	茎叶	94.13	15.07	2.36	29.97	19.51	27.22	0.45	0.44

采集地点：江西南昌市南昌县莲塘镇；送检单位：江西省农业科学院畜牧兽医研究所。

丁香蓼

丁香蓼属 *Ludwigia*
Ludwigia prostrata Roxb.

形态特征　一年生草本。茎近直立或下部斜升，高约 0.5m，具较多分枝，有纵棱，略带红紫，无毛或疏被短毛。叶互生，全缘，披针形或长圆状披针形；叶柄长 3～10mm。花两性，单生叶腋，黄色，无柄，基部有 2 小苞片；萼筒与子房合生，裂片 4 片，卵状披针形，长 2.5～3mm，外面略被短柔毛；花瓣 4 片，稍短于花萼裂片；雄蕊 4 枚，子房下位，花柱短。蒴果圆柱形，略具 4 棱，长 1.5～3cm，宽约 1.5mm，稍带紫色；成熟后，室背果皮成不规则破裂，具多数细小的棕黄色种子。4～5 月生长旺盛，11 月后枯死。

生境与分布　生于田间、水边及沼泽地和田埂内，南北各地有分布。

利用价值　猪的良好饲料，牛、羊也喜欢吃嫩枝和叶。

小二仙草

小二仙草属 *Gonocarpus*
Gonocarpus micranthus Thunberg

形态特征　多年生陆生草本。茎直立，高5～45cm，具纵槽，多分枝，带赤褐色。叶对生，卵形、卵圆形，长6～17mm，宽4～8mm，基部圆形，先端短尖或钝，边缘具稀疏锯齿，通常两面无毛，淡绿色，叶背带紫褐色，具短柄；茎上部的叶有时互生，逐渐缩小而变为苞片。花序为顶生的圆锥花序，由纤细的总状花序组成；花两性，极小，基部具1苞片与2小苞片；萼筒绿色，裂片较短，三角形；花瓣4，淡红色，比萼片长2倍；雄蕊8，花丝短，花药线状椭圆形；子房下位，2～4室。坚果近球形，无毛。花期4～8月，果期5～10月。

生境与分布　生于荒山草丛中，北部有分布。

利用价值　全草为羊的好饲料。全草入药，能清热解毒、利水除湿、散瘀消肿，治毒蛇咬伤。

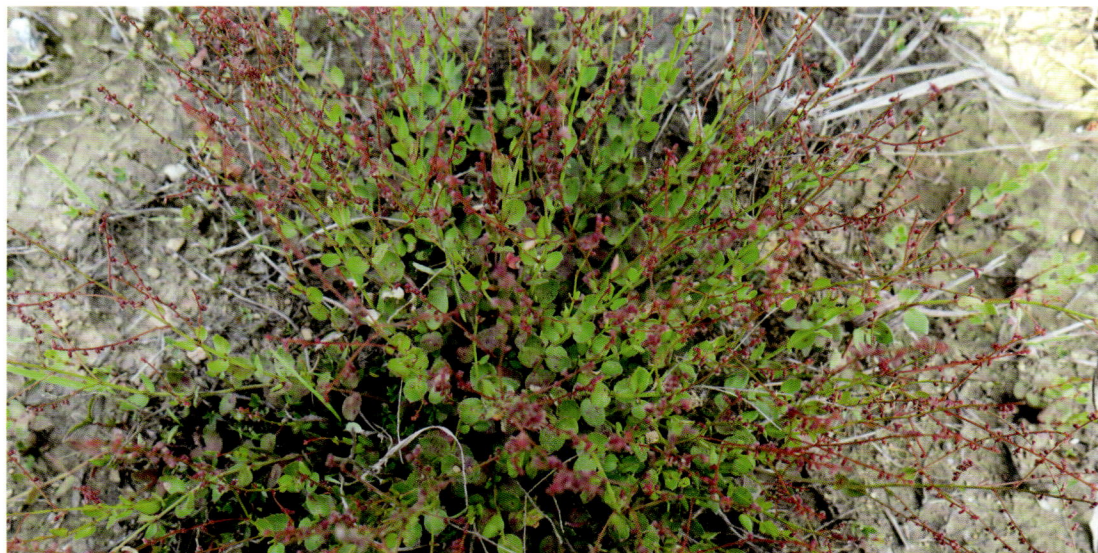

茅瓜 | 茅瓜属 *Solena*
Solena heterophylla Lour.

形态特征　块根纺锤形。茎草质，柔弱。卷须不分叉，叶柄有柔毛，长 5～15mm，叶片多型，变异极大。雌雄异株，多数雄花生于总花梗顶端，呈伞房状花序，总梗短，花梗长 2～8mm，花托钟状，长约 4mm，花萼裂片长 0.2～0.3mm，花冠黄色，有短柔毛，裂片三角形，长约 1.5mm，雄蕊 3 枚，花丝长 3mm，药室弧状弓曲，雌花单生，柄长 0.5～1cm，子房无毛或稍有毛，柱头 3 个。果实褐色，长圆状，长 2～5cm；种子倒卵形，稍膨胀，平滑。3～4 月生长，4～5 月结果，9～10 月枯死。

生境与分布　常生于山坡路旁、林下、杂木林中或灌丛中，南部各县和萍乡芦溪等地有分布。

利用价值　牛、羊、猪吃叶、嫩茎和果。块根药用，能清热解毒、消肿散结。

栝楼 | 栝楼属 Trichosanthes
Trichosanthes kirilowii Maxim.

形态特征 多年生攀缘草质藤本。块根圆柱状，灰黄色，茎攀缘。卷须分 2～5 叉；叶柄长 3～10cm；叶片轮廓近圆形，长宽均约 7～20cm，常 3～7 浅裂或中裂，稀深裂或不分裂而仅有不等大的粗齿。雌雄异株；雄花几朵生于长 10～20cm 的总花梗上部，呈总状花序或稀单生，苞片倒卵形或宽卵形，长 1.5～2cm，边缘有齿，花托筒状，长约 3.5cm，花萼裂片披针形，全缘，长 15mm 左右，花冠白色，裂片倒卵形，顶端流苏状，雄蕊 3 枚，花丝短，有毛，花药靠合，药室"S"形折曲，雌花单生，子房卵形，花柱 3 裂。果实近球形，黄褐色，光滑，具多数种子；种子压扁状。一般 3～4 月生长，9～10 月结果。

生境与分布 生于山坡林下、灌丛中、草地和村旁田边，全省各地均有分布。

利用价值 嫩茎叶可作猪饲料。根有清热生津、解毒消肿之功效，根中蛋白称天花粉蛋白，有引产作用，是良好的避孕药。果实、种子和果皮有清热化痰、润肺止咳、滑肠之功效。

栝楼营养期茎叶的化学成分

生育期	样品	干物质 (%)	占干物质比例 (%)						
			粗蛋白	粗脂肪	粗纤维	无氮浸出物	粗灰分	钙	磷
营养期	全株	94.27	18.19	5.18	22.94	31.62	16.34	2.82	0.39

采集地点：江西省萍乡市芦溪县新泉乡；送检单位：江西省农业科学院畜牧兽医研究所。

阔叶猕猴桃 | 猕猴桃属 *Actinidia*
Actinidia latifolia (Gardn. et Champ.) Merr.

形态特征　多年生木质藤本。幼枝及叶柄疏生灰褐色短柔毛，老枝变无毛；髓白色，片状。叶片厚纸质，宽卵形至长圆状披针形，顶端极尖至渐尖，基部圆形或微心形，老时叶面光滑，叶背有较密的灰白色或灰褐色星状短茸毛。花小直径约8mm，黄色，有时多数花组成聚伞花序，花被5，萼片及花柄有短绒毛；雄蕊多数；花柱丝状、多数。浆果近圆形或长圆形，成熟时无毛，有斑点。春季生长，冬季枯死。

生境与分布　生于山谷、疏林边或溪边，西部有分布。

利用价值　羊吃少量叶。

阔叶猕猴桃结实期叶的化学成分

生育期	样品	干物质（%）	占干物质比例（%）						
			粗蛋白	粗脂肪	粗纤维	无氮浸出物	粗灰分	钙	磷
结实期	叶片	90.98	12.11	2.98	36.84	31.51	7.53	0.91	0.26

采集地点：江西省萍乡市芦溪县新泉乡；送检单位：江西省农业科学院畜牧兽医研究所。

赤楠 | 蒲桃属 *Syzygium*
Syzygium buxifolium Hook. et Arn.

形态特征　多年生常绿灌木或小乔木。高 0.5～5m。分枝多，小枝四棱形。叶对生，革质，形状变异很大，椭圆形、倒卵形或狭倒卵形，通常长 1～3cm，宽 1～2cm，无毛，侧脉不明显，在近叶缘处汇合成一边脉。聚伞花序顶生或腋生，长 2～4cm，无毛，花白色，直径约 4mm；花萼倒圆锥形，长约 3mm，裂片短，花瓣 4 片，逐片脱落；雄蕊多数，长 3～4mm。浆果卵球形，直径 4～6mm，紫黑色。四季常青。

生境与分布　生于丘陵灌丛、坡地及林边，全省各地均有分布。

利用价值　羊吃少量叶。

赤楠的化学成分

占干物质比例（%）						
粗蛋白	粗脂肪	粗纤维	无氮浸出物	粗灰分	钙	磷
6.37	——	34.64	——	2.67	0.59	0.06

数据来源：余世俊.江西牧草 [M].北京：中国农业出版社，1997:222.

金锦香 | 金锦香属 *Osbeckia*
Osbeckia chinensis L.

形态特征　多年生半灌木或草本。茎直立，高 10～60cm，四棱形，有糙状毛。叶对生，条形至披针形，长 2～4cm，宽 3～7mm，两面生糙状毛，主脉 3～5 条，有短叶柄。头状花序顶生，2～10 朵花，基部有叶状总苞片 2～5 枚，苞片卵形；花两性，淡紫或白色；萼筒长 5～6mm，无毛，裂片 4 片，有睫毛，在裂片基部之间，有 4 条蜘蛛状的附属物；花瓣 4 片，长约 1cm，雄蕊 8 枚，等大，偏于一侧；花丝分离，内弯。花药顶端单孔开裂，有长喙，药隔基部下膨大；种子下位，顶端有侧毛 16 条，4 室。蒴果顶端开裂，种子多数，马蹄形弯曲。

生境与分布　生于荒山草坡、路旁、田地边或疏林下向阳处，全省各地均有分布。

利用价值　羊吃嫩叶。全草入药，能清热解毒、收敛止血，治痢疾止泻、蛇咬伤。

星毛金锦香 | 金锦香属 *Osbeckia*
Osbeckia stellata Buch.-Ham. ex D. Don

形态特征 多年生直立灌木。茎通常六棱形或四棱形，被疏平展刺毛。叶对生、3 枚轮生，叶片坚纸质，长圆状披针形至披针形，顶端渐尖，基部钝至近楔形，长 8～13cm，宽 2～3.7cm，全缘，具缘毛，基出脉 5，两面被疏糙伏毛；叶柄长 2～5mm，被毛。松散的聚伞花序组成圆锥花序，顶生，分枝上各节常仅有 1 花发育，似总状花序；苞片广卵形，两面无毛；花萼被极疏的刺毛及棍棒状肉质毛，裂片广披针形、卵状披针形，两面无毛，具缘毛；花瓣红色、紫红色，广卵形，顶端钝，具缘毛；雄蕊花丝较花药短，花药喙长为全长的 3/5，药隔基部微膨大呈盘状；子房长卵形，顶端具 1 圈短刚毛，上半部被疏短糙伏毛。蒴果长卵形，4 纵裂。花期 8～11 月，果期 11 月至翌年 1 月。

生境与分布 生于山坡疏林缘，西部和南部有分布。

利用价值 羊吃嫩叶。根或果实用于湿热泻痢，痰热咳喘，吐血，月经不调。

地菍 | 野牡丹属 *Melastoma*
Melastoma dodecandrum Lour.

形 态 特 征　多年生披散或匍匐状半灌木。茎分枝，下部伏地长 10～30cm。叶对生，卵形或椭圆形，仅上部边缘和叶背脉上生极疏的糙状毛。主脉 3～5 条；叶柄长 2～6mm，有毛。花两性，1～3 朵生于枝端，淡紫色；萼筒长 5～6mm，疏生糙状毛，裂片有 5 片，花瓣 5 片，长 1～1.4cm，雄蕊 10 枚，不等大，花药顶端单孔开裂，二型，5 枚较大，紫色，有延长且 2 裂的药隔，5 枚较小，黄色，基部有 2 个小瘤体，子房下位，5 室。果实稍肉质，不开裂，长约 7～9cm，生疏糙伏毛；种子多数，弯曲。

生境与分布　生于山坡矮草丛中，为酸性土壤常见的植物，南北各地有分布。

利 用 价 值　羊吃少量叶，果含鞣制，亦可食。果可食，亦可酿酒。全株供药用，有涩肠止痢、舒筋活血、补血安胎、清热燥湿等功效；捣碎外敷可治疮、痈、疽、疖；根可解木薯中毒。

地菍营养期茎叶的化学成分

生育期	样品	干物质（%）	占干物质比例（%）						
			粗蛋白	粗脂肪	粗纤维	无氮浸出物	粗灰分	钙	磷
营养期	茎叶	86.51	6.44	3.14	21.04	48.27	7.62	1.00	0.09

采集地点：江西省赣州市上犹县双溪乡；送检单位：江西省农业科学院畜牧兽医研究所。

异药花

肥肉草属 *Fordiophyton*
Fordiophyton faberi Stapf

形态特征　草本或亚灌木。茎高 30～80cm，四棱形，有槽，无毛，不分枝。叶片膜质，通常在一个节上的叶，大小差别较大，广披针形至卵形，稀披针形，顶端渐尖，基部浅心形，稀近楔形，长 5～14.5cm，宽 2～5cm，边缘具不甚明显的细锯齿，5 基出脉，叶面被紧贴的；微柔毛，基出脉微凸，侧脉不明显，背面几无毛或被极不明显的微柔毛及白色小腺点，基出，脉明显，隆起，侧脉及细脉不明显；叶柄长 1.5～4.3cm，常被白色小腺点，仅顶端与叶片连接处具短刺毛。不明显的聚伞花序或伞形花序，顶生，无毛，基部有 1 对叶，常早落；伞梗基部具 1 圈覆瓦状排列的苞片，苞片广卵形或近圆形，通常带紫红色，透明；花萼长漏斗形，具四棱，被腺毛及白色小腺点，具 8 脉，其中 4 脉明显，裂片长三角形或卵状三角形，顶端钝，被疏腺毛及白色小腺点，具腺毛状缘毛；花瓣红色或紫红色，长圆形，顶端偏斜，具腺毛状小尖头，外面被紧贴的疏糙伏毛及白色小腺点。蒴果倒圆锥形，顶孔 4 裂；宿存萼与蒴果同形，具不明显的 8 条纵肋，无毛，膜质冠伸出萼外，4 裂。花期 8～9 月，果期约 6 月。

生境与分布　生于林下、沟边或路边灌丛中，以及岩石上潮湿的地方，萍乡、赣州等地可见。

利用价值　可作猪饲料。可用叶揉搓后擦漆疮。

地耳草 | 金丝桃属 *Hypericum*
Hypericum japonicum Thunb.

形态特征　一年生草本。根多须状。茎披散或直立，高3～40cm，纤维，具四棱，基部近节处生细根。叶小，卵形，抱茎，长3～15mm，宽1.5～8mm，全缘。聚伞花序顶生；花小，黄色，萼片，花瓣各5片，几等长；花柱3个，分离。蒴果长圆形，长4mm。花果期全年。3～4月生长，5～6月旺盛，9～10月开花，11月后渐枯死。

生境与分布　生于田边、沟边、草地以及撂荒地上，全省各地均有分布。

利用价值　牛、羊、猪喜吃叶和嫩茎。全草入药，能清热解毒、止血消肿，治肝炎、跌打损伤以及疮毒。

黄花稔 | 黄花稔属 *Sida*
Sida acuta Burm. F.

形 态 特 征　一年生直立亚灌木状草本。高 1~2m。分枝多，小枝被柔毛至近无毛。叶披针形，长 2~5cm，宽 4~10mm，先端尖，基部钝，具锯齿，两面均无毛，叶面偶被单毛；叶柄长 4~6mm，疏被柔毛；托叶线形，与叶柄近等长，常宿存。花生于叶腋，被柔毛，中部具节；萼浅杯状，无毛，长约 6mm，下半部合生，裂片 5，尾状渐尖；花黄色，直径 8~10mm，花瓣倒卵形，先端圆，被纤毛。蒴果近圆球形，分果爿 4~9，但通常为 5~6，长约 3.5mm，顶端具 2 短芒，果皮具网状皱纹。花期冬春季。

生境与分布　常生于山坡灌丛间、路旁或荒坡，中部和南部常见。

利 用 价 值　牛羊可吃嫩茎叶。茎皮纤维供绳索料；根叶作药用，有抗菌消炎之功效。

黄花稔成熟期茎叶的化学成分

生育期	样品	干物质 (%)	占干物质比例 (%)						
			粗蛋白	粗脂肪	粗纤维	无氮浸出物	粗灰分	钙	磷
成熟期	全株	96.50	15.34	3.40	32.97	35.59	9.20	1.60	0.29

采集地点：江西省南昌市南昌县莲塘镇；送检单位：江西省农业科学院畜牧兽医研究所。

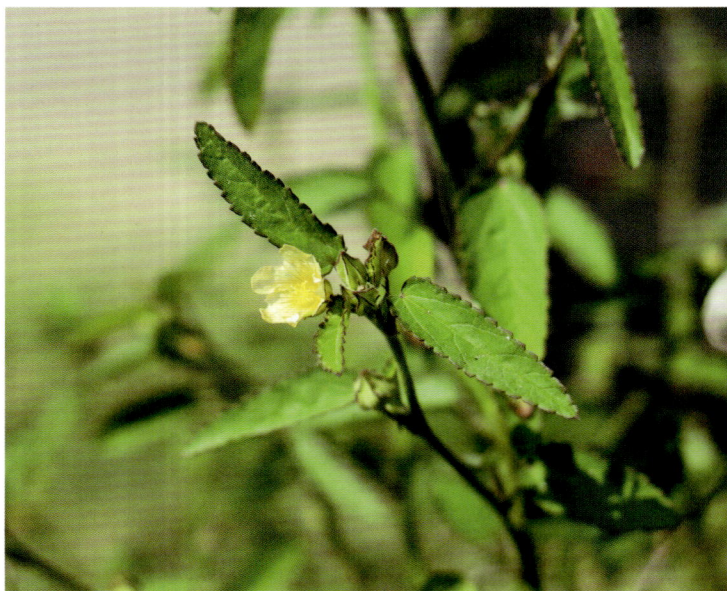

玫瑰茄 | 木槿属 *Hibiscus*
Hibiscus sabdariffa L.

形态特征 一年生直立草本。茎高达 2m，淡紫色，无毛。叶异型，下部的叶卵形，不分裂，上部的叶掌状 3 深裂，裂片披针形，长 2～8cm，宽 5～15mm，具锯齿，先端钝，基部圆形至宽楔形，两面均无毛，主脉 3～5 条，叶背中肋具腺；叶柄长 2～8cm，托叶线形，均疏被长柔毛。花单生于叶腋；小苞片 8～12，红色，肉质，披针形，疏被长硬毛，近顶端具刺状附属物，基部与萼合生；花萼杯状，淡紫色，疏被刺和粗毛，基部 1/3 处合生，裂片 5，三角状渐尖形；花黄色，内面基部深红色。蒴果卵球形，密被粗毛，果爿 5；种子肾形，无毛。花期夏秋间。

生境与分布 生于海拔 600m 以下的丘陵与平地，赣州、景德镇等地有栽培。

利用价值 茎叶可作粗饲料。嫩叶和叶柄作凉拌菜，花萼和小苞片肉质，味酸，常用以制果酱，种子可榨油食用。茎皮纤维坚韧，可制绳索；茎干的木质部分可作造纸原料；花可以入药，有利尿、促进胆汁分泌、降低血液黏度、降低血压和刺激肠壁蠕动之功效。具观赏价值。

玫瑰茄开花期茎叶的化学成分

生育期	样品	干物质（%）	占干物质比例（%）						
			粗蛋白	粗脂肪	粗纤维	无氮浸出物	粗灰分	钙	磷
开花期	嫩茎叶	91.41	19.14	6.04	16.03	42.37	7.83	1.86	0.32

采集地点：江西赣州于都县大陂乡；送检单位 江西省农业科学院畜牧兽医研究所。

地桃花 | 梵天花属 *Urena*
Urena lobata L.

形 态 特 征　一年生直立半灌木。高达 1m。叶互生，下部的近圆形，中部的卵形，上部的长圆形至披针形，长 4~7cm，宽 2~6cm，浅裂，叶面有柔毛，叶背有星状茸毛。花单生于叶腋，或稍丛生，淡红色，直径 1.5cm；花萼杯状，5裂，花瓣 5 片，倒卵形，外面有毛，雄蕊柱无毛；子房 5 室，花柱分枝 10个。果扁球形，直径 1cm；分果具钩状刺毛，成熟时与中轴分离。春季生长，冬季掉叶。

生境与分布　生于旷地、草坡、河滩，南北各地有分布。

利 用 价 值　羊吃少量叶。茎皮富含坚韧的纤维，供纺织和搓绳索，常用为麻类的代用品；根作药用，煎水点酒服可治疗白痢。

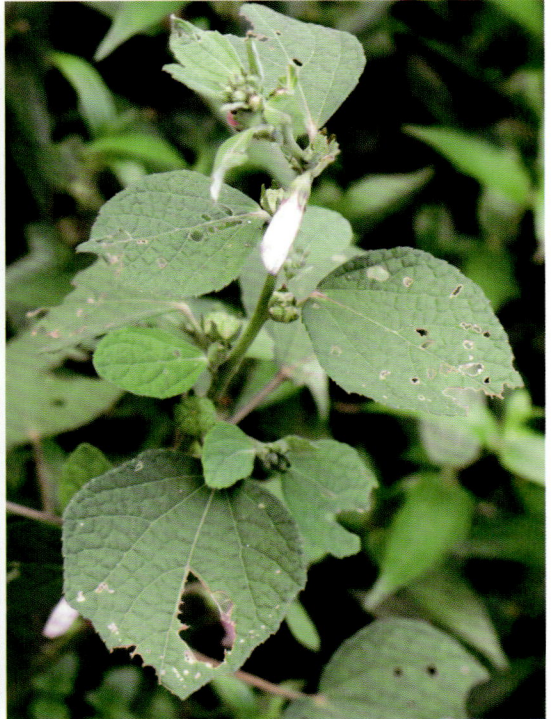

马松子 | 马松子属 *Melochia*
Melochia corchorifolia L.

形态特征　半灌木状草本。高 20～100cm，散生星状柔毛。叶卵形，狭卵形或三角披针形，基部圆形，截形或浅心形，边缘生小牙齿，叶背沿脉疏被柔毛；叶柄长 5～20mm，外面被毛，5 浅裂，花瓣 5 片，白色、浅紫色，雄蕊 5 枚，花丝大部合生成管，子房无柄，5 室，每室胚珠 2 个，花柱 5 个。蒴果近球形，直径 4～6mm，密被短毛，室背开裂。3～4 月生长，10～11 月枯死。

生境与分布　生于田野间或低丘陵地原野间，南北各地有分布。

利用价值　羊吃嫩叶。茎皮可与黄麻混纺以制麻袋。

马松子结实期茎叶的化学成分

生育期	样品	干物质 (%)	占干物质比例（%）						
			粗蛋白	粗脂肪	粗纤维	无氮浸出物	粗灰分	钙	磷
结实期	全株	95.46	12.42	3.25	30.23	39.17	10.39	1.46	0.25

采集地点：江西省景德镇市乐平市接渡镇；送检单位：江西省农业科学院畜牧兽医研究所。

甜麻 | 黄麻属 *Corchorus*
Corchorus aestuans L.

形 态 特 征　一年生草本。茎高约 1m，红褐色，稍被淡黄色柔毛；枝细长，披散。叶卵形或阔卵形，长 5～6.5cm，宽 3～4cm，顶端短渐尖或急尖，基部圆形，两面均有稀疏的长粗毛，边缘有锯齿，近基部一对锯齿往往延伸成尾状的小裂片，基出脉 5～7 条。花单独或数朵组成聚伞花序生于叶腋或腋外，花序柄或花柄均极短或近于无；萼片 5 片，狭窄长圆形，上部半凹陷如舟状，顶端具角，外面紫红色；花瓣 5 片，与萼片近等长，倒卵形，黄色；雄蕊多数，黄色；子房长圆柱形，被柔毛，花柱圆棒状，柱头如喙，5 齿裂。蒴果长筒形，具 6 条纵棱，其中 3～4 棱呈翅状突起，顶端有 3～4 条向外延伸的角，角二叉，成熟时 3～4 瓣裂，果瓣有浅横隔；种子多数。花期夏季。

生境与分布　生于荒地、路旁，全省常见。

利 用 价 值　嫩茎叶可饲用。纤维可作黄麻代用品，用作编织及造纸原料；嫩叶可供食用；入药可作清凉解热剂。

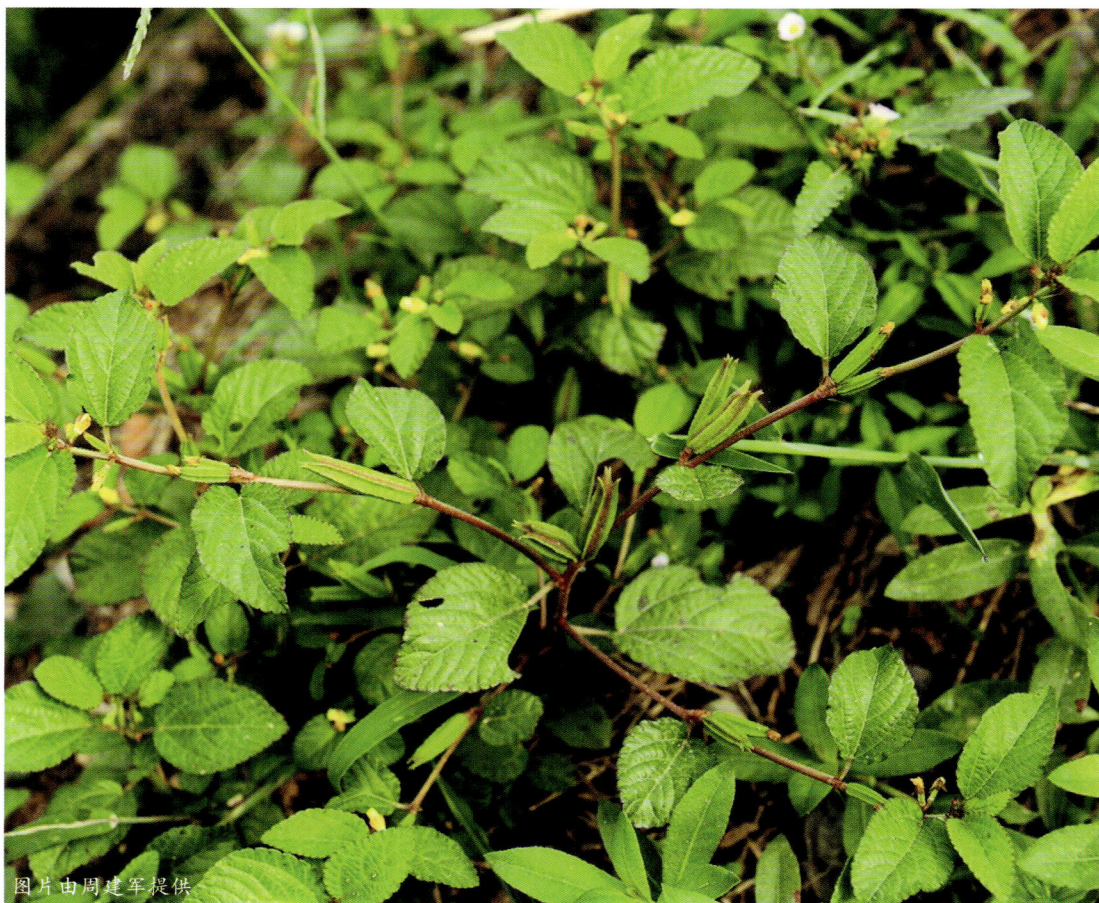

图片由周建军提供

田麻

田麻属 *Corchoropsis*
Corchoropsis crenata Siebold & Zucc.

形态特征 一年生草本。高 40~60cm；分枝有星状短柔毛。叶卵形或狭卵形，边缘有钝牙齿，两面均多少，密生星状短柔毛，基出脉 3 条；叶柄长 0.2~2.3cm；托叶钻形，长 2~4mm，脱落。花有细梗，单生于叶腋，直径 1.5~2cm；萼片 5 片，狭披针形，长约 5mm；花瓣 5 片，黄色，倒卵形；发育雄蕊 15 枚，每 3 个成一束，退化雄蕊 5 枚，与萼片对生，匙状条形，长约 1cm；子房生短绒毛。蒴果角状圆筒形，长 1.7~3cm，有星状柔毛。一般 3~4 月生长，6~7 月旺盛，10~11 月枯死。

生境与分布 生于丘陵低山及山坡多石处，全省各地均有分布。

利用价值 羊吃少量叶。

飞扬草

大戟属 *Euphorbia*
Euphorbia hirta L.

形态特征　一年生草本。披硬毛。通常基部分枝。枝常呈红色或紫色，匍匐或扩展。叶对生，披针状长圆形至卵形、卵状披针形，边缘多有锯齿，顶端锐尖，基部圆而扁斜，中央常有一紫色斑，两面被短毛，叶背及沿脉的毛较密。杯状花序多数密集成腋生头状花序，有短柄及花瓣状附属物。蒴果卵状三棱形，被伏短柔毛；种子卵状四棱形。

生境与分布　生于路旁、草丛、灌丛及山坡，多见于砂质土，全省各地均有分布。
利用价值　嫩时为猪饲料。

飞扬草的化学成分

占干物质比例（%）						
粗蛋白	粗脂肪	粗纤维	无氮浸出物	粗灰分	钙	磷
11.94	—	26.38	—	8.65	1.50	0.07

数据来源：余世俊.江西牧草[M].北京：中国农业出版社，1997:159～160.

通奶草 | 大戟属 Euphorbia
Euphorbia hypericifolia L.

形态特征　一年生草本。根纤细，长 10～15cm，直径 2～3.5mm，常不分枝，少数由末端分枝。茎直立，自基部分枝，高 15～30cm，直径 1～3mm，基本无毛。叶对生，狭长圆形、到卵形，长 1～2.5cm，宽 4～8mm，先端钝，基部圆形，通常偏斜，不对称，边缘全缘或基部以二具细锯

齿，叶面深绿色，叶背淡绿色，有时略带紫红色，两面被稀疏的柔毛；叶柄极短，长 1～2mm；托叶三角形，分离或合生。苞叶 2 枚，与茎生叶同型。花序数个簇生于叶腋或枝顶，每个花序基部具纤细的柄；总苞陀螺状；边缘 5 裂，裂片卵状三角形；腺体 4，边缘具白色或淡粉色附属物。雄花数枚，微伸出总苞外；雌花 1 枚，子房柄长于总苞；子房三棱状，无毛；花柱 3，分离；柱头 2 浅裂。蒴果三棱状，长约 1.5mm，直径约 2mm，无毛，成熟时分裂为 3 个分果爿；种子卵棱状，长约 1.2mm，直径约 0.8mm，每个棱面具数个皱纹，无种阜。花果期 8～12 月。

生境与分布　生于旷野荒地、路旁、灌丛及田间，九江等地有分布。

利用价值　嫩时为猪饲料。全草入药，通奶。

地锦草

大戟属 *Euphorbia*
Euphorbia humifusa Willd.

形态特征　一年生草本。根纤细，长 10~18cm，直径 2~3mm，常不分枝。茎匍匐，自基部以上多分枝，偶先端斜向上伸展，基部常红色或淡红色，被柔毛或疏柔毛。叶对生，矩圆形或椭圆形，长 5~10mm，宽 3~6mm，先端钝圆，基部偏斜，略渐狭，边缘常于中部以上具细锯齿；叶面绿色，叶背淡绿色，有时淡红色，两面被疏柔毛。花序单生于叶腋；总苞陀螺状，高与直径各约 1mm，边缘 4 裂，裂片三角形；腺体 4，矩圆形，边缘具白色或淡红色附属物。雄花数枚，近与总苞边缘等长；雌花 1 枚，子房柄伸出至总苞边缘；子房三棱状卵形，光滑无毛；花柱 3，分离；柱头 2 裂。蒴果三棱状卵球形，成熟时分裂为 3 个分果爿，花柱宿存；种子三棱状卵球形，灰色，每个棱面无横沟，无种阜。花果期 5~10 月。

生境与分布　生于荒地、路旁、田间、沙丘、河滩、山坡等地，全省各地均可见。

利用价值　可作猪、鹅饲料。全草入药，有清热解毒、利尿、通乳、止血及杀虫作用。

铁苋菜 | 铁苋菜属 *Acalypha*
Acalypha australis L.

形态特征 一年生草本。高 30~50cm。叶互生，薄纸质，椭圆形、椭圆形披针形或卵状菱形，基部有三出脉，长 2.5~8cm，宽 1.5~3.5cm，两面被疏柔毛或无毛。花单生，雌雄同序，无花瓣，穗状花序腋生，雌花萼片 3 片，子房 3 室，被疏毛，生于花序下端的叶状苞片内，苞片开展时肾形，长约 1cm，合时如蚌，边缘有锯齿，雄花多数生于花序上端，花萼 4 裂，裂片镊合状，雄蕊 8 枚，花药长圆形，弯曲，无退化子房及花盘。蒴果小，钝三棱状，直径 3~4mm。

生境与分布 生于旷野、麦地、菜地等处，南北各地可见。

利用价值 嫩时可作猪、羊饲料。药用，有清热解毒、利尿消肿、治痢止泻之功效。

铁苋菜现蕾期茎叶的化学成分

生育期	样品	干物质（%）	占干物质比例（%）						
			粗蛋白	粗脂肪	粗纤维	无氮浸出物	粗灰分	钙	磷
现蕾期	茎叶	95.55	15.73	3.77	17.84	41.37	16.84	2.73	0.42

采集地点：江西南昌市南昌县莲塘镇；送检单位：江西省农业科学院畜牧兽医研究所。

木薯 | 木薯属 *Manihot*
Manihot esculenta Crantz

形 态 特 征 直立灌木块根圆柱状。高 1.5～3m。叶纸质，轮廓近圆形，长 10～20cm，掌状深裂几达基部，裂片 3～7 片，倒披针形至狭椭圆形，长 8～18cm，宽 1.5～4cm，顶端渐尖，全缘，侧脉 (5～) 7～15 条；叶柄长 8～22cm，稍盾状着生，具不明显细棱；托叶三角状披针形，全缘或具 1～2 条刚毛状细裂。圆锥花序顶生或腋生，苞片条状披针形；花萼带紫红色且有白粉霜；雄花：花萼长约 7mm，裂片长卵形，近等大，内面被毛；雄蕊长 6～7mm，花药顶部被白色短毛；雌花：花萼长约 10mm，裂片长圆状披针形；子房卵形，具 6 条纵棱，柱头外弯，折扇状。蒴果椭圆状，表面粗糙，具 6 条狭而波状纵翅；种子长约 1cm，多少具三棱，种皮硬壳质，具斑纹，光滑。花期 9～11 月。

生 境 与 分 布 多栽培于红壤旱地，南部、东部有栽培。

利 用 价 值 叶片和木薯渣可作牛、羊、猪饲料。块根富含淀粉，是工业淀粉原料之一。

龙芽草 | 龙芽草属 Agrimonia
Agrimonia pilosa Ldb

形态特征　多年生草本。全部密生长柔毛。高达60cm，单数羽状复叶，小叶5~7，杂有小型小叶，无柄，椭圆状、倒卵形，边缘有锯齿，两面均疏生柔毛，托叶近卵形。顶生总状花序有多花，近无梗，苞片细小，常3裂；花黄色；萼筒外面有凹槽并有毛，顶端生一圈钩状刺毛，裂片5片；花瓣5片；雄蕊10枚；心皮2个。瘦果倒圆锥形，萼片宿存。一般2~3月生长，6~7月旺盛，11~12月枯萎。

生境与分布
利用价值　常生于溪边、路旁、草地、灌丛、林缘及疏林下，全省各地均有分布。嫩时猪、羊可吃茎叶。全草供药用，为收敛止血药，兼有强心作用；全株富含鞣质，可提制栲胶；可作农药，捣烂水浸液喷洒，有防治蚜虫及小麦锈病之功效。

小果蔷薇 | 蔷薇属 *Rosa*
Rosa cymosa Tratt.

形态特征 常绿木质藤本。长 2～5m；小枝纤细，有钩状刺。羽状复叶；小叶 3～7 片，卵状披针形或椭圆形，先端渐尖，基部近圆形，边缘具内弯的锐锯齿，两面无毛；叶柄和叶轴散生钩状皮刺；托叶条形，与叶分离、早落。花多数成伞房花序，花梗被柔毛；花白色，直径约 2cm，萼裂片卵状披针形，羽状；花瓣倒卵状长圆形，先端凹；花柱稍伸出花托口外。蔷薇果小，近球形，直径 4～6mm，红色。

生境与分布 多生于向阳山坡、路旁、溪边或丘陵地，全省各地均有分布。

利用价值 嫩时可作牛、羊饲料。

小果蔷薇结实期茎叶的化学成分

生育期	样品	干物质（%）	占干物质比例（%）						
			粗蛋白	粗脂肪	粗纤维	无氮浸出物	粗灰分	钙	磷
结实期	嫩枝叶	92.64	5.37	2.62	49.36	30.34	4.95	1.45	0.14

采集地点：江西省上饶市铅山县新滩乡；送检单位：江西省农业科学院畜牧兽医研究所。

野蔷薇 | 蔷薇属 *Rosa*
Rosa multiflora Thunb.

形态特征 攀缘灌木。小枝圆柱形，通常无毛，有短、粗稍弯曲皮束。小叶5~9，近花序的小叶有时3，连叶柄长5~10cm；小叶片倒卵形、长圆形，长1.5~5cm，宽8~28mm，边缘有尖锐单锯齿，稀混有重锯齿，叶面无毛，叶背有柔毛；托叶篦齿状，大部贴生于叶柄。花多朵，排成圆锥状花序；花直径1.5~2cm，萼片披针形，有时中部具2个线形裂片，外面无毛，内面有柔毛；花瓣白色，宽倒卵形，先端微凹，基部楔形；花柱结合成束，无毛，比雄蕊稍长。果近球形，直径6~8mm，红褐色、紫褐色，有光泽，无毛，萼片脱落。

生境与分布 生于山坡路旁灌木丛中，南北各地有分布。

利用价值 牛、羊吃叶。

野蔷薇营养期茎叶的化学成分

生育期	样品	干物质（%）	占干物质比例（%）						
			粗蛋白	粗脂肪	粗纤维	无氮浸出物	粗灰分	钙	磷
营养期	嫩枝叶	92.48	11.29	4.26	23.69	44.83	8.41	2.34	0.15

采集地点：江西省上饶市铅山县新滩乡；送检单位：江西省农业科学院畜牧兽医研究所。

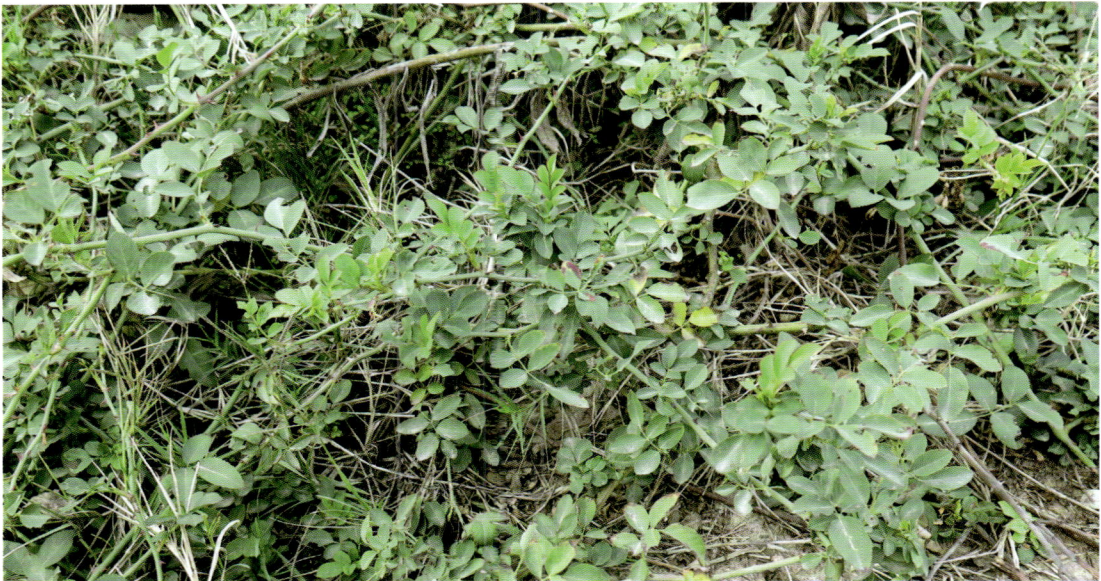

火棘 | 火棘属 *Pyracantha*
Pyracantha fortuneana (Maxim.) Li

形 态 特 征　常绿灌木。高达 3m。侧枝短，先端刺状，幼时被锈色短柔毛，后无毛。叶倒卵形，长 1.5~6cm，先端圆钝，有时具短尖头，基部楔形，下延至叶柄，有钝锯齿，齿尖内弯，近基部全缘。复伞房花序，花序梗和花梗近无毛。被丝托钟状，无毛，萼片三角状卵形；花瓣白色，近圆形；雄蕊 20；子房密被白色柔毛，花柱 5，离生。果近球形，径约 5mm，橘红色、深红色。花期 3~5 月，果期 8~11 月。

生境与分布　生于山地、丘陵阳坡、灌丛、草地或河边，赣南等地有分布。

利 用 价 值　山羊采食嫩叶，营养价值较高，适口性中等。也可作绿篱，果实可酿酒。

火棘营养期茎叶的化学成分

生育期	样品	干物质（%）	占干物质比例（%）						
			粗蛋白	粗脂肪	粗纤维	无氮浸出物	粗灰分	钙	磷
营养期	嫩枝叶	93.78	14.63	2.12	18.35	52.26	6.42	1.79	0.21

采集地点：江西南昌市南昌县莲塘镇；送检单位：江西省农业科学院畜牧兽医研究所。

小叶石楠 | 石楠属 *Photinia*
Photinia parvifolia (Pritz.) Schneid.

形 态 特 征　落叶灌木。高 1～3m。小枝红褐色，无毛，叶革质，椭圆形、椭圆状卵形或菱状卵形，先端渐尖或尾尖，基部宽楔形或近圆形，边缘有带腺锐锯齿，侧脉 4～6 对。伞形花序生于侧枝顶端，有 2～9 朵，无总花梗；花梗长 1～3.5cm，无毛，有疣点，花白色，直径 5～15mm，萼筒杯状，裂片卵形，花瓣圆形。梨果椭圆形、卵形，直径 5～7mm，橘红色、紫红色。

生境与分布　生于低山丘陵灌丛中，全省各地均有分布。

利 用 价 值　羊吃少量叶。根、枝、叶供药用，有行血止血、止痛之功效。

蛇莓 | 蛇莓属 Duchesnea
Duchesnea indica (Andr.) Focke

形态特征　多年生草本。有柔毛。茎长，匍匐。三出复叶，小叶片近无柄，菱状卵形或倒卵形，边缘具钝锯齿，两面散生柔毛，或叶面近于无毛。叶柄长 1～5cm，托叶卵披针形，有时 3 裂，有柔毛。花单生于叶腋，直径 1～1.8cm，花梗长 3～6cm，有柔毛；花托扁平，果期膨大为半圆形，海绵质，红色，副萼片 5 片，先端 3 裂，稀 5 裂，萼片卵状披针形，比副萼片小，均有柔毛；花瓣黄色，长圆形或倒卵形。瘦果小，长圆状卵形，暗红色。

生境与分布　生于山坡、河岸、草地、潮湿的地方，全省各地均有分布。

利用价值　牛、鹅等畜禽吃少量叶。全草药用，能散瘀消肿、收敛止血、清热解毒；茎叶捣敷治疗疮有特效，亦可敷蛇咬伤、烫伤、烧伤；果实煎服能治支气管炎；全草水浸液可防治农业害虫、杀蛆、除孑孓等。

蛇莓结实期茎叶的化学成分

生育期	样品	干物质（%）	占干物质比例（%）						
			粗蛋白	粗脂肪	粗纤维	无氮浸出物	粗灰分	钙	磷
结实期	茎叶	92.34	8.87	1.77	28.02	42.98	10.69	0.84	0.48

采集地点：江西南昌市南昌县莲塘镇；送检单位：江西省农业科学院畜牧兽医研究所。

茅莓 | 悬钩子属 *Rubus*
Rubus parvifolius L.

形态特征　小灌木。高约 1m。枝呈洪形弯曲，有短柔毛及倒生皮刺。单数羽状复叶，小叶 3 片，有时 5 片，顶端小叶菱状圆形至宽倒卵形，侧生小叶较小，宽倒卵形至楔状圆形，先端圆钝，基部宽楔形或近圆形，边缘浅裂和不整齐粗锯齿，上面疏生柔毛，叶背密生白色茸毛；叶柄长 5～12cm，和叶轴有柔毛及小皮刺；托叶条形。伞房花序有花 3～10 朵；总花梗和花梗密生茸毛；花红色或紫红色，直径 6～9mm。聚合果球形，直径 1.5～2cm，红色。

生境与分布　生于山坡杂木林下、向阳山谷、路旁或荒野，全省各地均有分布。

利用价值　牛、羊吃叶。果实酸甜多汁，可供食用、酿酒及制醋等；根和叶含单宁，可提取栲胶；全株入药，有止痛、活血、祛风湿及解毒之功效。

茅莓结实期茎叶的化学成分

生育期	样品	干物质（%）	占干物质比例（%）						
			粗蛋白	粗脂肪	粗纤维	无氮浸出物	粗灰分	钙	磷
结实期	全株	94.86	10.79	2.45	34.12	41.35	6.14	1.41	0.21

采集地点：江西省宜春市奉新县柳溪乡；送检单位：江西省农业科学院畜牧兽医研究所。

锈毛莓 | 悬钩子属 *Rubus*
Rubus refexns Ker.

形态特征　倾斜灌木藤本。枝叶、花序密生锈色茸毛，皮刺少数，散生，直或弯。叶纸质，卵形或长圆状卵形，3～5 裂至不裂，中裂片卵形或长圆形，长于侧裂片，先端锐尖，基部心形，边缘有尖锯齿，基生三出脉，网脉明显；叶柄粗，长 2～7cm，有皮刺；托叶长圆形，齿裂。总状花序短，腋生；苞片卵形，齿裂；花梗长 3～10mm；花白色，直径 8～10mm；萼裂片宽卵形，边缘有锯齿。聚合果球形，直径 1.5～2cm，红紫色或黑色。

生境与分布　生于山坡林下潮湿处，南北各地有分布。

利用价值　牛、羊吃叶和嫩枝。果酸甜，可食用。

锈毛莓营养期茎叶的化学成分

生育期	样品	干物质 (%)	占干物质比例 (%)						
			粗蛋白	粗脂肪	粗纤维	无氮浸出物	粗灰分	钙	磷
营养期	嫩枝叶	89.96	14.84	1.57	18.12	47.48	7.95	1.79	0.23

采集地点：江西抚州崇仁县相山镇；送检单位：江西省农业科学院畜牧兽医研究所。

三叶委陵菜 | 委陵菜属 *Potentilla*
Potentilla freyniana Bornm.

形 态 特 征　多年生草本。有纤匍枝或不明显。根分枝多，簇生。花茎纤细，直立或上升，高 8～25cm，被平铺或开展疏柔毛。基生叶掌状三出复叶，连叶柄长 4～30cm，宽 1～4cm；小叶片长圆形、卵形或椭圆形，顶端急尖或圆钝，基部楔形或宽楔形，边缘有多数急尖锯齿，两面绿色，疏生平铺柔毛，下面沿脉较密；茎生叶 1～2，小叶与基生叶小叶相似，唯叶柄很短，叶边锯齿减少；基生叶托叶膜质，褐色，外面被稀疏长柔毛，茎生叶托叶草质，绿色，呈缺刻状锐裂，有稀疏长柔毛。伞房状聚伞花序顶生，多花，松散，花梗纤细，长 1～1.5cm，外被疏柔毛；萼片三角卵形，顶端渐尖，副萼片披针形，顶端渐尖，与萼片近等长，外面被平铺柔毛；花瓣淡黄色，长圆倒卵形，顶端微凹或圆钝；花柱近顶生，上部粗，基部细。成熟瘦果卵球形，表面有显著脉纹。花果期 3～6 月。

生境与分布　生于山坡草地、溪边及疏林下阴湿处，全省各地可见。

利 用 价 值　可作牛、羊、猪饲料。根或全草入药，清热解毒，止痛止血，对金黄色葡萄球菌有抑制作用。

檵木 | 檵木属 *Loropetalum*
Loropetalum chinense (R. Br.) Oliver

形态特征 落叶灌木或小乔木。小枝有褐色星状毛。叶革质，卵形，长 2～5cm，宽 1.5～2.5cm，顶端锐尖，基部钝，不对称，全缘，叶背密生星状柔毛，侧脉约 5 对，叶柄长 2～5mm。花两性，3～8 朵簇生，苞片条形，长 3mm；萼筒有星状毛，萼齿 4，卵形，长 2mm，花瓣 4 片，白色，条形，长 1～2cm，雄蕊 4 枚，花丝极短，退化雄蕊与雄蕊互生，鳞片状，子房半下位，2 室，每室具 1 垂生胚珠；花柱 2 个，极短。蒴果木质，有星状毛，2 瓣裂开，每瓣 2 浅裂；种子长卵形，长 4～5mm，黑色光滑。

生境与分布 喜生于向阳的丘陵及山地，亦常出现在马尾松林及杉林下，全省各地均有分布。

利用价值 羊吃少量枝叶。叶用于止血。

檵木开花期茎叶的化学成分

生育期	样品	干物质 (%)	占干物质比例（%）						
			粗蛋白	粗脂肪	粗纤维	无氮浸出物	粗灰分	钙	磷
开花期	嫩枝叶	90.51	9.67	2.61	26.12	43.75	8.36	2.11	0.33

采集地点：江西南昌市南昌县莲塘镇；送检单位：江西省农业科学院畜牧兽医研究所。

垂柳 | 柳属 Salix
Salix babylonica L.

形态特征 乔木。高达 12～18m，树冠开展而疏散。树皮灰黑色，不规则开裂；枝细，下垂，淡褐黄色、淡褐色或带紫色，无毛。芽线形，先端急尖。叶狭披针形、线状披针形，长 9～16cm，宽 0.5～1.5cm，先端长渐尖，基部楔形，叶面绿色，叶背色较淡，边有锯齿；叶柄长 5～10mm，有短柔毛；托叶仅生在萌发枝上，斜披针形、卵圆形，边缘有齿牙。花序先叶开放，或与叶同时开放；雄花序长 1.5～2cm，有短梗，轴有毛；雄蕊 2 枚，花药红黄色；苞片披针形，外面有毛；雌花序长达 2～3cm，有梗，基部有 3～4 小叶，轴有毛；子房椭圆形，花柱短，柱头 2～4 深裂；苞片披针形，外面有毛。蒴果长 3～4mm，带绿黄褐色。花期 3～4 月，果期 4～5 月。

生境与分布 生于道旁、水边等，全省各地可见。

利用价值 叶可作羊饲料。优美的绿化树种；木材可供制家具；枝条可编筐；树皮可提制栲胶。

垂柳营养期茎叶的化学成分

生育期	样品	干物质（%）	占干物质比例（%）						
			粗蛋白	粗脂肪	粗纤维	无氮浸出物	粗灰分	钙	磷
营养期	嫩枝叶	89.97	20.82	2.6	16.83	42.17	7.54	1.73	0.36

采集地点：江西南昌市南昌县莲塘镇；送检单位：江西省农业科学院畜牧兽医研究所。

黄杨科 BUXACEAE

黄杨 | 黄杨属 *Buxus*
Buxus sinica (Rehd. et Wils.) Cheng

形态特征　灌木或小乔木。高 1~6m。枝圆柱形，有纵棱，灰白色；小枝四棱形，全面被短柔毛或外方相对两侧面无毛。叶革质，阔椭圆形、阔倒卵形、卵状椭圆形或长圆形，大多数长 1.5~3.5cm，宽 0.8~2cm，先端圆或钝，常有小凹口，不尖锐，基部圆或急尖或楔形，叶面光亮，中脉凸出，下半段常有微细毛，侧脉明显，叶背中脉平坦或稍凸出，全无侧脉。花序腋生，头状，花密集，花序轴被毛，苞片阔卵形．长 2~2.5mm；雄花：约 10 朵，无花梗，外萼片卵状椭圆形，内萼片近圆形，无毛。蒴果近球形。花期 3 月，果期 5~6 月。

生境与分布　多生于山谷、溪边、林下，全省各地可见。

利用价值　山羊采食；饲用价值中。可作绿篱。

黄杨营养期茎叶的化学成分

生育期	样品	干物质 (%)	占干物质比例 (%)						
			粗蛋白	粗脂肪	粗纤维	无氮浸出物	粗灰分	钙	磷
营养期	嫩枝叶	87.01	17.33	2.41	24.96	33.89	8.42	2.16	0.13

采集地点：江西省景德镇市乐平市接渡镇；送检单位：江西省农业科学院畜牧兽医研究所。

苦槠 | 锥属 Castanopsis
Castanopsis sclerophylla (Lindl. et Paxton) Schottky

形 态 特 征　常绿乔木。高5~15m。幼枝无毛。叶长椭圆形至卵状长椭圆形，先端渐尖或短渐尖，基部圆形至楔形，不等侧，边缘中部以上有锐齿，两面无毛，叶背灰绿色，侧脉10~14对；叶柄长1.5~2.5cm。雄花单生于总苞内，壳斗杯形，幼时全包坚果，老时包围3/5~4/5，苞片三角形，顶端针刺形，排列成4~6个同心环。坚果近球形，直径1.1~1.4cm，有深褐色细茸毛。

生境与分布　生于丘陵或山坡林中，常与杉、樟混生，村边、路旁时有栽培，南北各地有分布。

利 用 价 值　嫩叶片可喂羊，牛亦吃叶。种仁（子叶）是制粉条和豆腐的原料；干可作木材。

苦槠花前期叶的化学成分

生育期	样品	干物质（%）	占干物质比例（%）						
			粗蛋白	粗脂肪	粗纤维	无氮浸出物	粗灰分	钙	磷
花前期	叶片	95.66	9.09	2.19	32.36	47.70	4.31	1.00	0.09

采集地点：江西省南昌市南昌县莲塘镇；送检单位：江西省农业科学院畜牧兽医研究所。

白栎 | 栎属 *Quercus*
Quercus fabri Hance

形态特征 落叶乔木或灌木。高达20m。树皮灰褐色，深纵裂。小枝密生灰色至灰褐色茸毛。叶片倒卵形、椭圆状倒卵形，长7～15cm，宽3～8cm，顶端钝或短渐尖，基部楔形或窄圆形，叶缘具锯齿，幼时两面被灰黄色星状毛，侧脉每边8～12条，叶背支脉明显；叶柄长3～5mm，被棕黄色茸毛。雄花序长6～9cm，花序轴被茸毛，雌花序长1～4cm，生2～4朵花，壳斗杯形，包着坚果约1/3；小苞片卵状披针形，排列紧密，在口缘处稍伸出。坚果长椭圆形或卵状长椭圆形，直径0.7～1.2cm，高1.7～2cm，无毛，果脐突起。花期4月，果期10月。

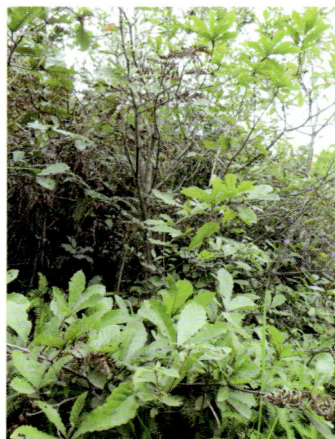

生境与分布 生于丘陵、山地杂木林中，全省各地可见。

利用价值 嫩叶片可喂羊，牛亦吃叶。木材为环孔材。

白栎结实期茎叶的化学成分

生育期	样品	干物质 (%)	占干物质比例 (%)						
			粗蛋白	粗脂肪	粗纤维	无氮浸出物	粗灰分	钙	磷
结实期	嫩枝叶	91.01	10.85	3.34	41.67	28.74	6.41	1.73	0.16

采集地点：江西省景德镇市乐平市接渡镇；送检单位：江西省农业科学院畜牧兽医研究所。

茅栗 | 栗属 *Castanea*
Castanea seguinii Dode

形 态 特 征 　落叶灌木或小乔木。高6～15m，常呈灌木状。幼枝有灰色茸毛；无顶芽。叶成2列，长椭圆形或倒卵状长椭圆形，先端短渐尖，基部圆形或略心形，边缘有锯齿，齿端尖锐或短芒状，叶面无毛，叶背有鳞片状腺毛，侧脉12～17对，直达齿端。雄花序穗状，直立，腋生；雌花常生于雄花序茎部。壳斗近球形，坚果常为3个，扁球形，褐色、直径1～1.5cm。

生境与分布 　生于丘陵山地，较常见于山坡灌木丛中，与阔叶常绿或落叶树混生，全省各地均有分布。

利 用 价 值 　羊吃少量叶。果较小，但味较甜。

茅栗成熟期叶的化学成分

生育期	样品	干物质（%）	占干物质比例（%）						
			粗蛋白	粗脂肪	粗纤维	无氮浸出物	粗灰分	钙	磷
成熟期	叶片	95.48	4.82	3.86	34.12	40.70	11.98	0.63	0.15

采集地点：江西省景德镇市乐平市接渡镇；送检单位：江西省农业科学院畜牧兽医研究所。

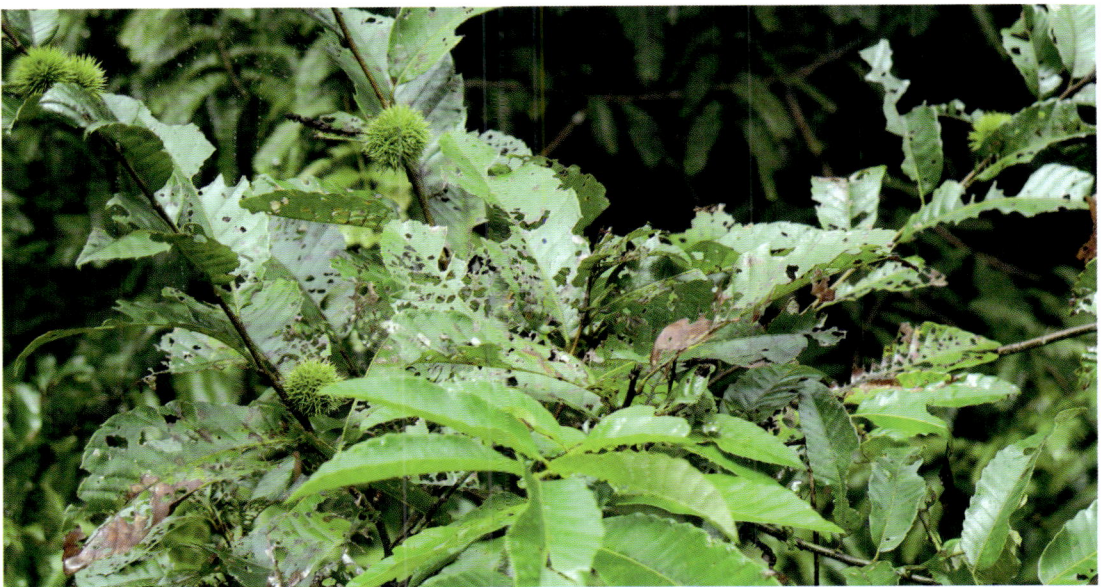

榆树 | 榆属 *Ulmus*
Ulmus pumila L.

形态特征　落叶乔木。高达25m，在干瘠之地长成灌木状。幼树树皮平滑，灰褐色、浅灰色，大树之皮暗灰色，不规则深纵裂，粗糙。小枝淡黄灰色、淡褐灰色、灰色，有散生皮孔，无膨大的木栓层及凸起的木栓翅。冬芽近球形、卵圆形，芽鳞背面无毛，内层芽鳞的边缘具白色长柔毛。叶椭圆状卵形、长卵形、椭圆状披针形、卵状披针形，长2～8cm，宽1.2～3.5cm，先端渐尖或长渐尖，基部偏斜或近对称，一侧楔形至圆，另一侧圆至半心脏形；叶面平滑无毛，叶背幼时有短柔毛，后变无毛或部分脉腋有簇生毛，边缘具重锯齿或单锯齿，侧脉每边9～16条；叶柄长4～10mm，通常仅上面有短柔毛。花先叶开放，在去年生枝的叶腋成簇生状。翅果近圆形，稀倒卵状圆形，除顶端缺口柱头面被毛外，余处无毛。

图片由刘冰提供

生境与分布　生于山坡、山谷、川地、丘陵及沙岗等处，全省各地可见。

利用价值　叶可作饲料。树干供家具、车辆、农具、器具、桥梁、建筑等用；亦可作面、醋等原料；枝皮纤维可制绳索、麻袋或作人造棉与造纸原料；幼嫩翅果可供医药和轻、化工业用；树皮、叶及翅果均可药用，能安神、利小便。

榆树叶果后期叶的化学成分

生育期	样品	干物质（%）	占干物质比例（%）						
			粗蛋白	粗脂肪	粗纤维	无氮浸出物	粗灰分	钙	磷
果后期	叶片	32.8	24.7	18.3	11.6	36.9	8.5	1.62	0.12

数据来源：《中国饲用植物志》编委会．中国饲用植物志（第1卷）[M]．北京，农业出版社，1987:469．

薜荔

榕属 *Ficus*
Ficus pumila Linn.

形态特征 攀缘或匍匐灌木。高达30m，折断有乳汁。幼时以气根附生于墙上或树上。叶二型，在不生花序托的枝上的叶小而薄，心状卵形，在生花序的枝上叶大而厚，卵状椭圆形；叶面无毛，叶背有短柔毛，侧脉5~6对，叶面下陷，叶背隆起，网状脉明显，叶柄粗壮，密生棕褐色细毛。花小，单生，雌雄异株，多数小花着生于花托内面；花托极大，有短柄，单生于叶腋，梨形或倒卵形，秃净。瘦果圆球形，褐色。

生境与分布 生于山林或村旁树木上，或城墙、房屋等墙壁上，全省各地均有分布。

利用价值 幼嫩时，牛、羊喜吃。瘦果可作凉粉食用，藤叶药用。

薜荔营养期茎叶的化学成分

生育期	样品	干物质（%）	占干物质比例（%）						
			粗蛋白	粗脂肪	粗纤维	无氮浸出物	粗灰分	钙	磷
营养期	嫩枝叶	89.13	8.02	4.72	28.18	36.81	11.40	2.12	0.22

采集地点：江西省赣州市龙南县九连山；送检单位 江西省农业科学院畜牧兽医研究所。

琴叶榕 | 榕属 *Ficus*
Ficus pandurata Hance

形 态 特 征　常绿小灌木。高 1～2m。小枝幼时生短柔毛，后变无毛，叶互生，纸质，提琴形或倒卵形，先端突尖，基部圆形或宽楔形，中部收缩或窄腰形，两面均无毛或背面脉上有疏毛，背面有突起小点，被粗毛。花托单生于叶腋内，有短柄，卵形或梨形，平滑无毛，基部突然收缩而成一极短的柄，成熟时变黑色，下有卵形的小苞片 3 枚，雄花和瘿花同生于一花序内，雌花生于另一花序托内，花被 4 片，花柱侧生。花期 6～7 月，11 月后渐掉叶。

生境与分布　生于河畔、池旁及溪沟边灌丛中，全省各地均有分布。

利 用 价 值　嫩时牛、羊喜吃。根有舒筋活血之功效。

桑 桑属 *Morus*
Morus alba L.

形态特征 乔木或灌木。高 3～10m，胸径可达 50cm。树皮厚，灰色，具不规则浅纵裂；冬芽红褐色，卵形，芽鳞覆瓦状排列，灰褐色，有细毛；小枝有细毛。叶卵形、广卵形，长 5～15cm，宽 5～12cm，先端急尖、渐尖、圆钝，基部圆形至浅心形，边缘锯齿粗钝，有时叶为各种分裂，叶面鲜绿色，无毛，叶背沿脉有疏毛，脉腋有簇毛；叶柄长 1.5～5.5cm，具柔毛；托叶披针形，早落，外面密被细硬毛。花单性，腋生或生于芽鳞腋内；雄花序下垂，密被白色柔毛，雄花。花被片宽椭圆形，淡绿色。花丝在芽时内折，花药 2 室，球形至肾形，纵裂；雌花序长 1～2cm，被毛，总花梗长 5～10mm 被柔毛，雌花无梗，花被片倒卵形，顶端圆钝，外面和边缘被毛，两侧紧抱子房，元花柱，柱头 2 裂，内面有乳头状突起。聚花果卵状椭圆形，长 1～2.5cm，成熟时红色或暗紫色。花期 4～5 月，果期 5～8 月。

生境与分布 生于房前屋后、田边、路旁、荒地等处，全省各地均有分布。

利用价值 叶为养蚕的主要饲料，也是猪、牛、羊、鹅的优质饲草料。营养价值优良，适口性好，饲用价值优。树皮纤维柔细，可作纺织原料、造纸原料；根皮、果实及枝条入药。木材坚硬，可制家具、乐器、雕刻等。可酿酒，称桑子酒。

桑叶营养期茎叶的化学成分

生育期	样品	干物质（%）	占干物质比例（%）						
			粗蛋白	粗脂肪	粗纤维	无氮浸出物	粗灰分	钙	磷
营养期	嫩枝叶	87.25	17.11	4.13	10.03	42.30	13.68	3.41	0.21

采集地点：江西南昌市南昌县莲塘镇；送检单位：江西省农业科学院畜牧兽医研究所。

构

构属 *Broussonetia*

Broussonetia papyrifera (Linn.) L'Hér. ex Vent.

形态特征 落叶乔木。高达 16m，有乳汁。叶宽卵形至长圆状卵形，不分裂或不规则的 3～5 深裂，边缘有粗锯齿，叶面有糙毛，叶背密生柔毛，三出脉。花单性，雌雄花异株，雄花序柔荑状，雌花序头状，雄花花被片和雄蕊 4 枚，雌花苞片棒状，先端有毛，花被管状，花柱侧生，丝状。聚花果球形，肉质，红色。4～11 月为利用期，11 月后渐枯黄。

生境与分布 生于山坡灌丛中或林下，全省各地均有分布。

利用价值 嫩叶营养成分丰富，特别是粗蛋白含量接近紫花苜蓿。牛、羊、猪采食其嫩叶。低矮时放牧采食，高树只能人工刈割利用。韧皮纤维可作造纸材料，果实及根、皮可供药用。

构结实期、营养期叶的化学成分

生育期	样品	干物质 (%)	占干物质比例 (%)						
			粗蛋白	粗脂肪	粗纤维	无氮浸出物	粗灰分	钙	磷
结实期	叶片	93.91	22.27	6.46	14.05	34.05	17.08	3.41	0.33
营养期	叶片	90.13	24.37	2.62	13.25	37.36	12.53	2.91	0.36

采集地点：江西省南昌市南昌县莲塘镇；送检单位：江西省农业科学院畜牧兽医研究所。

楮

构属 *Broussonetia*
Broussonetia kazinoki Sieb.

形态特征 灌木。高 2~4m。小枝斜上，幼时被毛，成长脱落。叶卵形至斜卵形，长 3~7cm，宽 3~4.5cm，先端渐尖至尾尖，基部近圆形或斜圆形，边缘具三角形锯齿，不裂或 3 裂，表面粗糙，背面近无毛；叶柄长约 1cm；托叶小，线状披针形，渐尖，长 3~5mm，宽 0.5~1mm。花雌雄同株；雄花序球形头状，直径 8~10mm，雄花花被 3~4 裂，裂片三角形，外面被毛，雄蕊 3~4 枚，花药椭圆形；雌花序球形，被柔毛，花被管状，顶端齿裂，或近全缘，花柱单生，仅在近中部有小突起。聚花具球形，直径 8~10mm；瘦果扁球形，外果皮壳质，表面具瘤体。花期 4~5 月，果期 5~6 月。

生境与分布 多生于低山地区山坡林缘、沟边、住宅近旁，全省各地可见。

利用价值 牛、羊、猪采食其嫩叶。韧皮纤维可以造纸。

柘

橙桑属 *Maclura*

Maclura tricuspidata Carriere

形态特征　落叶灌木或小乔木。高 1～7m。树皮灰褐色，小枝无毛，略具棱，有棘刺，刺长 5～20cm。冬芽赤褐色。叶卵形或菱状卵形，偶为三裂，长 5～14cm，宽 3～6cm，先端渐尖，基部楔形至圆形，表面深绿色，背面绿白色，无毛或被柔毛，侧脉 4～6 对；叶柄长 1～2cm，被微柔毛。雌雄异株，雌雄花序均为球形头状花序，单生或成对腋生，具短总花梗；雄花序直径 0.5cm，雄花有苞片 2 枚，附着于花被片上，花被片 4 片，肉质，先端肥厚，内卷，内面有黄色腺体 2 个，雄蕊 4 枚，与花被片对生，花丝在花芽时直立，退化雌蕊锥形；雌花序直径 1～1.5cm，花被片与雄花同数，花被片先端盾形，内卷，内面下部有 2 个黄色腺体，子房埋于花被片下部。聚花果近球形，直径约 2.5cm，肉质，成熟时橘红色。花期 5～6 月，果期 6～7 月。

生境与分布　生于阳光充足的山地或林缘，南昌、赣州等地可见。

利用价值　嫩叶可以养幼蚕，也可饲养鹅等畜禽。茎皮纤维可以造纸；根皮药用；果可生食或酿酒；木材可以作家俱用或作黄色染料；也可作绿篱树种。

荨麻 | 荨麻属 *Urtica*
Urtica fissa E. Pritz.

形态特征　多年生草本。有横走的根状茎。茎自基部多出，高40～100cm，四棱形，密生刺毛和被微柔毛，分枝少。叶近膜质，宽卵形、椭圆形、五角形，长5～15cm，宽3～14cm，先端渐尖、锐尖，基部截形、心形，边缘有5～7对浅裂片或掌状3深裂，裂片自下向上逐渐增大，三角形、长圆形，长1～5cm，先端锐尖或尾状，边缘有数枚不整齐的牙齿状锯齿；叶面绿色、深绿色，疏生刺毛和糙伏毛，叶背浅绿色，被稍密的短柔毛，在脉上生较密的短柔毛和刺毛，基出脉5条，上面一对伸达中上部裂齿尖，侧脉3～6对；托叶草质，绿色，2枚在叶柄间合生，宽矩圆状卵形至矩圆形，先端钝圆，被微柔毛和钟乳体，有纵肋10～12条。雌雄同株，雌花序生上部叶腋，雄的生下部叶腋；花序圆锥状，具少数分枝；雄花具短梗；花被片4片；退化雌蕊碗状，无柄，常白色透明；雌花小，几乎无梗。瘦果近圆形，稍双凸透镜状，表面有带褐红色的细疣点。花期8～10月，果期9～11月。

生境与分布　生于山坡、路旁或住宅旁半阴湿处，南北各地可见。

利用价值　叶和嫩枝营养价值高，叶和嫩枝煮后可作饲料。适口性中，饲用价值中。茎皮纤维可供纺织用；全草入药，有祛风除湿和止咳之功效。

荨麻营养期茎叶的化学成分

生育期	样品	干物质（%）	占干物质比例（%）						
			粗蛋白	粗脂肪	粗纤维	无氮浸出物	粗灰分	钙	磷
营养期	茎叶	90.68	19.26	3.25	18.11	31.69	18.37	5.52	0.27

采集地点：江西省南昌市南昌县莲塘镇；送检单位：江西省农业科学院畜牧兽医研究所。

雾水葛 | 雾水葛属 *Pouzolzia*
Pouzolzia zeylanica (L.) Benn.

形态特征　多年生草本。茎直立或渐升，高 12～40cm。通常在基部或下部有 1～3 对对生的长分枝，枝条不分枝或有少数极短的分枝，有短伏毛。叶对生，叶片草质，卵形或宽卵形，长 1.2～3.8cm，宽 0.8～2.6cm，顶端短渐尖或微钝，基部圆形，边缘全缘，两面有疏伏毛。团伞花序通常两性；苞片三角形，顶端骤尖，背面有毛；雄花有短梗：花被片 4 片，狭长圆形、长圆状倒披针形，基部稍合生，外面有疏毛，雄蕊 4 枚，退化雌蕊狭倒卵形；雌花：花被椭圆形或近菱形，顶端有 2 小齿，外面密被柔毛，果期呈菱状卵形。瘦果卵球形，长约 1.2mm，淡黄白色，上部褐色，或全部黑色，有光泽。

生境与分布　生于平地的草地上、田边、丘陵或低山的灌丛中或疏林中、沟边，全省各地可见。

利用价值　茎、叶可煮熟喂猪。

图片由李西贝阳提供

序叶苎麻 | 苎麻属 *Boehmeria*
Boehmeria clidemioides var. *diffusa* (Wedd.)Hand.-Mazz.

形态特征 多年生草本或亚灌木。茎常多分枝，上部多少密被短伏毛。叶互生。上部的叶有时近对生，同一对叶常不等大，叶片纸质或草质，卵形、狭卵形、长圆形，长5~14cm，宽2.5~7cm，顶端长渐尖或骤尖，基部圆形，稍偏斜，边缘自中部以上有小或粗牙齿，两面有短伏毛，上面常粗糙，基出脉3条，侧脉2~3对；叶柄长0.7~6.8cm。穗状花序单生叶腋，通常雌雄异株，顶部有2~4叶；叶菱卵形；团伞花序直径2~3mm，除在穗状花序上着生外，也常生于叶腋。雄花无梗：花被片4，椭圆形，下部合生，外面有疏毛；雄蕊4；退化雌蕊椭圆形。雌花：花被椭圆形或狭倒卵形，顶端有2~3小齿，外面上部有短毛。花期6~8月。

生境与分布 生于丘陵或低山山谷林中、林边、灌丛中、草坡或溪边，全省各地可见。
利用价值 叶可饲猪。

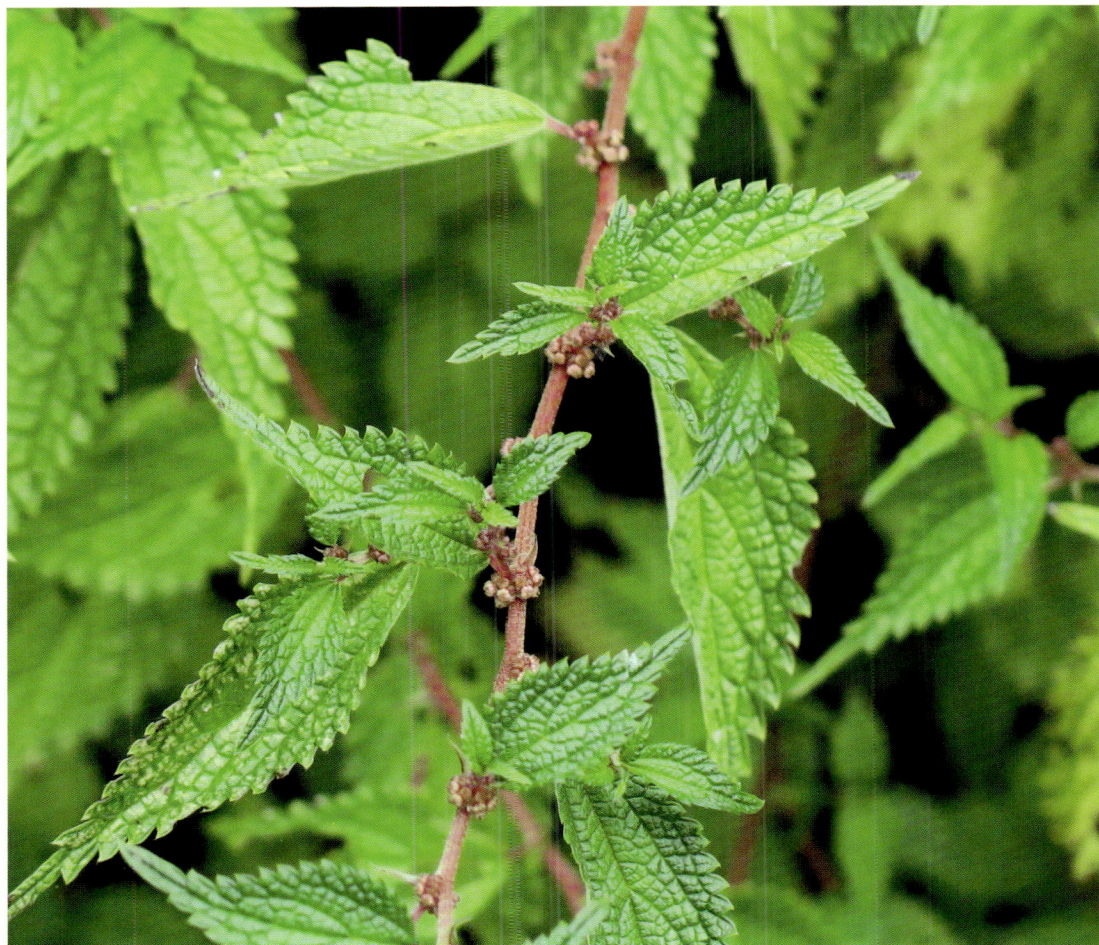

苎麻 | 苎麻属 *Boehmeria*
Boehmeria nivea (L.) Gaudich.

形态特征 亚灌木或灌木。高 0.5～1.5m。茎上部与叶柄均密被开展的长硬毛和近开展和贴伏的短糙毛。叶互生；叶片草质，通常圆卵形或宽卵形，少数卵形，长 6～15cm，宽 4～11cm，顶端骤尖，基部近截形或宽楔形，边缘在基部之上有牙齿，上面稍粗糙，疏被短伏毛，下面密被雪白色毡毛，侧脉 3 对；叶柄长 2.5～9.5cm；托叶分生，钻状披针形，叶背被毛。圆锥花序腋生；雄花：花被片 4 片，狭椭圆形，长约 1.5mm，合生至中部，顶端急尖，外面有疏柔毛，雄蕊 4 枚，退化雌蕊狭倒卵球形，顶端有短柱头；雌花：花被椭圆形，顶端有 2～3 小齿，外面有短柔毛，果期菱状倒披针形，柱头丝形。瘦果近球形，长约 0.6mm，光滑，基部突缩成细柄。花期 8～10 月。

生境与分布 生于山谷林边或草坡，全省各地可见。

利用价值 嫩叶可养蚕，作饲料。茎皮可作纺织原料；根、叶可入药，种子可榨油，供制肥皂和食用。

苎麻开花期、营养期叶的化学成分

生育期	样品	干物质 (%)	占干物质比例（%）						
			粗蛋白	粗脂肪	粗纤维	无氮浸出物	粗灰分	钙	磷
开花期	叶片	95.20	20.25	2.47	19.84	37.50	15.14	3.55	0.21
营养期	嫩叶片	92.53	24.68	3.60	16.71	30.83	16.71	2.23	0.99

采集地点：江西省南昌市南昌县莲塘镇；送检单位：江西省农业科学院畜牧兽医研究所。

悬铃叶苎麻 | 苎麻属 *Boehmeria*
Boehmeria platcnifolia Franch.et Savatier

形态特征 多年生亚灌木。茎高 1～1.5m，密生短粗毛，叶对生；叶片坚纸质，轮廓近圆形、宽卵形，长 6～14cm，宽 5～17cm，先端三骤尖，基部宽楔形、截形，边缘生粗牙齿，上部的牙齿常为重出，叶面粗糙，两面均生短粗毛；叶柄长 1～9cm。雌花序长 15cm；雌花簇直径约 2.5mm。瘦果狭倒卵形，或狭椭圆形，长约 1mm，生短硬毛，宿存花序丝形。一般春季萌芽，冬季枯黄。

生境与分布 生于山地沟边或林边，全省各地可见。

利用价值 叶可作猪、羊饲料。

糯米团

糯米团属 *Gonostegia*
Gonostegia hirta (Bl.) Miq.

形态特征 多年生草本。茎渐升或外倾，长达1m左右，通常分枝，有短柔毛。叶对生，具短柄或无柄，狭卵形、披针形或卵形，先端渐尖或长渐尖，基部浅心形，叶面稍粗糙，基生脉3条。雌雄同株；花淡绿色，簇生于叶腋；雄花具细柄，花蕾近陀螺形，上面截形，花被5片，雄蕊5枚；雌花近无柄，花被管状，柱头丝形。瘦果卵形，暗绿色，约具10条细纵肋。一般3月开始萌芽，5~6月生长旺盛。

生境与分布 生于丘陵或低山林中、灌丛中、沟边草地，南北各地有分布。

利用价值 全草可饲猪。茎皮纤维可制人造棉。全草药用，治消化不良、食积胃痛等症，外用治血管神经性水肿、疔疮疖肿、乳腺炎、外伤出血等症。

糯米团开花期茎叶的化学成分

生育期	样品	干物质 (%)	占干物质比例 (%)						
			粗蛋白	粗脂肪	粗纤维	无氮浸出物	粗灰分	钙	磷
开花期	茎叶	91.47	26.16	1.18	13.31	39.23	11.59	2.96	0.44

采集地点：江西省南昌市南昌县莲塘镇；送检单位：江西省农业科学院畜牧兽医研究所。

朴树

朴属 *Celtis*
Celtis sinensis Pers.

形态特征　落叶乔木。树皮平滑，灰色。一年生枝被密毛。叶革质，宽卵形至狭卵形，长3～10cm，中部以上边缘有成锯齿，三出脉，下面有毛或无毛；叶柄长3～10mm。花杂性（两性花和单性花同株），1～3朵生于当年生枝的叶腋；花被4片，被毛；雄蕊4枚，柱头2个。核果近球形，直径4～5mm，红褐色；果柄和叶柄近等长；果核有穴和突肋。

生境与分布　生于平地村边、路旁及河岸边等地，分布于全省各地。

利用价值　羊吃其叶片。

葎草 | 葎草属 *Humulus*
Humulus scandens (Lour.) Merr.

形态特征　缠绕草本。茎、枝、叶柄均具倒钩刺。叶纸质，肾状五角形，掌状5～7深裂，稀为3裂，长宽约7～10cm，基部心脏形，叶面粗糙，疏生糙伏毛，叶背有柔毛和黄色腺体，裂片卵状三角形，边缘具锯齿；叶柄长5～10cm。雄花小，黄绿色，圆锥花序，长约15～25cm；雌花序球果状，苞片纸质，三角形，顶端渐尖，具白色茸毛；子房为苞片包围，柱头2，伸出苞片外。瘦果成熟时露出苞片外。花期春夏，果期秋季。

生境与分布　常生于沟边、荒地、废墟、林缘边，全省各地均有分布。

利用价值　牛羊吃其嫩叶。可药用，茎皮纤维可作造纸原料，种子油可制肥皂。

葎草营养期叶的化学成分

生育期	样品	干物质 (%)	占干物质比例（%）						
			粗蛋白	粗脂肪	粗纤维	无氮浸出物	粗灰分	钙	磷
营养期	叶片	94.51	16.92	3.20	12.22	42.95	19.22	5.25	0.23

采集地点：江西省南昌市南昌县莲塘镇；送检单位：江西省农业科学院畜牧兽医研究所。

山油麻 | 山黄麻属 *Trema*
Trema cannabina var. *dielsiana* (Hand.-Mazz.)C.J.Chen

形态特征 灌木或小乔木。当年生枝呈锈褐色或红褐，密被柔毛。叶纸质，卵形、卵状披针形或椭圆状披针形，长 1.5～10cm，叶面粗糙有奶头状突起，多少被毛或无毛，具三出脉，侧脉 3～4 对，边缘有细锯齿；叶柄长 3～9mm，被毛。聚伞花序常成对腋生。花梗和花被具毛。核果卵形或近球形，长约 3mm，无毛。

生境与分布 生于山坡、林中，江西南北各地有分布。

利用价值 羊吃少量叶。茎皮纤维可作造纸原料。

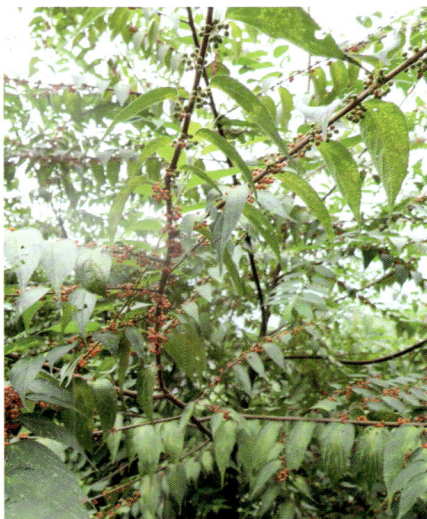

山油麻成熟期叶的化学成分

生育期	样品	干物质（%）	占干物质比例（%）						
			粗蛋白	粗脂肪	粗纤维	无氮浸出物	粗灰分	钙	磷
成熟期	全株	93.62	5.98	4.84	31.24	46.89	4.67	0.98	0.08

采集地点：江西省赣州市信丰县古陂镇；送检单位：江西省农业科学院畜牧兽医研究所。

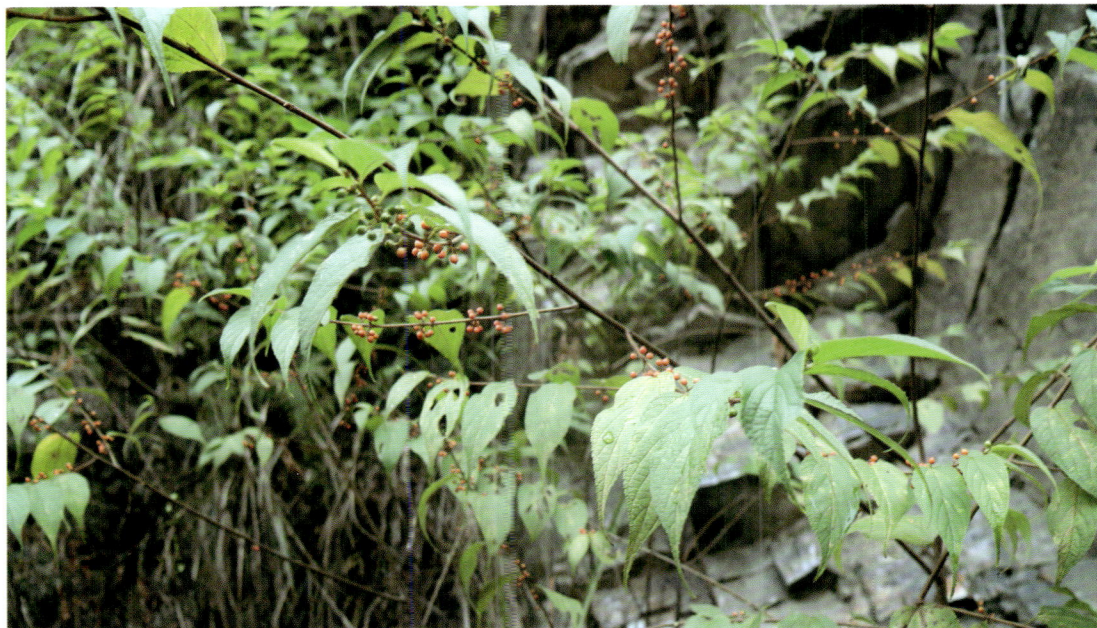

蛇葡萄

蛇葡萄属 *Ampelopsis*
Ampelopsis glandulosa (Wall.) Momiy.

形态特征　落叶木质藤本。枝条粗壮，具皮孔，髓白色，幼枝有毛，卷须分叉；叶纸质，宽卵形，顶端3浅裂，少不裂，边缘有粗锯齿，叶面深绿色，叶背稍淡，疏生短柔毛或变无毛，叶柄有毛或无毛。聚伞花序与叶对生，花黄绿色，萼片5片，稍裂开，花瓣5片，镊合状排列，花盘杯状，雄蕊5枚，子房2室。浆果近球形，成熟时鲜黄色。3～4月生长，8月旺盛，立冬后渐枯死。

生境与分布　生于山谷林中或山坡灌丛阴处，全省各地均有分布。

利用价值　牛、羊吃少量叶片。

蛇葡萄营养期茎叶的化学成分

生育期	样品	干物质（%）	占干物质比例（%）						
			粗蛋白	粗脂肪	粗纤维	无氮浸出物	粗灰分	钙	磷
营养期	茎叶	85.65	11.01	3.11	15.37	48.65	7.51	2.70	0.06

采集地点：江西抚州崇仁县相山镇；送检单位：江西省农业科学院畜牧兽医研究所。

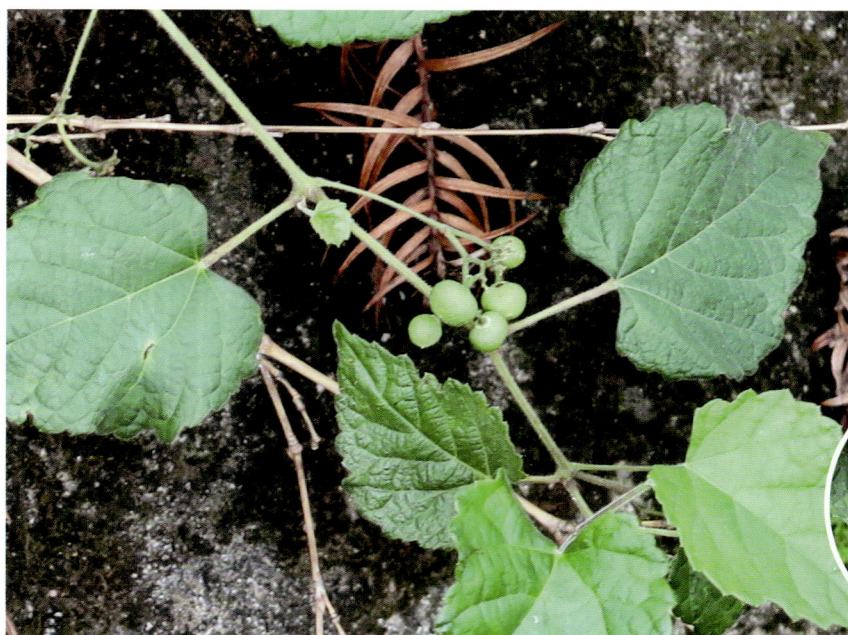

毛葡萄

葡萄属 *Vitis*
Vitis heyneana Roem. et Schult

形态特征　木质藤本。幼枝圆柱形，有纵棱纹，被灰色、褐色蛛丝状茸毛。卷须二叉分枝，密被茸毛，与叶对生。叶卵圆形、长卵椭圆形，有时卵状五角形，顶端急尖或渐尖，基部心形，边缘有尖锐锯齿，叶面绿色，初时疏被蛛丝状茸毛，以后脱落无毛，下面密被灰色、褐色茸毛，基生脉3～5出，中脉有侧脉4～6对；叶柄长2.5～6cm；托叶膜质，褐色，卵披针形。花杂性异株；圆锥花序疏散，与叶对生；萼碟形，近全缘；雄蕊5，花丝丝状，花药黄色，椭圆形、阔椭圆形；花盘发达。果实圆球形，成熟时紫黑色，直径1～1.3cm。

生境与分布　生于山坡、沟谷灌丛、疏林，南北各地有分布。

利用价值　猪、羊、兔吃嫩枝叶。

毛葡萄分枝期、营养期茎叶的化学成分

生育期	样品	干物质（%）	占干物质比例（%）						
			粗蛋白	粗脂肪	粗纤维	无氮浸出物	粗灰分	钙	磷
分枝期	全株	91.44	12.88	6.31	21.00	44.09	7.16	1.31	0.21
营养期	嫩枝叶	89.33	17.32	3.26	28.62	32.28	7.85	2.35	0.19

采集地点：江西省九江市原瑞昌县（现瑞昌市）溪下乡；送检单位：江西省农业科学院畜牧兽医研究所。

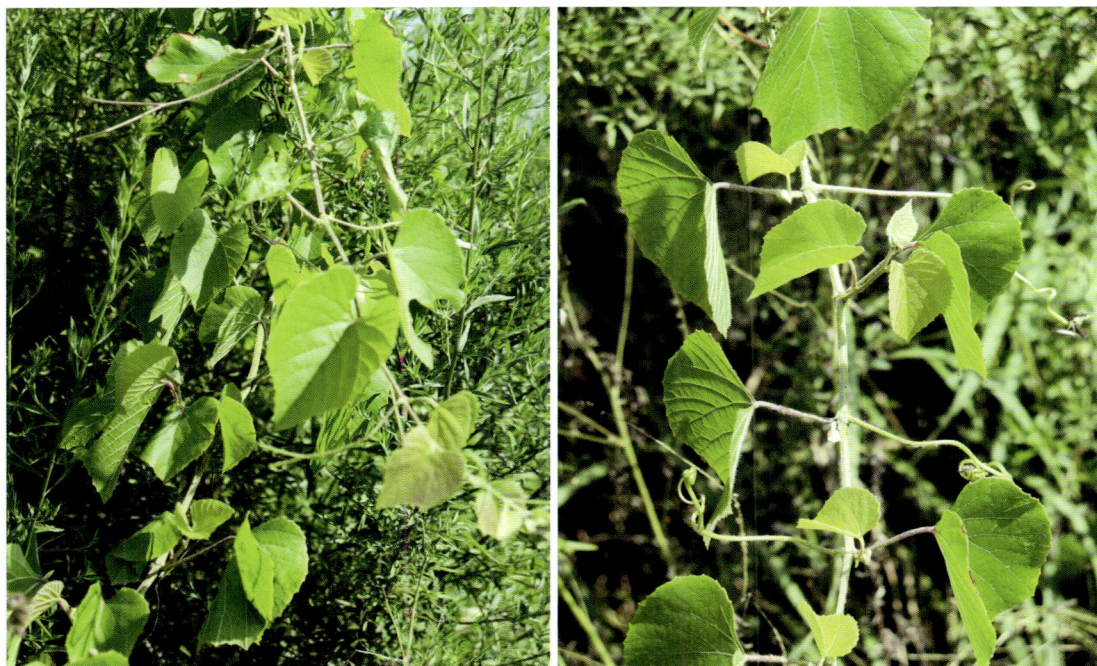

乌蔹莓 | 乌蔹莓属 *Causonis*
Causonis japonica (Thunb.) Raf.

形态特征 草质藤本。茎具卷须，幼枝有柔毛，后变无毛。鸟足状复叶；小叶5片，椭圆形至狭卵形，长25～7cm，顶端急尖或渐尖，边缘有疏锯齿，两面中脉具毛，中间小叶较大，侧生小叶较小。聚伞花序腋生，具长柄，直径6～15cm；花小，黄绿色，具短柄，外生粉状微毛或近无毛；花瓣4片，顶端无小；雄蕊4枚，与花瓣对生。浆果卵形，长约7mm。果成熟时黑色。

生境与分布 生山谷林中或山坡灌丛，全省各地均有分布。

利用价值 羊吃嫩枝、叶，还可作猪饲料，但怀胎母畜不能喂食。全草入药，有凉血解毒、利尿消肿之功效。

野花椒 | 花椒属 *Zanthoxylum*
Zanthoxylum simulans Hance

形态特征 灌木或小乔木。枝干散生基部宽而扁的锐刺。叶有小叶 5～15 片；叶轴有狭窄的叶质边缘，腹面呈沟状凹陷；小叶对生，卵形、卵状椭圆形、披针形，长 2.5～7cm，宽 1.5～4cm，两侧略不对称，顶部急尖或短尖，常有凹口，油点多，干后半透明且常微凸起，间有窝状凹陷，叶面常有刚毛状细刺，中脉凹陷，叶缘有疏离而浅的钝裂齿。花序顶生；花被片 5～8 片，狭披针形、宽卵形或近于三角形，大小及形状有时不相同，淡黄绿色；雄花的雄蕊 5～8 枚，花丝及半圆形凸起的退化雌蕊均淡绿色；雌花的花被片为狭长披针形；心皮 2～3 个，花柱斜向背弯。果红褐色，分果瓣基部变狭窄且略延长 1～2mm 呈柄状，油点多，微凸起，单个分果瓣径约 5mm；种子长 4～5mm。花期 3～5 月，果期 7～9 月。

生境与分布 生于平地、低丘陵或略高的山地疏林或密林下，赣中、赣南等地有分布。

利用价值 春季营养价值高，山羊喜食。果作草药。可作为生物围栏。

野花椒营养期茎叶的化学成分

生育期	样品	干物质（%）	占干物质比例（%）						
			粗蛋白	粗脂肪	粗纤维	无氮浸出物	粗灰分	钙	磷
营养期	嫩枝叶	90.72	16.63	2.59	32.85	30.73	7.92	1.83	0.27

采集地点：江西省南昌市南昌县莲塘镇；送检单位 江西省农业科学院畜牧兽医研究所。

盐麸木 | 盐麸木属 *Rhus*
Rhus chinensis Mill.

形态特征　落叶灌木或小乔木。高达 8m。树皮灰褐色，小枝带黄色。叶柄及花序都密生褐色柔毛，单数羽状复叶互生，叶轴及叶柄常有翅；小叶 7～13 片，纸质，长 5～12cm，宽 2～5cm，边缘有粗锯齿，叶背密生灰褐色柔毛。圆锥花序顶生；花小，杂性，黄白色；萼片 5～6 片，花瓣 5～6 片。果近扁圆形，直径约 5mm，红色，有灰白色短柔毛。花期 8 月，果熟期 10 月，春季萌芽，冬季枯萎。

生境与分布　生于向阳山坡、沟谷、疏林或灌丛中，全省各地均有分布。

利用价值　叶可供猪、羊饲料。本种为五倍子蚜虫寄主植物，在幼枝和叶上形成虫瘿，即五倍子，可供鞣革、医药、塑料和墨水等工业上用。幼枝和叶可作土农药；果泡水代醋用，生食酸咸止渴；种子可榨油；根、叶、花及果均可供药用。

盐麸木开花期茎叶的化学成分

生育期	样品	干物质 (%)	占干物质比例 (%)						
			粗蛋白	粗脂肪	粗纤维	无氮浸出物	粗灰分	钙	磷
开花期	嫩枝叶	91.42	8.96	5.68	36.06	29.45	11.27	3.39	0.14

采集地点：江西省南昌市南昌县莲塘镇；送检单位：江西省农业科学院畜牧兽医研究所。

野胡萝卜

胡萝卜属 *Daucus*
Daucus carota L.

形 态 特 征　二年生草本。高 20~100cm。全体有粗硬毛，根肉质，小圆锥形，近白色。基生叶长圆形，二至三回羽状全裂，最终裂片条形至披针形。复伞形花序顶生，总花梗长 10~60cm，总苞片多数，叶状，羽状分裂，裂片条形，反折，伞幅多数，小总苞片 7~5 片，条形，不裂或羽状分裂，花梗多数，花白色或浅红色。双悬果长圆形，长 3~4mm，4 棱有翅，翅上具短刺钩。

生境与分布　生于山坡路旁、旷野或田间，中部和北部有分布。

利 用 价 值　分枝前期，尤其在叶簇期，茎叶柔嫩多汁，是一种很好的青绿饲草。切碎后，猪最喜食，牛、羊喜食，鹅、鸭、鸡均采食。但在开花以后，下部叶逐渐干枯，茎叶老化，茎枝上的倒糙硬毛呈细刺状，适口性、营养价值显著下降，各种畜禽均不采食。茎叶可作青绿饲料，亦可晒制青干草和调制青贮饲料或制成干草粉，做配合饲料的原料。肉质根和种子也是很好的多汁饲料和精料。茎叶还可作绿肥；果实入药，有驱虫作用，又可提取芳香油。

野胡萝卜营养期茎叶的化学成分

生育期	样品	干物质（%）	占干物质比例（%）						
			粗蛋白	粗脂肪	粗纤维	无氮浸出物	粗灰分	钙	磷
营养期	全株	93.87	17.06	2.49	38.07	12.97	23.28	1.31	0.23

采集地点：江西南昌市南昌县莲塘镇；送检单位：江西省农业科学院畜牧兽医研究所。

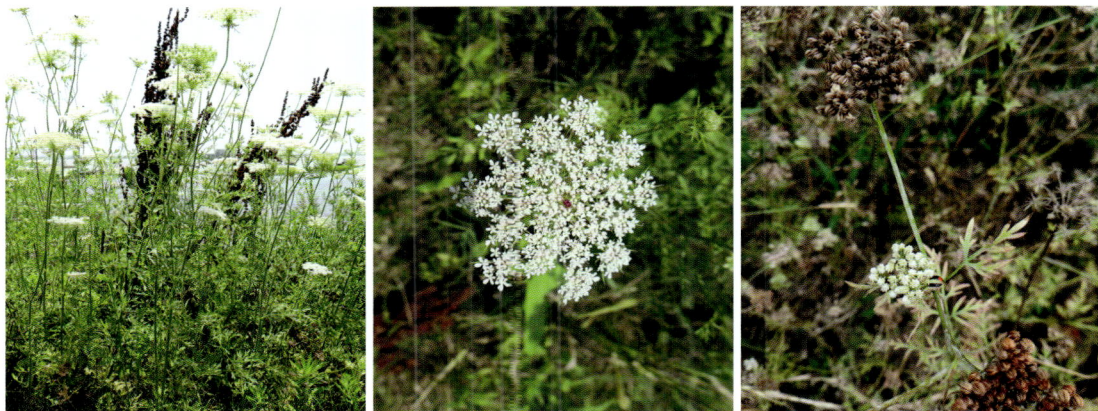

窃衣 | 窃衣属 *Torilis*
Torilis scabra (Thunb.) DC.

形态特征 一年或多年生草本。全体有贴生短硬毛，高 10~70cm。茎单生，向上有分枝。叶卵形，二回羽状分裂，小叶狭披针形至卵形，顶端渐尖，边缘有整齐缺刻或分裂，叶柄长 3~4cm。复伞形花序，无总苞片或有 1~2 片，条形，伞幅 2~4 个，近等长，小总苞片数个，钻形，花梗 4~10 个。双悬果长圆形，长 5~7mm，有 3~6 个具钩较长而颇张开的皮刺。

生境与分布 生于山坡、林下、路旁、河边及空旷草地上，南北各地有分布。

利用价值 嫩时可作猪、羊饲料。

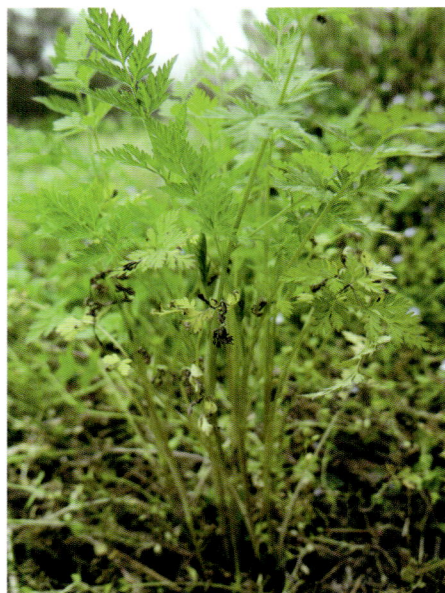

窃衣苗期茎叶的化学成分

生育期	样品	干物质（%）	占干物质比例（%）						
			粗蛋白	粗脂肪	粗纤维	无氮浸出物	粗灰分	钙	磷
苗期	全株	92.01	13.22	1.94	18.60	44.54	13.70	1.87	0.67

采集地点：江西省南昌市南昌县莲塘镇；送检单位：江西省农业科学院畜牧兽医研究所。

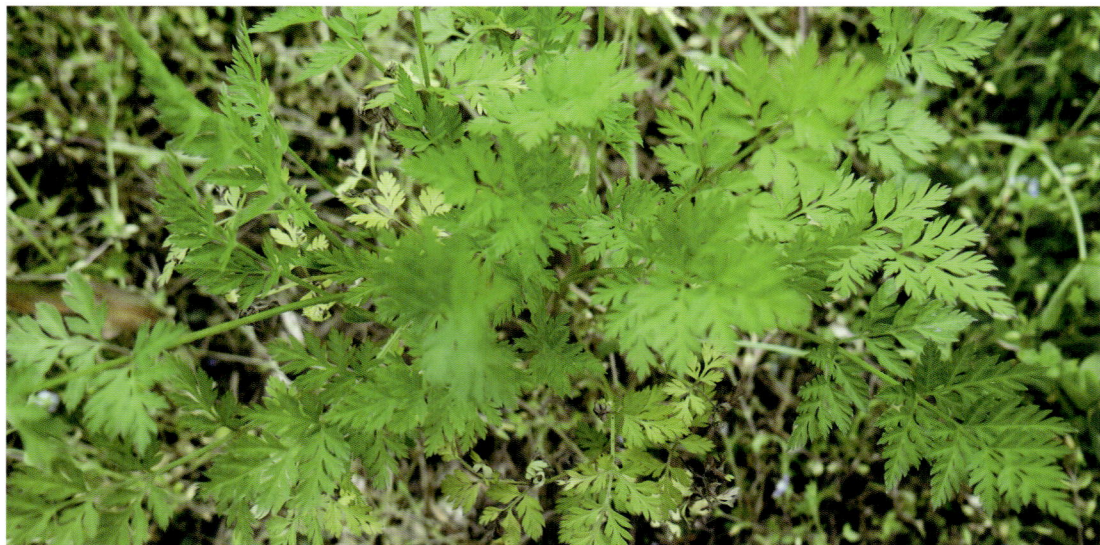

水芹 | 水芹属 *Oenanthe*
Oenanthe javanica (Bl.) DC.

形态特征　多年生草本。无毛。高15~80cm。茎基部匍匐。基生叶三角形或三角状卵形，二回羽状分裂，最终裂片卵形至菱状披针形，长2~5mm，宽1~2cm，边缘有不整齐齿尖或圆锯齿。叶柄长7~15cm。复伞形花序顶生，总花梗长2~16cm，无总苞，伞幅6~20个，小总苞片2~8片，条形，花梗10~25个，花白色。双悬果圆形或近圆锥形，长2.5~3mm，宽2mm，果棱显著隆起。

生境与分布　多生于浅水低洼地方或池沼、水沟旁。农舍附近常见栽培，南北各地有分布。

利用价值　一种青绿饲料，茎叶柔嫩多汁，叶量大，具芹菜香味。猪喜食，牛、羊均吃，切碎后家禽可食。茎叶可作蔬菜食用；全草可入药，有清热解毒、利尿、止血和降低血压之功效。

水芹营养期茎叶的化学成分

生育期	样品	干物质（%）	占干物质比例（%）						
			粗蛋白	粗脂肪	粗纤维	无氮浸出物	粗灰分	钙	磷
营养期	全株	96.24	13.25	3.90	29.90	39.33	9.85	0.90	0.21

采集地点：江西省宜春市高安市相城镇；送检单位　江西省农业科学院畜牧兽医研究所。

积雪草 | 积雪草属 *Centella*
Centella asiatica (L.) Urban

形态特征 多年生草本。茎匍匐。单叶互生，肾形或近圆形，直径1~5cm，基部深心形，边缘有宽钝齿，具掌状脉，叶柄长5~15cm，基部鞘状，无托叶。每一伞形花序有花3~4，聚集呈头状，紫红色，总花梗长2~8mm，总苞片2片，卵形，花梗极短。双悬果扁圆形，长2~2.5cm，主棱和次棱极明显，主棱间有隆起的网纹相连。一般4~5月生长。

生境与分布 喜生于阴湿的草地或水沟边，全省常见。

利用价值 嫩时可作猪、牛、羊饲料。全草入药，清热利湿、消肿解毒，治痧胀腹痛、暑泻、痢疾、湿热黄疸、砂淋、血淋、吐血、咳血、目赤、喉肿、风疹、疥癣、疔痈肿毒、跌打损伤等。

蛇床 | 蛇床属 *Cnidium*
Cnidium monnieri (L.) Cuss.

形态特征 一年生草本。高 10～60cm。根圆锥状，较细长。茎直立或斜上，多分枝，中空，表面具深条棱，粗糙。下部叶具短柄，叶鞘短宽，边缘膜质，上部叶柄全部鞘状；叶片轮廓卵形至三角状卵形，长 3～8cm，宽 2～5cm，二至三回三出式羽状全裂，羽片轮廓卵形至卵状披针形，先端常略呈尾状，末回裂片线形至线状披针形，具小尖头，边缘及脉上粗糙。复伞形花序直径 2～3cm；总苞片 6～10，线形至线状披针形，边缘膜质，具细睫毛；伞辐 8～20，不等长，棱上粗糙；小总苞片多数，线形；小伞形花序具花 15～20，萼齿无；花瓣白色，先端具内折小舌片；花柱基略隆起。分生果长圆状，长 1.5～3mm，宽 1～2mm，横剖面近五角形，主棱 5，均扩大成翅。花期 4～7 月，果期 6～10 月。

生境与分布 生于田边、路旁、草地及河边湿地，南北各地有分布。

利用价值 嫩时可作猪、牛、羊饲料。果实"蛇床子"入药，有燥湿、杀虫止痒、壮阳之功效，治皮肤湿疹、阴道滴虫、肾虚阳痿等症。

鸭儿芹 | 鸭儿芹属 *Cryptotaenia*
Cryptotaenia japonica Hassk.

形态特征 多年生草本。全体无毛，高30～90cm。茎具叉状分枝。基生叶及茎下部的叶三角形，宽2～10cm，三出复叶，中间小叶菱状卵形，长3～10cm，侧生小叶歪卵形，边缘都有不规则的尖钝重锯齿，或有时2～3浅裂，基部成鞘抱茎，茎顶部的叶无柄，小叶披针形。复伞形花序疏松，不规则，总苞片及小总片各1～3片，条形，早落，花梗2～4个，花白色。双悬果条状长圆形或卵状长圆形，长3.5～6.5mm，宽1～2mm。

生境与分布 通常生于山地、山沟及林下较阴湿的地区，全省常见。

利用价值 全草可喂猪、牛、羊。全草入药，治虚弱、尿闭及肿毒等，民间有用全草捣烂外敷治蛇咬伤；种子可用于制肥皂和油漆。

小果珍珠花 | 珍珠花属 *Lyonia*
Lyonia ovalifolia var. *elliptica* (Sieb.et Zucc.) Hand.-Mazz.

形态特征 常绿灌木。幼枝通常无毛。叶厚革质，卵状长圆形至卵状披针形，长5~8cm，宽1.2~2.5cm，中部最宽，短渐尖至渐尖，基部稍圆或宽楔形，边缘细锯齿，叶背呈淡黄色；叶柄长3~5mm。总状花序腋生，长3~7cm，通常数枚集生于枝顶部；苞片钟状，早落；花萼钟状，浅5裂，裂片宽圆形；花冠水红色至白色，筒状，下垂，长约8mm，无毛，雄蕊花药背面有2芒，子房下位。紫果球形无毛，由红色变成深紫色。

生境与分布 生于丘陵低山灌丛中，全省各地均有分布。

利用价值 羊吃其叶。果可生食。

小果珍珠花开花期茎叶的化学成分

生育期	样品	干物质（%）	占干物质比例（%）						
			粗蛋白	粗脂肪	粗纤维	无氮浸出物	粗灰分	钙	磷
开花期	嫩枝叶	89.96	7.85	2.56	39.86	35.52	4.17	1.23	0.12

采集地点：江西省赣州市上犹县双溪乡；送检单位：江西省农业科学院畜牧兽医研究所。

杜鹃 | 杜鹃属 *Rhododendron*
Rhododendron simsii Planch.

形 态 特 征　半常绿灌木。分枝多，枝条细而直，有亮棕色或褐色扁平粗伏毛。叶纸质卵形，椭圆形或倒卵形，春叶较短，夏叶较长，顶端尖锐，基部楔形，叶面有粗伏毛，叶背毛较密；叶柄长3~5mm，密生糙伏毛。花2~6朵簇生枝顶；花萼长4mm，5深裂，有密糙伏毛和睫毛，花冠蔷薇色、鲜红色或深红色，宽漏斗状，裂片5片，上方1~3裂片里面有深红色斑点；雄蕊10枚，花丝中部以下有微毛；子房10室。蒴果卵圆形，有密糙毛。

生境与分布　生于丘陵及灌丛中，全省各地均有分布。

利 用 价 值　羊吃少量嫩叶。全株供药用：有行气活血、补虚之功效，治疗内伤咳嗽、肾虚耳聋、月经不调、风湿等症；花具甜酸味，人可食用，又因花冠鲜红色，为著名的花卉植物，具有较高的观赏价值，目前在国内外各公园中均有栽培。

杜鹃营养期茎叶的化学成分

生育期	样品	干物质 (%)	占干物质比例 (%)						
			粗蛋白	粗脂肪	粗纤维	无氮浸出物	粗灰分	钙	磷
营养期	全株	96.42	7.85	5.83	17.84	58.70	6.19	1.47	0.09

采集地点：江西省萍乡市芦溪县新泉乡；送检单位：江西省农业科学院畜牧兽医研究所。

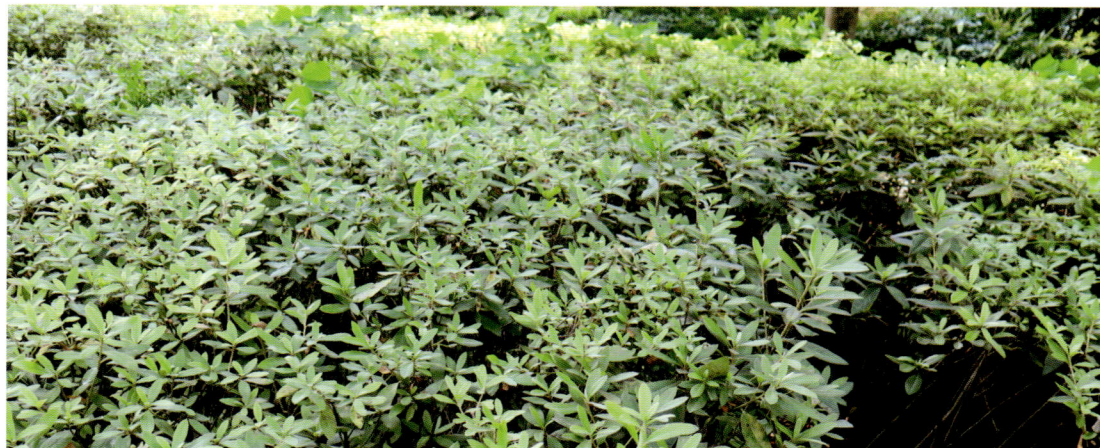

白檀

山矾属 *Symplocos*
Symplocos tanakana Nakai

形态特征 落叶灌木。幼枝、叶柄、叶背、花序均被灰黄色皱曲柔毛。叶纸质，椭圆形、倒卵形，顶端急尖或短尖，基部楔形或钝圆，边缘有细尖齿，叶面被短柔毛，中脉在叶面凹下。圆锥花序狭长似总状花序；花萼被柔毛；花冠白色，芳香，5深裂几达基部；雄蕊45枚，花丝基部合生成不显著的五体雄蕊；子房2室，顶端无毛。核果卵形，歪斜，被紧贴的柔毛，熟时蓝色。

生境与分布 生于丘陵、山坡路旁及荒草地灌丛中，南部和西部有分布。

利用价值 嫩时可供猪、羊饲料。叶药用；根皮与叶作农药用。

白檀的化学成分

占干物质比例（%）						
粗蛋白	粗脂肪	粗纤维	无氮浸出物	粗灰分	钙	磷
9.74	——	27.24	——	6.69	1.32	——

数据来源：余世俊．江西牧草 [M]．北京：中国农业出版社，1997:187．

小叶女贞

女贞属 *Ligustrum*
Ligustrum quihoui Carrière

形态特征　落叶灌木。高 1～3m。小枝淡棕色，圆柱形，密被微柔毛，后脱落。叶片薄革质，形状和大小变异较大，披针形、长圆状椭圆形、椭圆形、倒卵状长圆形至倒披针形，先端锐尖、钝，基部狭楔形至楔形，叶缘反卷，叶面深绿色，叶背淡绿色，常具腺点，两面无毛，中脉在叶面凹入，叶背凸起，侧脉 2～6 对。圆锥花序顶生，近圆柱形，分枝处常有 1 对叶状苞片；小苞片卵形，具睫毛；花萼无毛，萼齿宽卵形、钝三角形；花冠裂片卵形、椭圆形，先端钝；雄蕊伸出裂片外，花丝与花冠裂片近等长。果倒卵形、宽椭圆形、近球形，呈紫黑色。花期 5～7 月，果期 8～11 月。

生境与分布　生于沟边、路旁、河边灌丛及山坡，全省各地有分布。

利用价值　山羊采食，营养价值良，但适口性较差。多作为绿化与观赏植物种植；叶入药，具清热解毒等功效，治烫伤、外伤；树皮入药治烫伤。

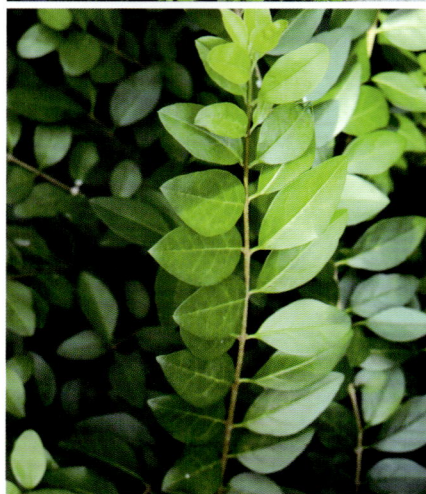

小叶女贞初花期茎叶的化学成分

生育期	样品	干物质(%)	占干物质比例（%）						
			粗蛋白	粗脂肪	粗纤维	无氮浸出物	粗灰分	钙	磷
初花期	嫩枝叶	91.78	11.57	2.94	22.56	47.68	7.03	1.83	0.16

采集地点：江西省萍乡市芦溪县新泉乡；送检单位：江西省农业科学院畜牧兽医研究所。

女贞 | 女贞属 *Ligustrum*
Ligustrum lucidum Ait.

形态特征　灌木或乔木。高可达 25m。树皮灰褐色。枝黄褐色、灰色、紫红色，圆柱形，疏生圆形、长圆形皮孔。叶片常绿，革质，卵形、长卵形、椭圆形至宽椭圆形，长 6~17cm，宽 3~8cm，叶缘平坦，叶面光亮，两面无毛，中脉在叶面凹入，叶背凸起，侧脉 4~9 对，两面稍凸起；叶柄长 1~3cm，上面具沟，无毛。圆锥花序顶生；花序轴及分枝轴无毛，紫色、黄棕色，果时具棱；花序基部苞片常与叶同型，小苞片披针形、线形，凋落；花无梗；花萼无毛。果肾形，深蓝黑色，成熟时呈红黑色，被白粉。花期 5~7 月，果期 7 月至翌年 5 月。

生境与分布　生于疏、密林中，全省各地可见。

利用价值　山羊采食，营养价值良，但适口性较差。种子油可制肥皂。花可提取芳香油。果含淀粉，可供酿酒或制酱油；果入药称女贞子，为强壮剂。叶药用，具有解热镇痛的功效。植株并可作丁香、桂花的砧木或行道树。

女贞营养期叶的化学成分

生育期	样品	干物质（%）	占干物质比例（%）						
			粗蛋白	粗脂肪	粗纤维	无氮浸出物	粗灰分	钙	磷
营养期	叶片	92.87	16.72	4.57	20.96	40.94	9.69	1.72	0.12

采集地点：江西省南昌市南昌县莲塘镇；送检单位　江西省农业科学院畜牧兽医研究所。

络石

络石属 *Trachelospermum*
Trachelospermum jasminoides (Lindl.) Lem.

形态特征　常绿木质藤本。长达 10m，具乳汁。嫩枝被柔毛，枝条和节上攀缘树上或墙壁上不生气根。叶对生，具短柄，椭圆形或卵状披针形，下面生短柔毛。聚伞花序腋生或顶生；花萼 5 深裂，反卷；花蕾顶端钝形；花冠白色，高脚碟状，花冠筒中部膨大，花冠裂片 5 片，向右覆盖，雄蕊 5 枚，着生于花冠筒中部，花药顶端不伸出花冠喉部处；花盘环状 5 裂，与子房等长。蓇葖果叉生，无毛，种子顶端具种毛。

生境与分布　生于山野、溪边、路旁、林缘或杂木林中，常缠绕于树上或攀缘于墙壁、岩石上，亦有移栽于园圃，供观赏，全省各地均有分布。

利用价值　牛、羊吃枝叶。根、茎、叶、果实供药用，有祛风活络、利关节、止血、止痛消肿、清热解毒之功效。茎皮纤维拉力强，可制绳索、造纸及人造棉。

络石分枝期茎叶的化学成分

生育期	样品	干物质 (%)	占干物质比例 (%)						
			粗蛋白	粗脂肪	粗纤维	无氮浸出物	粗灰分	钙	磷
分枝期	全株	95.10	9.23	5.46	24.43	44.58	11.41	2.19	0.19

采集地点：江西省原瑞昌县（现瑞昌市）洪下乡；送检单位：江西省农业科学院畜牧兽医研究所。

猪殃殃

拉拉藤属 *Galium*
Galium spurium L.

形态特征 多枝、蔓生呈攀枝状草本。茎有四棱角，棱上、叶缘及叶背中脉上均有倒生小刺毛。叶4~8片轮生，近无柄，叶片纸质或膜质，条状倒披针形。长1~3cm，顶端有凸尖头，1脉，干时常卷缩。聚伞花序腋生或顶生，单生或2~3个簇生，有花数朵，花小，黄绿色，4数，有纤细梗，花萼被钩毛，檐近截平，花冠辐状，裂片长圆形，镊合状排列。果干燥，有1或2个近球形的果片，密被钩毛，果梗直，每一果片有一颗平凸的种子。

生境与分布 生于山坡、旷野、沟边、河滩、田中、林缘、草地，全省各地均有分布。

利用价值 柔嫩多汁，全草可作牛、马饲草，因具倒钩刺，喂猪最好切碎煮熟。干草粗蛋白含量较高，粗纤维少，粗灰分也丰富，是早春的优良牧草。全草药用，具清热解毒、消肿止痛、利尿、散瘀之功效；治淋浊、尿血、跌打损伤、肠痈、疖肿、中耳炎等。

猪殃殃结实期茎叶的化学成分

生育期	样品	干物质（%）	占干物质比例（%）						
			粗蛋白	粗脂肪	粗纤维	无氮浸出物	粗灰分	钙	磷
结实期	全株	90.58	13.74	4.52	18.68	41.15	12.38	1.38	0.39

采集地点：江西省南昌市南昌县莲塘镇；送检单位：江西省农业科学院畜牧兽医研究所。

阔叶丰花草 | 钮扣草属 *Spermacoce*
Spermacoce alata Aublet

形态特征　披散、粗壮草本。被毛。茎和枝均为明显的四棱柱形，棱上具狭翅。叶椭圆形或卵状长圆形，长2～7.5cm，宽1～4cm，顶端锐尖或钝，基部阔楔形而下延，边缘波浪形，鲜时黄绿色，叶面平滑；侧脉每边5～6条；托叶膜质，被粗毛，顶部有数条长于鞘的刺毛。花数朵丛生于托叶鞘内，无梗；小苞片略长于花萼；萼管圆筒形，被粗毛，萼檐4裂；花冠漏斗形，浅紫色，里面被疏散柔毛，基部具1毛环，顶部4裂；花柱长5～7mm，柱头2，裂片线形。蒴果椭圆形，被毛，成熟时从顶部纵裂至基部，隔膜不脱落或1个分果爿的隔膜脱落；种子近椭圆形，两端钝，干后浅褐色或黑褐色，无光泽，有小颗粒。花果期5～7月。

生境与分布　多见于废墟和荒地上，宜春、上饶等地有分布。

利用价值　可作马、猪饲料。

栀子 | 栀子属 *Gardenia*
Gardenia jasminoides Ellis

形 态 特 征　常绿灌木。通常高 1m 余，叶对生或 3 叶轮生，有短柄，叶片革质，通常椭圆形倒卵形或长圆形倒卵形，顶端渐尖，稍圆钝，托叶鞘状。花大，白色，芳香，有短梗，单生枝顶，萼全长 2～3cm，裂片 5～7 个，条状披针形，花冠高脚碟状，裂片倒卵形至倒披针形，伸展，花药露出。果黄色，卵状呈长椭圆形，长 2～4cm，有 5～9 条翅状直棱，1 室，种子很多，嵌于肉质胎座上。

生境与分布　生于旷野、丘陵、山谷、山坡、溪边的灌丛或林中，全省各地均有分布。

利 用 价 值　各种草食性牲畜喜吃嫩叶。可观赏、药用。

栀子营养期茎叶的化学成分

生育期	样品	干物质（%）	占干物质比例（%）						
			粗蛋白	粗脂肪	粗纤维	无氮浸出物	粗灰分	钙	磷
营养期	全株	95.46	8.58	4.58	23.15	52.76	6.40	1.15	0.16

采集地点：江西省南昌市南昌县莲塘镇；送检单位：江西省农业科学院畜牧兽医研究所。

金毛耳草 | 耳草属 *Hedyotis*
Hedyotis chrysotricha (Palib.) Merr.

形态特征　多年生披散草本。全部被金黄色的毛。叶对生，有短柄，椭圆形或卵形，短尖，基部短尖或宽楔尖，叶面被疏而粗的短毛，叶背被长粗毛，在脉上被毛较密，侧脉每边 2～3 条，托叶短合生，上部长凸尖，边缘具疏齿。花序腋生，短，有花 1～3 朵，花 4 数，近无梗，萼筒状球形，裂片披针形，比筒长，花冠白色和淡紫色，漏斗状，裂片长圆形，近无毛。蒴果球形，具纵脉数条，被疏毛，有宿存的萼檐裂片，成熟时不开裂。3～4 月生长，11 月后渐枯。

生境与分布　生于山谷杂木林下或山坡灌木丛中，全省各地均有分布。

利用价值　嫩时可作羊饲料。

白花蛇舌草 | 耳草属 *Hedyotis*
Hedyotis diffusa Willd

形态特征　一年生披散草本。茎扁圆柱形，从基部分枝。叶对生，无柄，条形，顶端急尖，叶背有时粗糙，无侧脉，托叶合生，上部芒尖。花4数，单生或成对生叶腋，常具短而粗的花梗，萼筒球形，裂片卵状长圆形，雄蕊生于花冠筒喉部。蒴果双生，膜质，扁球形，具宿存萼裂片，开裂。3～4月生长，10～11月渐枯。

生境与分布　多见于水田、田埂和湿润的旷地，全省常见。

利用价值　可作猪饲料。内服治肿瘤、蛇咬伤、小儿疳积；外用主治泡疮、刀伤、跌打等症。

白花蛇舌草的化学成分

占干物质比例（%）					
粗蛋白	粗纤维	无氮浸出物	粗灰分	钙	磷
8.75	23.2	——	11.23	1.05	2.5

数据来源：余世俊. 江西牧草 [M]. 南昌：中国农业出版社，1997:153.

新耳草 | 新耳草属 *Neanotis*
Neanotis thwaitesiana (Hance) Lewis

形态特征 草本。基部木质。茎披散，柔弱，有4直棱，无毛。叶近膜质，具短柄，卵形或卵状披针形，长1～1.5cm，宽5～10mm，顶端短尖，基部钝或近圆形，边缘粗糙，干后微反卷，两面粗糙；叶脉不明显；托叶合生，近篦齿形，顶部有数条线形裂片，无毛。花序腋生，有花数朵，排成开展圆锥花序式，长为叶的2至数倍，无毛，有柔弱总花梗；苞片线状披针形；花梗纤细，柔弱；萼管杯形，无毛，萼檐裂片三角形；花冠白色或淡红色，短漏斗形，外面被柔毛，雄蕊和花柱均伸出；柱头棒形，2裂。蒴果扁球形，顶部冠以宿存萼檐裂片；种子每室6～8粒，微小、黑色、海绵质，有窝孔状的皱纹。花期3～4月。

生境与分布 生于山谷溪旁和荒地上，全省各地常见。

利用价值 草质柔嫩，猪、鹅喜食，牛、羊可食。

茜草 | 茜草属 *Rubia*
Rubia cordifolia L.

形态特征　草质攀缘藤本。根紫红色或橙红色。小枝有明显的四棱角，棱角上有倒生小刺。叶 4 片轮生，纸质，卵形至卵状披针形，顶端渐尖，基部圆形至心形，叶面粗糙，叶背脉上和叶柄常有倒小刺，基出脉 3 或 4 条。聚伞花序通常排成大而疏松的圆锥花序状，腋生和顶生，花小，黄白色，5 枚，有短梗，花冠辐状。浆果近球状，直径 5～6mm，黑色或紫黑色，有 1 颗种子。

生境与分布　常生于疏林、林缘、灌丛或草地上，全省各地均有分布。

利用价值　羊吃少量叶。

茜草营养期茎叶的化学成分

生育期	样品	干物质 (%)	占干物质比例 (%)						
			粗蛋白	粗脂肪	粗纤维	无氮浸出物	粗灰分	钙	磷
营养期	茎叶	94.26	20.08	2.63	25.08	31.51	14.96	2.37	0.31

采集地点：江西南昌市南昌县莲塘镇；送检单位：江西省农业科学院畜牧兽医研究所。

鸡屎藤 | 鸡屎藤属 *Paederia*
Paederia foetida L.

形 态 特 征 多年生藤本。多分枝。叶对生，纸质，形状和大小变异很大，宽卵形至披针形，顶端急尖至渐尖，基部宽楔形，圆形至浅心形，两面无毛或叶背稍被短柔毛，托叶三角形。聚伞花序排列成顶生带叶的大圆锥花序，或腋生而疏散小花，末回分枝常延长一侧生花，花冠长 10~12mm。核果近球状，直径达 7mm。

生境与分布
利 用 价 值 生于山坡、林中、林缘、沟谷边灌丛中或缠绕在灌木上，南北各地有分布。民间常采叶作猪饲料。可治风湿筋骨痛、跌打损伤、外伤性疼痛、肝胆及胃肠绞痛、黄疸型肝炎、肠炎、痢疾、消化不良、小儿疳积、肺结核咯血、支气管炎、放射反应引起的白细胞减少症、农药中毒；外用治皮炎、湿疹、疮疡肿毒。

鸡屎藤营养期茎叶的化学成分

生育期	样品	干物质（%）	占干物质比例（%）						
			粗蛋白	粗脂肪	粗纤维	无氮浸出物	粗灰分	钙	磷
营养期	茎叶	95.26	13.34	4.63	36.39	29.04	11.86	1.06	0.16

采集地点：江西省宜春市奉新县百丈山镇；送检单位：江西省农业科学院畜牧兽医研究所。

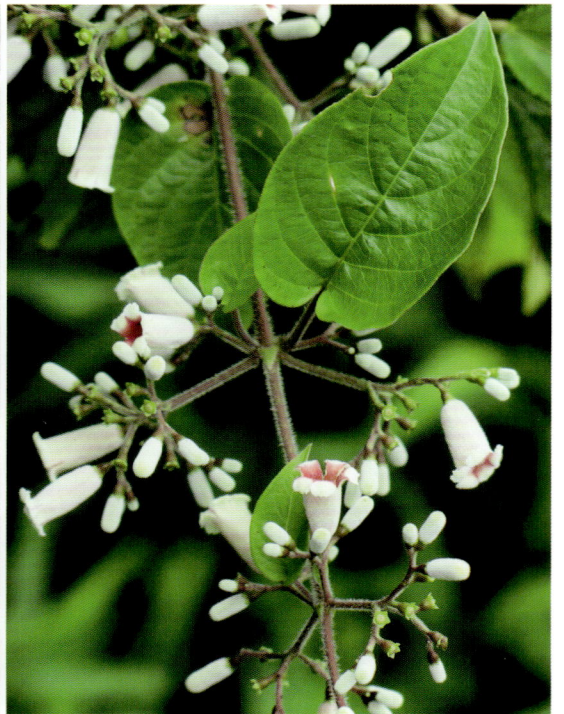

水团花 | 水团花属 *Adina*
Adina pilulifera (Lam.) Franch. ex Drake

形态特征　常绿灌木至小乔木。高达5m。叶对生，薄纸质，倒披针形或长圆披针形，两面无毛，侧脉每边8~10条，纤细，叶柄长3~10mm，托叶口裂，几达基部，裂片披针形，长5~7mm，头状花序单生于叶腋，被粉末状微毛，中部着生数枚苞片，花5枚，很少4枚，长5~7mm，直径2~3mm。蒴果长2~3mm，有明显的纵棱。

生境与分布　生于山谷疏林下或旷野路旁、溪边水畔，全省各地均有。

利用价值　羊吃少量叶。全株可治家畜瘰疬、热症。木材供雕刻用。根系发达，是很好的固堤植物。

水团花成熟期茎叶的化学成分

生育期	样品	干物质（%）	占干物质比例（%）						
			粗蛋白	粗脂肪	粗纤维	无氮浸出物	粗灰分	钙	磷
成熟期	全株	95.19	7.35	3.37	44.69	33.98	5.80	1.13	0.14

采集地点：江西省赣州市信丰县古陂镇　送检单位：江西省农业科学院畜牧兽医研究所。

图片由曾玉亮提供

忍冬 | 忍冬属 *Lonicera*
Lonicera japonica Thunb.

形态特征　半常绿木质藤本。幼枝密生柔毛和腺毛。叶宽披针形至卵状椭圆形，长3～8cm，顶端短渐尖至钝，基部圆形至近心形，幼时两面有毛，后叶面无毛。总花梗单生上部叶腋，苞片叶状，长达2cm，萼筒无毛，花冠长3～4cm，先白色略带紫色后转黄色，芳香，外面有柔毛和腺毛，唇形，上唇具4裂片而直立，下唇反转，约等长于花冠筒；雄蕊5枚，和花柱均稍超过花冠。浆果球形，黑色。一般3月生长，4月开花。

生境与分布　生于山坡灌丛或疏林中、乱石堆、路旁及村庄篱笆边，南北各地有分布。

利用价值　牛、羊喜吃嫩枝叶。为具有悠久历史的常用中药。

忍冬开花期茎叶的化学成分

生育期	样品	干物质（%）	占干物质比例（%）						
			粗蛋白	粗脂肪	粗纤维	无氮浸出物	粗灰分	钙	磷
开花期	地上部分	90.63	13.52	4.15	26.36	38.13	8.47	1.46	0.31

采集地点：江西省赣州市龙南县九连山；送检单位：江西省农业科学院畜牧兽医研究所。

接骨草 | 接骨木属 *Sambucus*
Sambucus javanica Blume

形态特征　高大草本或半灌木。高 1～2m。茎有棱条，髓部白色。羽状复叶的托叶叶状；小叶 2～3 对，互生或对生，狭卵形，长 6～13cm，宽 2～3cm，嫩时叶面被疏长柔毛，先端长渐尖，基部钝圆，两侧不等，边缘具细锯齿；顶生小叶卵形或倒卵形，基部楔形，小叶无托叶，基部一对小叶有时有短柄。复伞形花序顶生，大而疏散，总花梗基部托以叶状总苞片，分枝 3～5 出，纤细，被黄色疏柔毛；杯形不孕性花不脱落，可孕性花小；萼筒杯状，萼齿三角形；花冠白色，仅基部联合，花药黄色或紫色；子房 3 室，柱头 3 裂。果实红色，近圆形，直径 3～4mm；核 2～3 粒，卵形，长 2.5mm，表面有小疣状突起。花期 4～5 月，果熟期 8～9 月。

生境与分布　生于山坡、林下、沟边和草丛中，南昌等地有分布。

利用价值　羊可吃少量叶。药用植物，可治跌打损伤，有去风湿、通经活血、解毒消炎之功效。

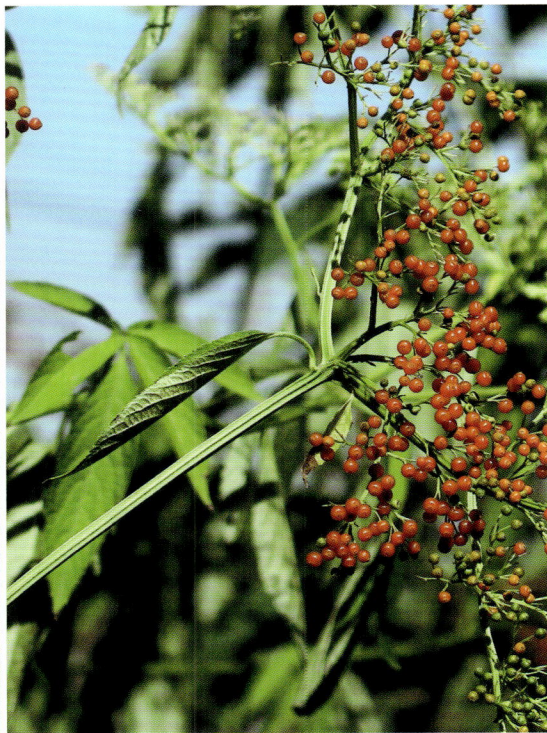

荚蒾 | 荚蒾属 *Viburnum*
Viburnum dilatatum Thunb.

形态特征 落叶灌木。高达 3m。叶宽倒卵形至椭圆形，长 3～9cm，顶端渐失，边有牙齿，叶面疏生柔毛，叶背近基部两侧有少数腺体和无数细小腺点，腺上常生柔毛或星状毛，侧腺 6～7 对，伸达齿端。花序复伞状，直径 4～8cm，萼筒长约 1mm；花冠白色，辐状，长约 2.5mm，无毛至生疏毛；雄蕊 5 枚，长于花冠。果实红色，椭圆状卵形，长 7～8mm，核扁，背具 2、腹具 3 浅槽。

生境与分布 生于山坡或山谷疏林下、林缘及山脚灌丛中，赣南等地有分布。

利用价值 羊吃其叶。韧皮纤维可制绳和人造棉。种子可制肥皂和润滑油。果可食，亦可酿酒。

荚蒾结实期茎叶的化学成分

生育期	样品	干物质 (%)	占干物质比例 (%)						
			粗蛋白	粗脂肪	粗纤维	无氮浸出物	粗灰分	钙	磷
结实期	嫩枝叶	89.97	17.97	6.73	22.35	35.97	6.95	2.24	1.21

采集地点：江西省赣州市龙南县九连山；送检单位：江西省农业科学院畜牧兽医研究所。

双蝴蝶

双蝴蝶属 *Tripterospermum*
Tripterospermum chinense (Migo) H. Smith

形态特征 多年生缠绕草本。茎具棱或条纹，少分枝。基部的叶密集呈莲座状；叶片椭圆形，长3～5cm，急尖，茎生叶对生，卵状披针形至卵形，渐尖，基部心形，三出脉。叶柄短，花大，顶生或1～3朵簇生叶腋，紫色，长达5cm；苞片2片，披针形，花萼具5条龙骨状突起，顶端5裂，裂片条形，长为萼筒的1/2，花冠漏斗状，裂片短，长圆形，渐尖，二裂片间有宽褶；雄蕊5枚，顶端下弯；子房具长柄，基部具花盘；花柱明显，柱头2裂，反卷。蒴果长圆形，种子盘状，具翅。

生境与分布 生于林下，全省各地有分布。

利用价值 牛、羊吃嫩叶。

过路黄 | 珍珠菜属 *Lysimachia*
Lysimachia christinae Hance

形态特征　多年生草本。有短柔毛或近于无毛。茎柔弱，平卧匍匐生，长 20～60cm，节上常生根。叶对生，心形或宽卵形，顶端锐尖或圆钝，全缘，两面有黑色腺条，叶柄长 1～4cm。花成对腋生，花梗长达叶端，花萼 5 深裂，裂片披针形，外面有褐色腺条，花冠黄色，约长于花萼 1 倍，裂片舌形，顶端尖，有明显的黑色腺条，雄蕊 5 枚，不等长，花丝基部合生成筒状。蒴果球形，直径约 2.5mm，有黑色短腺条。

生境与分布　生于田野、沟边、潮湿地方和山坡林下，全省各地均有分布。

利用价值　猪、牛、鹅食其茎叶。民间常用草药，茎、叶可作蔬菜。

过路黄开花期茎叶的化学成分

生育期	样品	干物质（%）	占干物质比例（%）						
			粗蛋白	粗脂肪	粗纤维	无氮浸出物	粗灰分	钙	磷
开花期	茎叶	93.77	7.07	1.22	26.61	38.51	20.36	0.67	0.19

采集地点：江西省宜春市奉新县百丈山镇；送检单位：江西省农业科学院畜牧兽医研究所。

星宿菜 | 珍珠菜属 *Lysimachia*
Lysimachia fortunei Maxim.

形态特征 多年生草本。有根状茎，茎直立，高 30～70cm，有黑色细点，基部带紫红色。叶互生，宽披针形或倒披针形，顶端渐尖，基部渐狭，近于无柄，总状花序柔弱，长达 10cm 以上，苞片三角状披针形，长约 2mm，花梗长 1～3mm，花萼裂片椭圆状卵形，边缘膜质，有睫毛，中部有黑色斑点，长约 1.5mm；花冠白色，长约 3mm，喉部有腺毛，裂片倒卵形，背面有黑色斑点，雄蕊短于花冠。蒴果球形，直径 2～2.5mm。一般 3 月开始萌芽，4～6 月生长旺盛，7～8 月结籽老化。

生境与分布 生于路旁、田埂及溪边草丛中，全省各地均有分布。

利用价值 幼嫩时可作猪、牛饲料。有治感冒、肝炎等功效。

大车前

车前属 *Plantago*
Plantago major L.

形态特征

多年生草本。高15～20cm。根状茎短粗，有须根。基生叶直立，密生，纸质，卵形或宽卵形，长3～10cm，宽2.5～6cm，顶端圆钝，边缘波状，或有不整齐锯齿，两面有短或长柔毛，叶梗长3～9cm。花葶数条，近直立，长8～20cm，穗状花序长4～9cm，花密生，苞片卵形，较萼片短，二者均有绿色龙骨状突起，花萼无柄，裂片椭圆形，长2mm，花冠裂片椭圆形或卵形，长1mm。蒴果圆锥状，长3～4mm，周裂；种子6～10粒，长圆形，长约1.5mm，黑棕色。一般3月生长，11月后渐枯。

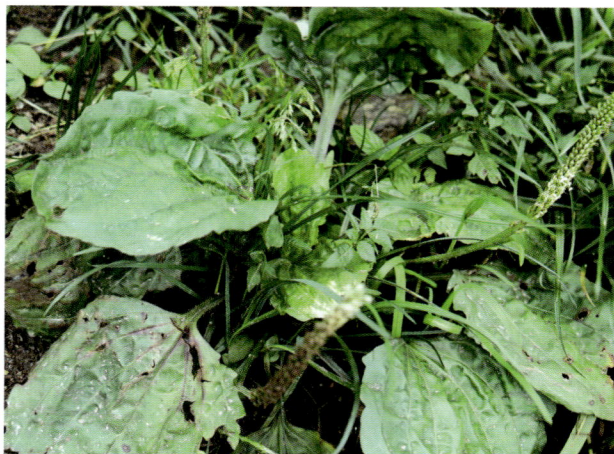

生境与分布
利用价值

生于河滩、沟边、沼泽地、山坡路旁、田边或荒地，全省各地均有分布。猪、牛、羊、鹅均喜食其绿叶，为良类牧草。种子和全草都可入药，具利尿、清热、止泻之功效。亦可作绿肥。

大车前初花期茎叶的化学成分

生育期	样品	干物质 (%)	占干物质比例（%）						
			粗蛋白	粗脂肪	粗纤维	无氮浸出物	粗灰分	钙	磷
初花期	茎叶	90.33	14.76	1.62	18.42	40.30	15.23	2.93	0.34

采集地点：江西南昌市南昌县莲塘镇；送检单位：江西省农业科学院畜牧兽医研究所。

车前 | 车前属 *Plantago*
Plantago asiatica L.

形态特征　多年生草本。高 20～60cm，有须根。基生叶直立，卵形或宽卵形，长 4～12cm，宽 4～9cm，顶端圆钝，边缘近全缘，波状，或有疏钝齿至弯缺。两面无毛或有柔毛，叶柄长 5～22cm。花莛数个，直立，长 20～45cm，有短柔毛，穗状花序占上端 1/3～1/2 处，有绿白色疏生花；苞片宽三角形，较萼裂片短，二者均有绿色宽龙骨状突起，花萼有短柄，裂片倒卵状椭圆形至椭圆形，长 2～2.5mm，花冠裂片披针形，长 1mm。蒴果椭圆形，长约 3mm，周裂。种子 5～6 粒，稀 7～8 粒，矩圆形，长约 1.5mm，黑棕色。

生境与分布
利用价值　生于草地、沟边、河岸湿地、田边、路旁或村边空旷处，南北各地有分布。从出苗到花期，叶质肥厚，细嫩多汁，为各种家畜所采食，尤其猪喜食。本草出苗早，枯死晚，再生性、抗逆性强，利用期从 5 月下旬到 9 月下旬，长达 4 个月。适用于放牧猪，或者拔取全株，洗净泥土，经切碎生喂或发酵喂。秋季割青叶，晒成干草，供冬春制粉喂。青割喂兔或鸡亦可。种子及全草可作药用。

车前结实期茎叶的化学成分

生育期	样品	干物质（%）	占干物质比例（%）						
			粗蛋白	粗脂肪	粗纤维	无氮浸出物	粗灰分	钙	磷
结实期	茎叶	92.04	9.42	3.37	28.84	30.06	20.34	1.39	0.36

采集地点：江西省萍乡市芦溪县新泉乡；送检单位：江西省农业科学院畜牧兽医研究所。

北美车前

车前属 *Plantago*
Plantago virginica L.

形态特征　一年生或二年生草本。直根纤细，有细侧根。根茎短。叶基生呈莲座状，平卧至直立；叶片倒披针形至倒卵状披针形，长 3～18cm，宽 0.5～4cm，先端急尖或近圆形，边缘波状、疏生牙齿或近全缘，基部狭楔形，下延至叶柄，两面及叶柄散生白色柔毛；叶柄长 0.5～5cm，具翅或无翅，基部鞘状。花序 1 至多数；花序梗直立或弓曲上升，较纤细，有纵条纹，密被开展的白色柔毛，中空；穗状花序细圆柱状，下部常间断；苞片披针形或狭椭圆形，龙骨突宽厚，宽于侧片，背面及边缘有白色疏柔毛；萼片与苞片等长或略短，前对萼片倒卵圆形，龙骨突较宽，不达顶端，先端钝，两侧片不等宽，先端及背面有白色短柔毛，后对萼片宽卵形，龙骨突较狭，伸出顶端，两侧片较宽，龙骨突及边缘疏生白色短柔毛；花冠淡黄色，无毛，冠筒等长或略长于萼片；花两型，能育花的花冠裂片卵状披针形，直立，雄蕊着生于冠筒内面顶端，被直立的花冠裂片所覆盖，花药狭卵形，淡黄色，干后黄色，具狭三角形小尖头；花柱内藏或略外伸，以闭花受粉为主；风媒花通常不育，花冠裂片与能育花同型，但开展并于花后反折，雄蕊与花柱明显外伸；花药宽椭圆形，淡黄色，干后黄褐色，具三角形小尖头。胚珠 2 个。蒴果卵球形，长 2～3mm，于基部上方周裂；种子 2 枚，卵形或长卵形，长（1～）1.4～1.8mm，腹面凹陷呈船形，黄褐色至红褐色，有光泽；子叶背腹向排列。花期 4～5 月，果期 5～6 月。

生境与分布　生于低海拔草地、路边、湖畔，南昌、九江、宜春常见。

利用价值　为各种家畜所采食，尤其猪喜食。

婆婆纳 | 婆婆纳属 *Veronica*
Veronica polita Fries

形态特征　一年生草本。茎基部多分枝成丛，纤细，匍匐或上升，多少被柔毛，高10～25cm。叶对生，具短柄，叶片三角状圆形，长5～10mm，通常有7～9个钝锯齿。总状花序顶生，苞片叶状，互生，花梗略比苞片短，花后向下反折；花萼4深裂几达基部，裂片卵形，果期长达5mm，被柔毛；花冠蓝紫色，辐状，直径4～8mm，筒状极短。蒴果近于肾形，稍扁，密被柔毛，尤其在脊部混有腺毛，略比萼短，宽4～5mm，凹口成直角，裂片顶端圆，脉不明显，花柱与凹口齐或略过之；种子舟状深凹，背面被纵皱纹。

生境与分布　生于草地、路旁等处，南北各地有分布。

利用价值　青嫩期或开花之前，牛、羊、猪均喜食。开花后，茎粗糙，羊喜食，干枯后牛、羊也喜食。

婆婆纳开花期茎叶的化学成分

生育期	样品	干物质（%）	占干物质比例（%）						
			粗蛋白	粗脂肪	粗纤维	无氮浸出物	粗灰分	钙	磷
开花期	全株	92.15	11.82	4.89	18.20	42.92	14.31	1.45	0.40

采集地点：江西省南昌市南昌县莲塘镇；送检单位　江西省农业科学院畜牧兽医研究所。

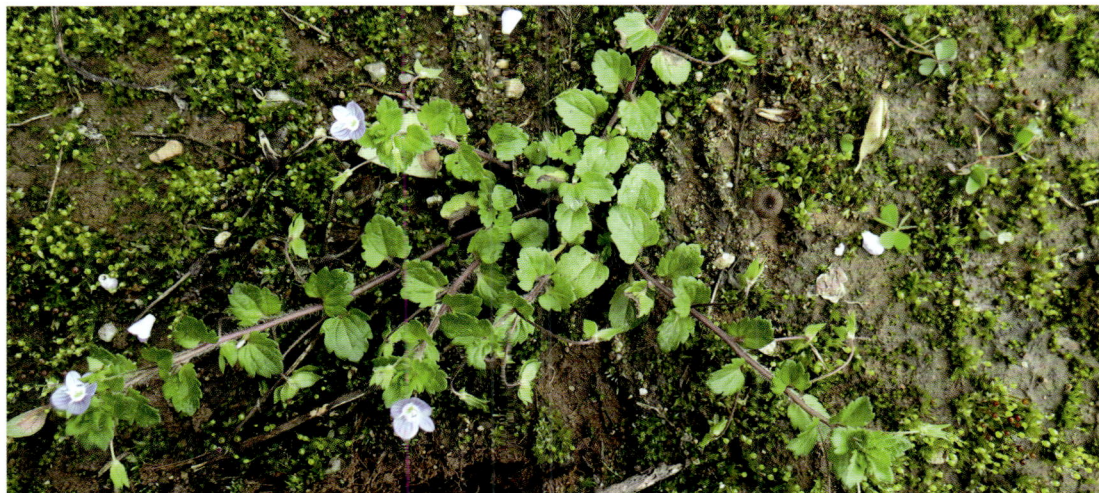

水苦荬 | 婆婆纳属 *Veronica*
Veronica undulata Wall.

形态特征 一年或二年生草本。全体无毛。茎直立，高25～90cm，富肉质，中空，有时基部略倾斜。叶对生；长圆状披针形或长圆状卵圆形，长4～7cm，宽8～15mm，先端圆钝或尖锐，全缘或具波状齿，基部呈耳廓状微抱茎上；无柄。总状花序腋生，长5～15cm；苞片椭圆形，细小，互生；花有柄；花萼4裂，裂片狭长椭圆形，先端钝；花冠淡紫色或白色，具淡紫色的线条；雄蕊2，突出；雌蕊1，子房上位，花柱1枚，柱头头状。蒴果近圆形，先端微凹，长度略大于宽度，常有小虫寄生，寄生后果实常膨大成圆球形。果实内藏多数细小的种子，长圆形，扁平，无毛。

生境与分布 生于水边或沼地，全省各地常见。

利用价值 可作猪、鹅饲料。清热利湿，止血化瘀。治感冒、喉痛、劳伤咳血、痢疾、血淋、月经不调、疝气、疔疮、跌打损伤。

图片由陈炳华提供

半边莲 | 半边莲属 *Lobelia*
Lobelia chinensis Lour.

形态特征 多年生草本。有白色乳汁。茎平卧，在节上生根，分枝直立，高 6~15cm，无毛。叶无柄或近无柄，狭披针形或条形，长 8~25mm，宽 2~5mm，顶端急尖，边全缘或有波状小齿，无毛。花通常 1 朵生分枝上部叶腋，花梗长 1.2~1.8cm，无小苞片，花萼无毛，裂片 5 片，狭三角形，长 3~6mm；花冠粉红色，近一唇形，长约 12mm，裂片 5 片，无毛；雄蕊 5 枚，长约 8mm，花丝上部，花药合生，下面 2 花药顶端有髯毛；子房下位，2 室。

生境与分布 生于水田边、沟边及潮湿草地上，全省各地均有分布。

利用价值 茎叶可作猪、禽饲料。全草可供药用，有清热解毒、利尿消肿之功效，治毒蛇咬伤、肝硬化腹水、晚期血吸虫病腹水、阑尾炎等。

羊乳 | 党参属 *Codonopsis*
Codonopsis lanceolata (Sieb. et Zucc.) Trautv.

形态特征 草质缠绕藤本。有白色乳汁，根圆锥形或纺锤形，长达15cm，有少数须根。茎无毛，有多数短分枝。在主茎上的叶互生，小，菱状狭卵形，长达2.4cm，宽达5mm，无毛，在分枝顶端的叶3~4近轮生，有短柄，菱状卵形或狭卵形，长3~9cm，宽1.3~4.4cm，无毛。花通常1朵生分枝顶端，无毛，萼筒长约5mm，裂片5片，卵状三角形，长1.3~1.6cm，花冠黄绿色带紫色或紫色，宽钟状，长2~3cm，5浅裂，雄蕊5枚，长约1cm，子房半下位，柱头3裂。蒴果有宿存花萼，上部3瓣裂。种子有翅。

生境与分布 生于山地沟边或林中，九江、萍乡、宜春、赣州、南昌等地可见。

利用价值 牛、羊、猪吃嫩茎和叶。

附地菜

附地菜属 *Trigonotis*

Trigonotis peduncularis (Trev.) Benth. ex Baker et Moore

形 态 特 征 一年生草本。茎一至数条，直立或渐升，高 8～38cm，常分枝，有短粗伏毛。基生叶有长柄，叶片椭圆状卵形、椭圆形或匙形，长达 2cm，宽 1.5cm，两面有粗伏毛。茎下部叶似基生叶，中部以上的有短柄或无柄。花序长达 20cm，只在基部有 2～3 个苞片，有短粗伏毛；花有细梗；花萼长 1.1～1.5mm，5 深裂，裂片长圆形或披针形，花冠直径 1.5～2mm，蓝色，喉部黄色，5 裂。小坚果 4 个，四面体形，长约 0.8mm，有稀疏的短毛或无毛，有短柄，棱尖锐。

生境与分布 生于丘陵草地、林缘、田间及荒地，全省各地均有分布。

利 用 价 值 可作牛、猪饲料。全草入药，能温中健胃，消肿止痛，止血。嫩叶可供食用。花美观可用以点缀花园。

附地菜开花期茎叶的化学成分

生育期	样品	干物质（%）	占干物质比例（%）						
			粗蛋白	粗脂肪	粗纤维	无氮浸出物	粗灰分	钙	磷
开花期	茎叶	92.48	11.64	3.40	37.20	22.33	17.90	0.97	0.62

采集地点：江西南昌市南昌县莲塘镇；送检单位：二西省农业科学院畜牧兽医研究所。

毛酸浆 | 灯笼果属 Physalis
Physalis philadelphica Lamarck

形态特征 一年生草本。高 30～60cm，全体密生短柔毛。叶质薄，卵形或卵状心形，长 3～8m，宽 2～6cm，顶端渐尖，基部偏斜。花单生于叶腋；花萼钟状，外面密生短柔毛，5 中裂；花冠钟状，直径 6～10mm；淡黄色，5 浅裂，裂片基部有紫色斑纹，有缘毛，雄蕊 5 枚，花药黄色。浆果球形，直径 1.2cm，被膨大的宿萼所包围，宿萼卵形或阔卵形，基部稍凹入，长 2～3cm，直径 2～2.5cm。

生境与分布 多生于草地或田边路旁，全省各地均有分布。

利用价值 牛、羊、猪吃嫩枝和叶片。果可食。

毛酸浆营养期茎叶的化学成分

生育期	样品	干物质 (%)	占干物质比例 (%)						
			粗蛋白	粗脂肪	粗纤维	无氮浸出物	粗灰分	钙	磷
营养期	茎叶	94.23	25.38	8.75	18.12	29.15	12.83	1.32	0.67

采集地点：江西南昌市南昌县莲塘镇；送检单位：江西省农业科学院畜牧兽医研究所。

龙葵 | 茄属 *Solanum*
Solanum nigrum L.

形态特征 一年生直立草本。高 0.25～1m。茎无棱或棱不明显，绿色或紫色，近无毛或被微柔毛。叶卵形，长 2.5～10cm，宽 1.5～5.5cm，先端短尖，基部楔形至阔楔形而下延至叶柄。蝎尾状花序腋外生，由 3～6 花组成；萼小，浅杯状，齿卵圆形，先端圆，基部两齿间连接处成角度；花冠白色，筒部隐于萼内,5 深裂，裂片卵圆形；花丝短，花药黄色，顶孔向内；子房卵形，花柱长约 1.5mm，中部以下被白色茸毛，柱头小，头状。浆果球形，直径约 8mm，熟时黑色；种子多数，近卵形，两侧压扁。

生境与分布 喜生于田边，荒地及村庄附近，全省各地有均分布。

利用价值 叶、果可供畜禽饲用。全株入药，可散瘀消肿，清热解毒。

龙葵营养期茎叶的化学成分

生育期	样品	干物质 (%)	占干物质比例 （%）						
			粗蛋白	粗脂肪	粗纤维	无氮浸出物	粗灰分	钙	磷
营养期	茎叶	94.14	10.14	6.34	38.28	30.02	9.36	0.82	0.21

采集地点：江西省九江市永修县柘林镇；送检单位：江西省农业科学院畜牧兽医研究所。

珊瑚樱 | 茄属 *Solanum*
Solanum pseudocapsicum L.

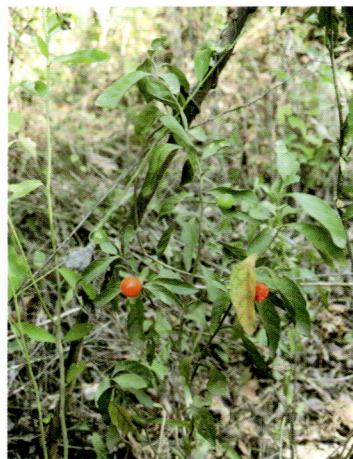

形态特征 直立分枝小灌木。高达2m，全株光滑无毛。叶互生，狭长圆形至披针形，长1～6cm，宽0.5～1.5cm，先端尖或钝，基部狭楔形下延成叶柄，两面均光滑无毛，中脉在叶背凸出，侧脉6～7对；叶柄长约2～5mm，与叶片不能截然分开。花多单生，很少成蝎尾状花序，无总花梗或近于无总花梗，腋外生或近对叶生，花梗长约3～4mm；花小，白色，直径约0.8～1cm；萼绿色，5裂；花冠筒隐于萼内，裂片5，卵形；花丝长不及1mm，花药黄色，矩圆形；子房近圆形，花柱短，柱头截形。浆果橙红色，直径1～1.5cm，萼宿存；种子盘状，扁平，直径2～3mm。花期初夏，果期秋末。

生境与分布 多见于田边、路旁、丛林中或水沟边，南昌等地有分布。

利用价值 羊可吃少量叶。果实有毒。果期长，可供观赏。根晒干后入药。

白英 | 茄属 *Solanum*
Solanum lyratum Thunberg

形态特征 草质藤本。茎及小枝密生具节的长柔毛。叶多为琴形，长 3.5～5.5cm，宽 2.5～8cm，顶端渐尖，基部常 3～5 深裂或少数全缘，裂片全缘，侧裂片顶端圆钝，中裂片较大，卵形，两面均被长柔毛；叶柄长 1～3cm。聚伞花序，顶生或腋外生，疏花；花梗长 8～15mm；花萼杯状，直径约 3mm，萼齿 5 个；花冠蓝紫色或白色，5 深裂；雄蕊 5 枚，子房卵形。浆果球形，成熟时黑红色，直径 8mm。

生境与分布 喜生于山谷草地或路旁、田边，全省各地均有分布。

利用价值 可作牛、羊、猪饲料。全草入药，可治小儿惊风。果实能治风火牙痛。

黄果茄 | 茄属 *Solanum*
Solanum virginianum Linnaeus

形 态 特 征　直立或匍匐草本。高 50～70cm。有时基部木质化，植物体各部均被 7～9 分枝的星状茸毛，并密生细长的针状皮刺；植株除幼嫩部分而外，其他各部的星状毛被则逐渐脱落而稀疏。叶卵状长圆形，长 4～6cm，宽 3～5cm，先端钝或尖，基部近心形或不相等，边缘通常 5～9 裂或羽状深裂，裂片边缘波状，尖锐的针状皮刺则着生在两面的中脉及侧脉上。聚伞花序腋外生，通常 3～5 花，花蓝紫色；萼钟形，先端 5 裂，裂片长圆形，先端骤渐尖；花冠辐状，花冠筒隐于萼内，无毛，裂瓣卵状三角形；雄蕊 5 枚，花药长约为花丝长度的 8 倍；子房卵圆形，花柱纤细，柱头截形。浆果球形，直径 1.3～1.9cm，初时绿色并具深绿色的条纹，成熟后则变为淡黄色；种子近肾形，扁平，直径约 1.5mm。花期冬到夏季，果熟期夏季。

生境与分布　喜生于干旱河谷沙滩和丘陵山坡上，九江、赣州等地有分布。

利 用 价 值　羊可吃其少量叶。果实有毒。根可入药。果具观赏价值。

枸杞 | 枸杞属 *Lycium*
Lycium chinense Miller

形态特征　多分枝灌木。高 0.5～1m。枝条细弱，弓状弯曲或俯垂，淡灰色，有纵条纹，棘刺长 0.5～2cm，生叶和花的棘刺较长，小枝顶端锐尖成棘刺状。叶纸质，单叶互生或 2～4 枚簇生，卵形、卵状菱形、长椭圆形、卵状披针形，顶端急尖，基部楔形，长 1.5～5cm，宽 0.5～2.5cm。花在长枝上单生或双生于叶腋，在短枝上则同叶簇生；花萼通常 3 中裂或 4～5 齿裂；花冠漏斗状，淡紫色，筒部向上骤然扩大，5 深裂，裂片卵形，顶端圆钝，平展或稍向外反曲，边缘有缘毛；雄蕊较花冠稍短，或因花冠裂片外展而伸出花冠，花丝在近基部处密生一圈茸毛并交织成椭圆状的毛丛，与毛丛等高处的花冠筒内壁亦密生一环茸毛；花柱稍伸出雄蕊，上端弓弯，柱头绿色。浆果红色，卵状，顶端尖或钝；种子扁肾脏形，长 2.5～3mm，黄色。花果期 6～11 月。

生境与分布　常生于山坡、荒地、丘陵地、盐碱地、路旁及村边宅旁，全省常见。

利用价值　嫩枝叶可作饲料。可药用、蔬菜用和绿化用。

苞片小牵牛 | 小牵牛属 *Jacquemontia*
Jacquemontia tamnifolia Griseb.

形态特征 一年生草本植物。通常攀缘或匍匐，有时直立。叶具柄，互生，无托叶；叶柄达到5cm，密毛；叶心形，长圆形，先端尖形，全缘，纤毛。聚伞花序浓密，苞片线形，类似于叶；花冠漏斗状，蓝色；子房上位，无毛，2~3室；雄蕊5枚，花柱丝状，柱头2裂。蒴果无毛，淡黄色，4或6瓣开裂，含有4~6粒种子；种子卵形，约3mm长，棕色。花期8~12月。

生境与分布 生于旷野荒地、灌丛草坡、路旁及河岸，南昌等地有分布。

利用价值 幼嫩时煮熟喂猪。山羊采食。

苞片小牵牛结实期茎叶的化学成分

生育期	样品	干物质(%)	占干物质比例（%）						
			粗蛋白	粗脂肪	粗纤维	无氮浸出物	粗灰分	钙	磷
结实期	全株	93.42	15.71	5.93	24.81	39.14	7.83	1.42	0.26

采集地点：江西省南昌市南昌县莲塘镇；送检单位：江西省农业科学院畜牧兽医研究所。

圆叶牵牛 | 虎掌藤属 *Ipomoea*
Ipomoea purpurea Lam..

形态特征　一年生草本。全株被粗硬毛。茎缠绕，多分枝。叶互生，心形，长 4~18cm，具掌状脉，顶端尖，基部心形。花序有花 1~5 朵，总花梗与花柄近等长，小花梗伞形，结果时上部膨大；苞片 2 片，条形；萼片 5 片，卵状披针形，顶端钝尖，基部有粗硬毛；花冠漏斗状，

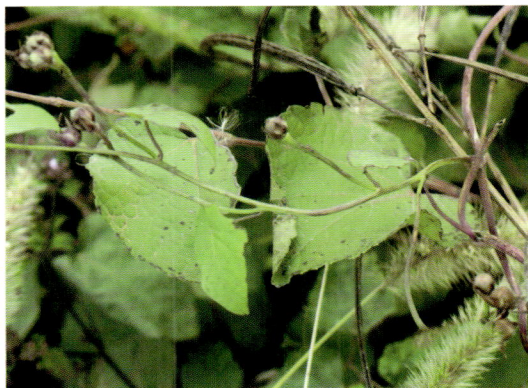

紫色，淡红或白色，长 4~5cm，顶端 5 浅裂，雄蕊 5 枚，不等长，花丝基部有毛；子房 3 室，柱头头状，3 裂。蒴果球形；种子卵圆形，无毛。

生境与分布　生于平地、田边、路边、宅旁或山谷林内，全省各地均有分布。

利用价值　幼嫩时煮熟喂猪。羊吃少量叶。

圆叶牵牛开花期茎叶的化学成分

生育期	样品	干物质（%）	占干物质比例（%）						
			粗蛋白	粗脂肪	粗纤维	无氮浸出物	粗灰分	钙	磷
开花期	全株	94.35	12.39	2.20	28.33	39.16	12.27	1.57	0.38

采集地点：江西省九江市永修县虬津镇；送检单位：江西省农业科学院畜牧兽医研究所。

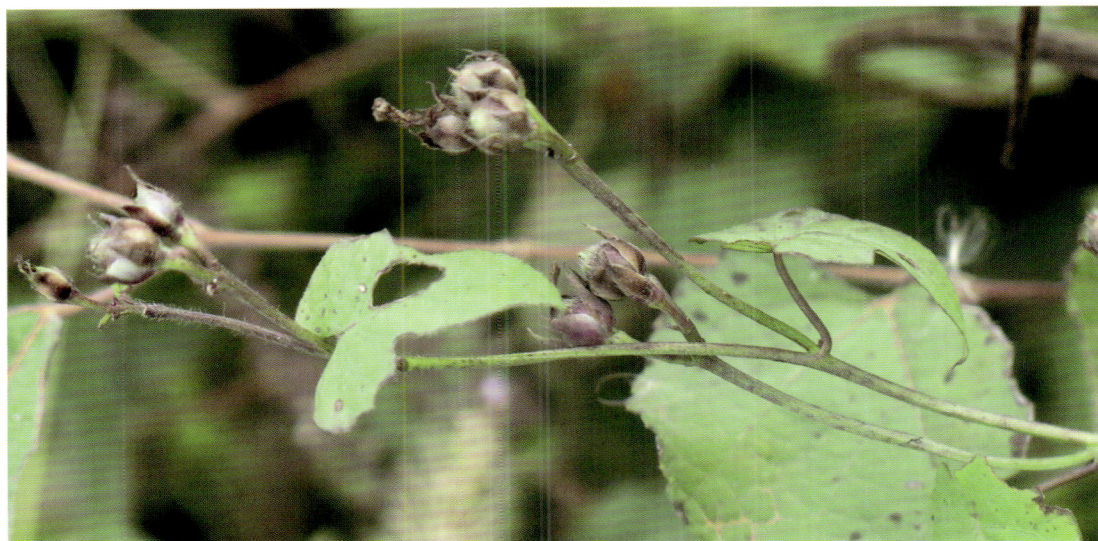

蕹菜 | 虎掌藤属 *Ipomoea*
Ipomoea aquatica Forsskal

形态特征 一年生草本。蔓生或漂浮于水。茎圆柱形，有节，节间中空，节上生根，无毛。叶片形状、大小有变化，卵形、长卵形、长卵状披针形或披针形，长3.5~17cm，宽0.9~8.5cm，顶端锐尖或渐尖，具小短尖头，基部心形、戟形或箭形，偶尔截形，全缘或波状；聚伞花序腋生，基部被柔毛，向上无毛，具1~3（~5）朵花；苞片小鳞片状；花梗长1.5~5cm，无毛；萼片近于等长，卵形，顶端钝，具小短尖头，外面无毛；花冠白色、淡红色或紫红色，漏斗状；雄蕊不等长，花丝基部被毛；子房圆锥状，无毛。蒴果卵球形至球形，径约1cm，无毛；种子密被短柔毛或有时无毛。

生境与分布 生于水边、园地，全省常见。

利用价值 一种比较好的饲料。除供蔬菜食用外，尚可药用，内服解饮食中毒，外敷治骨折、腹水及无名肿毒。

蕹菜营养期茎叶的化学成分

生育期	样品	干物质 (%)	占干物贡比例（%）						
			粗蛋白	粗脂肪	粗纤维	无氮浸出物	粗灰分	钙	磷
营养期	茎叶	95.45	15.53	4.25	21.96	40.30	13.41	2.36	0.34

采集地点：江西南昌市南昌县莲塘镇；送检单位：江西省农业科学院畜牧兽医研究所。

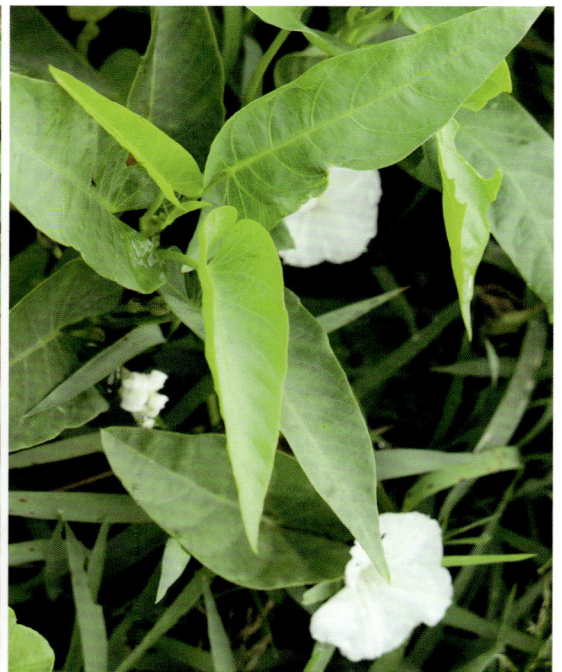

三裂叶薯 | 虎掌藤属 *Ipomoea*
Ipomoea triloba L.

形 态 特 征　草本。茎缠绕或有时平卧，无毛或散生毛，且主要在节上。叶宽卵形至圆形，长 2.5～7cm，宽 2～6cm，全缘或有粗齿或深 3 裂，基部心形，两面无毛或散生疏柔毛；叶柄长 2.5～6cm，无毛或有时有小疣。花序腋生，花序梗短于或长于叶柄，长 2.5～5.5cm，较叶柄粗壮，无毛，明显有棱角，顶端具小疣，1 朵花或少花至数朵花成伞形聚伞花序；花梗多少具棱，有小瘤突，无毛；苞片小，披针状长圆形；萼片近相等或稍不等，外萼片稍短或近等长，长圆形，钝或锐尖，具小短尖头，背部散生疏柔毛，边缘明显有缘毛，内萼片有时稍宽，椭圆状长圆形，锐尖，具小短尖头，无毛或散生毛；花冠漏斗状，无毛，淡红色或淡紫红色，冠檐裂片短而钝，有小短尖头；雄蕊内藏，花丝基部有毛；子房有毛。蒴果近球形，具花柱基形成的细尖，被细刚毛，2 室，4 瓣裂；种子 4 或较少，无毛。

生境与分布　生于丘陵路旁、荒草地或田野，全省各地常见。
利 用 价 值　幼嫩时煮熟喂猪。羊吃少量叶。

打碗花 | 打碗花属 *Calystegia*
Calystegia hederacea Wall.

形 态 特 征　一年生草本。光滑，茎蔓性，缠绕或匍匐分枝。叶互生，具长柄，基部的叶全缘，近椭圆形，叶基部心形，茎上部的叶三角状戟形，侧裂片开展，通常 2 裂，中裂片披针形或卵状三角形，顶端钝尖，基部心形。花单生叶腋，花梗具棱角，苞片 2 片，佝偻状，卵圆形，包住花萼，宿存；萼片 5 片，长圆形，稍短于苞片，具小尖突凸；花冠漏斗状，粉红色，长 2～2.5cm，雄蕊 5 枚，基部膨大，有细鳞毛；子房 2 室，柱头 2 裂。蒴果卵圆形，光滑；种子卵圆形，黑褐色。

生 境 与 分 布　生于农田、荒地、路旁等地，全省各地均有分布。

利 用 价 值　茎叶青鲜时猪最喜食，羊、兔可食，牛、马不食。饲喂猪时，青饲、打浆或煮熟、发酵都可。根有毒，含生物碱，故不应采集带根的植株饲喂。生长普遍，枝叶柔嫩，产量丰富，蛋白质含量高，是一种优良的猪饲料。根药用，治妇女月经不调，红、白带下。

打碗花开花期茎叶的化学成分

生育期	样品	干物质 (%)	占干物质比例 (%)						
			粗蛋白	粗脂肪	粗纤维	无氮浸出物	粗灰分	钙	磷
开花期	茎叶	86.75	23.78	3.13	15.62	28.87	15.35	1.53	0.35

采集地点：江西南昌市南昌县莲塘镇；送检单位：江西省农业科学院畜牧兽医研究所。

图片由周舷提供

爵床 | 爵床属 *Justicia*
Justicia procumbens Linnaeus

形 态 特 征　细弱草本。茎基部匍匐，通常有短硬毛，高 20～50cm。叶椭圆形至椭圆状长圆状，长 1.5～3.5cm，顶端尖或钝，常生短硬毛。穗状花序顶生或生上部叶腋，长 1～3cm，宽 6～12mm；苞片 1 片，小苞片 2 片，均披针形，长 4～5mm，有睫毛；花冠粉红色，长约 7mm，2 唇形，下唇 3 浅裂，雄蕊 2 枚，2 药室不等高。蒴果长约 5mm，上部具 4 粒种子，下部实心似柄状，种子表面有瘤状皱纹。

生境与分布　生于山坡林间草丛及田埂。全省各地均有分布。

利 用 价 值　牛、猪喜吃。全草入药，治腰背痛、创伤等。

爵床营养期茎叶的化学成分

生育期	样品	干物质（%）	占干物质比例（%）						
			粗蛋白	粗脂肪	粗纤维	无氮浸出物	粗灰分	钙	磷
营养期	茎叶	90.64	9.56	2.61	30.72	46.87	0.88	1.60	0.18

采集地点：江西省宜春市樟树市昌付镇；送检单位：江西省农业科学院畜牧兽医研究所。

广东紫珠

紫珠属 *Callicarpa*
Callicarpa kwangtungensis Chun

形态特征　灌木。高约2m。幼枝略被星状毛，常带紫色，老枝黄灰色，无毛。叶片狭椭圆状披针形、披针形，长15～26cm，宽3～5cm，顶端渐尖，基部楔形，两面通常无毛，叶背密生显著的细小黄色腺点，边缘上半部有细齿。聚伞花序，具稀疏的星状毛，花冠白色、带紫红色；花丝约与花冠等长，花药长椭圆形，药室孔裂；子房无毛，而有黄色腺点。果实球形。花期6～7月，果期8～10月。

生境与分布　生于林中、林缘及灌丛中，西部、中部和南部各地有分布。

利用价值　为羊、猪饲料。干燥的茎枝及叶，具有收敛止血、散瘀、清热解毒、抑菌、抗炎等功效。

广东紫珠开花期叶的化学成分

生育期	样品	干物质（%）	占干物质比例（%）						
			粗蛋白	粗脂肪	粗纤维	无氮浸出物	粗灰分	钙	磷
开花期	叶片	86.32	10.68	7.2	11.5	49.85	7.09	1.2	0.29

采集地点：江西省南昌市南昌县莲塘镇；送检单位：江西省农业科学院畜牧兽医研究所。

杜虹花

紫珠属 *Callicarpa*
Callicarpa pedunculata R. Br.

形态特征　落叶灌木。小枝密生黄色星状毛。叶片卵状椭圆形、椭圆形，长6~14cm，宽3~5cm，顶端渐尖，基部楔形或钝圆，边缘有锯齿，叶面有糙毛，叶背密生黄褐色星状毛和金黄色透明腺点，叶柄长0.5~1cm。聚伞花序腋生，5~7次分枝，总花梗长1~2.5cm，密生黄褐色星状毛，苞片小，花萼顶端4裂，裂齿钝三角形，有星状毛和腺点，花冠淡紫色。果实蓝紫色，光滑。

生境与分布　生于平地、山坡和溪边的林中或灌丛中，西部和南部有分布。

利用价值　羊吃少量叶。叶入药，有散瘀消肿、止血镇痛之功效，治咳血、吐血、鼻出血、创伤出血等症。

马鞭草 | 马鞭草属 *Verbena*
Verbena officinalis L.

形 态 特 征　多年生草本。茎四方形，高达 80cm。叶对生，卵圆形至长圆形，茎生叶的边缘通常有粗锯齿和缺刻，茎生叶多数 3 深裂，裂片边缘有不整齐的锯齿，两面有粗毛。穗状花序顶生或腋生，每朵花有一个苞片，苞片和萼片都有粗毛，花冠淡紫色、蓝色。果为蒴果，外果皮薄，成熟时为 4 个小坚果。一般 3~4 月生长，6~7 月生长旺盛，霜后渐枯死。

生境与分布　常生于路边、山坡、溪边或林旁，西部、北部和中部有分布。

利 用 价 值　嫩叶可喂牛、猪、羊。全草供药用，性凉，有凉血、散瘀、通经、清热、解毒、止痒、驱虫、消胀之功效。

马鞭草结实期、营养期茎叶的化学成分

生育期	样品	干物质（%）	占干物质比例（%）						
			粗蛋白	粗脂肪	粗纤维	无氮浸出物	粗灰分	钙	磷
结实期	全株	95.01	9.27	2.51	34.38	38.37	10.48	0.60	0.13
营养期	嫩茎叶	91.18	12.73	3.54	32.85	33.47	8.57	1.14	0.47

采集地点：江西芦溪县麻田乡、江西省九江市永修县柘林镇；送检单位：江西省农业科学院畜牧兽医研究所。

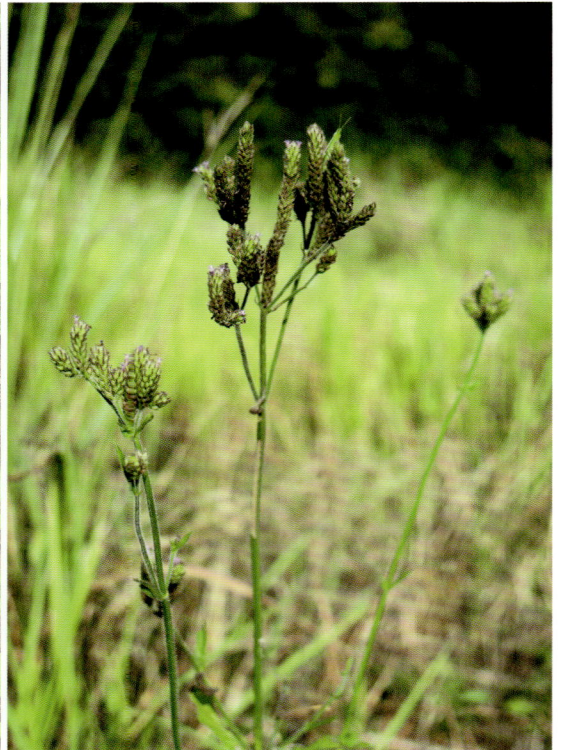

豆腐柴 | 豆腐柴属 *Premna*
Premna microphylla Turcz.

形态特征　灌木。高达 1.5m。幼枝有柔毛，老枝无毛。叶有臭味，叶片卵状或披针形，倒卵形或椭圆形，顶端急尖至长渐尖，基部渐狭下延，全缘以至不规则的粗齿，无毛或有短柔毛。聚伞锥花序顶生，花萼绿色，有时带紫色，杯状，有腺点，入无毛，边缘有睫毛，5 浅裂，近 2 唇形，花冠淡黄色，外有柔毛和腺点。核果紫色，球形至倒卵形。3~4 月萌芽，11 月后渐落叶。

生境与分布　生于山坡林下、山谷或丘陵灌丛中，全省各地均有分布。

利用价值　嫩梗和叶可喂牛、猪、羊。

豆腐柴干叶的化学成分

占干物质比例（%）						
粗蛋白	粗脂肪	粗纤维	无氮浸出物	粗灰分	钙	磷
3.08	0.66	2.85	11.39	1.76	——	——

数据来源：余世俊. 江西牧草 [M]. 北京：中国农业出版社，1997:171.

荔枝草 | 鼠尾草属 *Salvia*
Salvia plebeia R. Br.

形态特征　直立草本。茎高 15～90cm，被下向的柔毛。叶椭圆状卵形或披针形。轮伞花序具 6 花，密集成顶生假总状或圆锥花序；苞片披针形，细小；花萼钟状，外被长柔毛，上唇顶端具 3 个短尖头，下唇 2 齿，花冠淡红色至蓝紫色，筒内有毛环，下唇中裂片宽倒心形，药隔略长于花丝，弧形上下臂等长，二下臂不育，膨大，互相联合。小坚果倒卵圆形，光滑。

生境与分布　生于山坡、路旁、沟边、田野潮湿的土壤上，赣州、萍乡、南昌等地有分布。

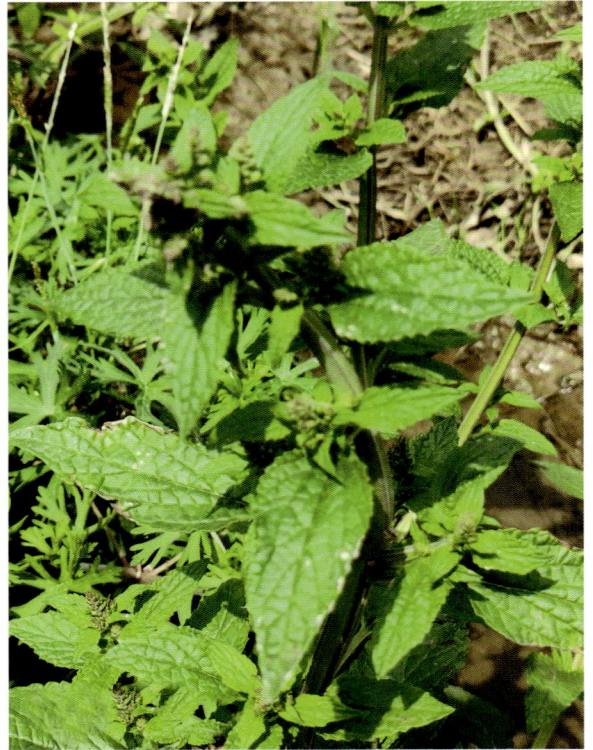

利用价值　地上部分可作猪饲料。全草入药，民间广泛用于跌打损伤、无名肿毒、流感、咽喉肿痛、小儿惊风、吐血、鼻衄、乳痈、淋巴腺炎、哮喘、腹水肿胀、肾炎水肿、疔疮疖肿、痔疮肿痛、子宫脱出、尿道炎、高血压、疼痛及胃癌等症。

荔枝草营养期茎叶的化学成分

生育期	样品	干物质（%）	占干物质比例（%）						
			粗蛋白	粗脂肪	粗纤维	无氮浸出物	粗灰分	钙	磷
营养期	茎叶	87.04	12.03	2.66	12.80	48.01	11.54	1.03	0.10

采集地点：江西省南昌市南昌县莲塘镇；送检单位：江西省农业科学院畜牧兽医研究所。

石荠苧 | 石荠苧属 *Mosla*

Mosla scabra (Thunb.) C. Y. Wu et H. W. Li

形态特征 一年生草本。高 20~100cm。分枝多；茎方形，被有向下的柔毛。叶卵形，先端急尖或渐尖，基部楔形而全缘，边缘有尖锯齿，两面有黄色腺点；叶柄短。总状花序，顶生于枝梢；苞片无柄，较柄长，卵状披针形至卵形，先端渐尖，背面和边缘上有长柔毛；花萼钟形，有10条脉，外有长柔毛和黄色腺点，二唇，上唇有3齿，中间的齿小而短，两侧的齿较长，下唇有2齿；花冠淡红色或红色，外面被微柔毛，冠筒基部收缩；雄蕊着生于喉部的上唇而伸出；花柱2裂，伸出筒外。坚果近圆形，黄褐色。

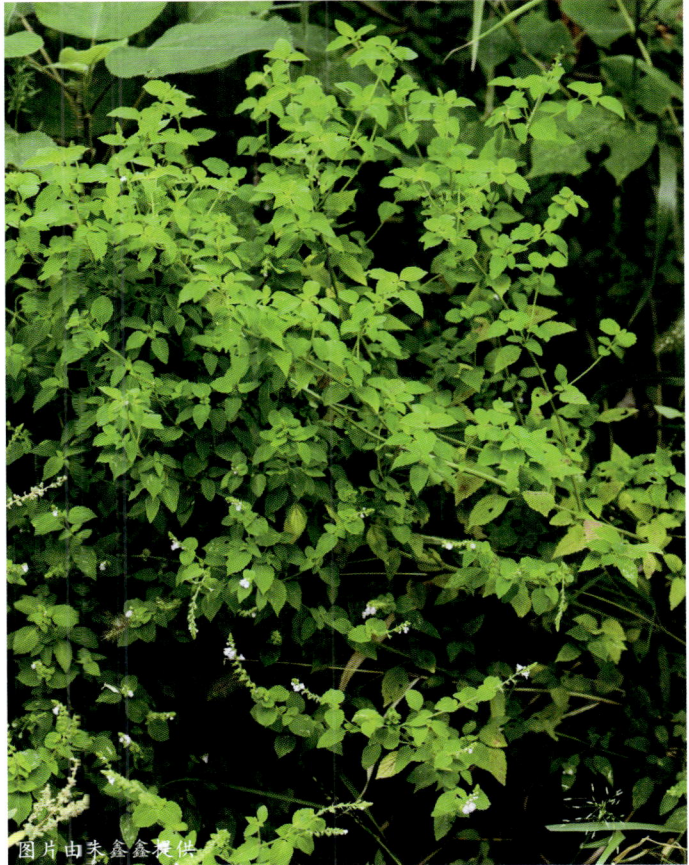

生境与分布 生于山坡、路旁或灌丛下，南北各地有分布。

利用价值 羊吃少量枝、叶。民间厍全草入药，治感冒、中暑发高烧、痱子、皮肤瘙痒、疟疾、便秘、内痔、便血、疥疮、湿脚气、外伤出血、跌打损伤。

石荠苧开花期茎叶的化学成分

生育期	样品	干物质 (%)	占干物质比例（%）						
			粗蛋白	粗脂肪	粗纤维	无氮浸出物	粗灰分	钙	磷
开花期	地上部分	91.36	5.95	1.53	39.96	38.63	5.29	1.13	0.33

采集地点：江西省宜春市樟树市昌傅镇；送检单位 江西省农业科学院畜牧兽医研究所。

益母草

益母草属 *Leonurus*
Leonurus japonicus Houttuyn

形态特征　一年生或二年生直立草本。基高 30～120cm，有倒向糙状毛。茎下部叶轮廓卵形，掌状 3 裂，其上再分裂，中部叶通常 3 裂或长圆形裂片，花序上的叶呈条形或条状披针形，全缘或具稀少牙齿，最小裂片宽在 3mm 以上；叶柄长 2～3cm 至近无柄。轮伞花序轮廓圆形，下有刺状小苞片；花萼筒状钟形，长 6～8mm，5 脉，齿 5 个，前 2 齿靠合；花冠粉红色至淡红色，长 1～1.2cm，花冠筒内有毛环，檐部二唇形，上唇外被柔毛，下唇 3 裂，中唇片倒心形。小坚果长圆状三棱形。

生境与分布　生于较肥沃的路旁、荒地及村庄附近的草坪等地，南北各地有分布。

利用价值　嫩时可喂猪、羊。全草入药广泛用于治妇女闭经、痛经、月经不调、产后出血过多、恶露不尽、产后子宫收缩不全、胎动不安、子宫脱垂及赤白带下等症。

益母草花前期茎叶的化学成分

生育期	样品	干物质（%）	占干物质比例（%）						
			粗蛋白	粗脂肪	粗纤维	无氮浸出物	粗灰分	钙	磷
花前期	茎叶	92.02	19.35	5.35	21.32	32.87	13.13	0.95	0.66

采集地点：江西南昌市南昌县莲塘镇；送检单位：江西省农业科学院畜牧兽医研究所。

夏枯草 | 夏枯草属 *Prunella*
Prunella vulgaris L.

形态特征　多年生上升草本。茎高10~30cm。叶片卵状长圆形或卵形，长1.5~6cm，轮伞花序密集排成顶生，长3~4cm的假穗状花序；苞片心形，具骤尖头花萼钟状，长10mm，二唇形，上唇扁平，顶端几截平，有3个不明显的短齿，中齿宽大，下齿2裂，裂片披针形，果叶花萼由于下唇2齿斜伸而闭合；花冠紫色、蓝紫色或红紫色，长约18~21mm，下唇中裂片宽大，边缘具流苏状小裂片，花丝二齿，一齿具药。小坚果长圆状卵形。

生境与分布　生于荒坡、草地、溪边及路旁等湿润地上，鹰潭、萍乡等地有分布。

利用价值　嫩时牛吃全草，可作猪饲料。全株入药。

夏枯草开花期茎叶的化学成分

生育期	样品	干物质（%）	占干物质比例（%）						
			粗蛋白	粗脂肪	粗纤维	无氮浸出物	粗灰分	钙	磷
开花期	茎叶	91.73	6.09	2.65	33.50	41.11	8.38	0.69	0.17

采集地点：江西省鹰潭市原贵溪县（现贵溪市）龙虎山地质公园；送检单位：江西省农业科学院畜牧兽医研究所。

风轮菜 | 风轮菜属 Clinopodium
Clinopodium chinense (Benth.) O. Ktze.

形态特征　多年生草本。茎基部匍匐生根，上部上升，高达 1m，密被短柔毛及具腺微毛。叶片卵形，长 2～4cm，叶面密被平伏短硬毛，叶背被疏柔毛。轮伞花序多花，半球形；苞叶状，苞片针状；花萼狭筒状，常染紫红色，长约 6mm，外被长而柔软的柔毛及部分具腺微柔毛，内面在喉部被柔毛，13 脉，上唇 3 齿，下唇 2 齿，较长，具刺尖；花冠紫红色，上唇直伸顶端微缺，下唇 3 裂。小坚果，倒卵形。

生境与分布　生于山坡、路边、林下、灌丛中，南北各地有分布。

利用价值　嫩时可作猪、羊饲料。民间用全草入药，治功能性子宫出血、胆囊炎、黄疸型肝炎、感冒头痛、腹痛、小儿疳积、火眼、跌打损伤、疔疮、皮肤疮疡、蛇及狂犬咬伤、烂脚丫、烂头疔及痔疮等症。

风轮菜结实期茎叶的化学成分

生育期	样品	干物质 (%)	占干物质比例（%）						
			粗蛋白	粗脂肪	粗纤维	无氮浸出物	粗灰分	钙	磷
结实期	茎叶	92.25	15.37	2.55	34.26	27.64	12.43	0.89	0.68

采集地点：江西南昌市南昌县莲塘镇；送检单位：江西省农业科学院畜牧兽医研究所。

血见愁

香科科属 *Teucrium*
Teucrium viscidum Bl.

形态特征　多年生草本。具匍匐茎，茎直立，高 30～70cm。叶片卵圆形至卵圆状长圆形，长 3～10cm，先端急尖或短渐尖，基部圆形、阔楔形至楔形，下延，边缘为带重齿的圆齿，有时数齿间具深刻的齿弯，两面近无毛，或被极稀的微柔毛。假穗状花序生于茎及短枝上部，长 3～7cm，密被腺毛，由密集具 2 花的轮伞花序组成，苞片披针形；花梗短，密被腺长柔毛；花萼小，钟形，齿缘具缘毛，10 脉，萼齿 5，直伸，近等大，果时花萼呈圆球形，直径 3mm；花冠白色，淡红色或淡紫色，雄蕊伸出，前对与花冠等长；花柱与雄蕊等长。小坚果扁琭形，长 1.3mm，黄棕色，合生面超过果长的 1/2。花期为 7～9 月。

生境与分布　生于山地林下润湿处，西部有分布。

利用价值　牛、羊可食少量嫩茎叶。全草入药，各地广泛用于风湿性关节炎、跌打损伤、肺脓疡、急性胃肠炎、消化不良、冻疮肿痛、吐血、衄血、外伤出血、毒蛇咬伤、疔疮疔肿等症。

紫苏 | 紫苏属 *Perilla*
Perilla frutescens (L.) Britt.

形态特征　一年生直立草本。茎高 0.3～2m，绿色、紫色，钝四棱形，具四槽，密被长柔毛。叶阔卵形、圆形，长 7～13cm，宽 5～10cm，先端短尖，基部圆形或阔楔形，边缘在基部以上有粗锯齿，膜质，两面绿色或紫色，侧脉 7～8 对，位于下部者稍靠近，斜上升，色稍淡。轮伞花序 2 花，总状花序顶生及腋生；苞片宽卵圆形或近圆形，先端具短尖，外被红褐色腺点，无毛，边缘膜质；花梗长 1.5mm，密被柔毛；花萼钟形，10 脉，长约 3mm，直伸，下部被长柔毛，夹有黄色腺点，内面喉部有疏柔毛环，结果时增大，平伸或下垂，基部一边肿胀，萼檐二唇形，上唇宽大，3 齿，中齿较小，下唇比上唇稍长，2 齿，齿披针形；花冠白色至紫红色，长 3～4mm，外面略被微柔毛，内面在下唇片基部略被微柔毛，冠筒短；雄蕊 4，几不伸出，前对稍长，离生，插生喉部，花丝扁平，花药 2 室，室平行；花柱先端相等 2 浅裂；花盘前方呈指状膨大。小坚果近球形，灰褐色，直径约 1.5mm，具网纹。花期 8～11 月，果期 8～12 月。

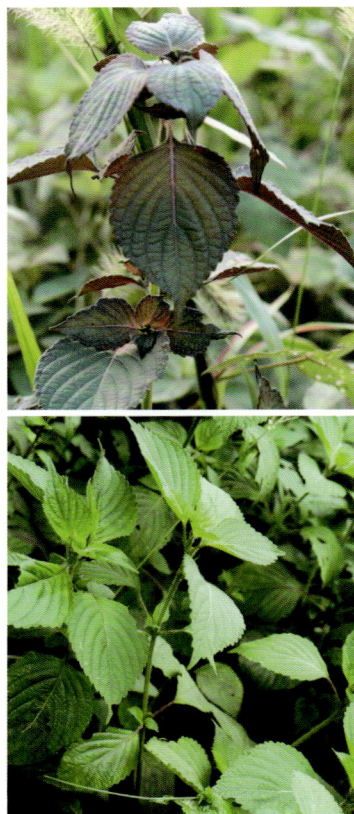

生境与分布　生于路旁、河岸、草坡、林中空地，全省各地均有分布。

利用价值　嫩时可作猪、羊饲料。亦可供药用和香料用。入药部分以茎叶及子实为主，叶为发汗、镇咳、芳香性健胃利尿剂，有镇痛、镇静、解毒作用，治感冒。叶供食用，和肉类煮熟可增加后者的香味。种子榨出的油，名苏子油，供食用，还有防腐作用，供工业用。

紫苏苗期茎叶的化学成分

生育期	样品	干物质（%）	占干物质比例（%）						
			粗蛋白	粗脂肪	粗纤维	无氮浸出物	粗灰分	钙	磷
苗期	茎叶	91.20	18.28	2.44	27.14	30.53	12.82	1.07	0.63

采集地点：江西南昌市南昌县莲塘镇；送检单位：江西省农业科学院畜牧兽医研究所。

牡荆 | 牡荆属 *Vitex*

Vitex negundo var. *cannabifolia* (Sieb.et Zucc.) Hand.-Mazz.

形态特征　落叶灌木或小乔木。小枝四棱形。叶对生，掌状复叶，小叶 5，少有 3；小叶片披针形或椭圆状披针形，顶端渐尖，基部楔形，边缘有粗锯齿，表面绿色，叶背淡绿色，通常被柔毛。圆锥花序顶生，长 10～20cm；花冠淡紫色。果实近球形，黑色。花期 6～7 月，果期 8～11 月。

生境与分布　生于山坡路边灌丛中，南部、中部、西部等地分布。

利用价值　山羊采食。有异味，适口性一般。

茎皮可造纸及制人造棉。茎叶治久痢。种子为清凉性镇静、镇痛药。根可以驱烧虫。花和枝叶可提取芳香油。

牡荆营养期茎叶的化学成分

生育期	样品	干物质（%）	占干物质比例（%）						
			粗蛋白	粗脂肪	粗纤维	无氮浸出物	粗灰分	钙	磷
营养期	嫩枝叶	88.18	13.54	3.06	26.31	39.80	5.47	1.37	0.21

采集地点：江西省赣州市南康区横市镇；送检单位：江西省农业科学院畜牧兽医研究所。

臭牡丹 | 大青属 *Clerodendrum*
Clerodendrum bungei Steud.

形态特征　灌木。植株有臭味，高1～2m。花序轴、叶柄密被褐色、黄褐色、紫色脱落性的柔毛；小枝近圆形，皮孔显著。叶片纸质，宽卵形或卵形，长8～20cm，宽5～15cm，顶端尖，基部宽楔形、截形、心形，边缘具锯齿，侧脉4～6对，表面散生短柔毛，背面疏生短柔毛和散生腺点，基部脉腋有数个盘状腺体；叶柄长4～17cm。伞房状聚伞花序顶生，密集；苞片叶状，披针形或卵状披针形；花萼钟状；花冠淡红色、红色或紫红色；雄蕊及花柱均突出花冠外；核果近球形，成熟时蓝黑色。花果期5～11月。

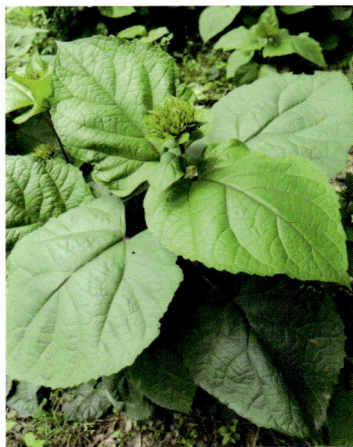

生境与分布　生于山坡、林缘、沟谷、路旁、灌丛润湿处，南昌等地可见。

利用价值　煮熟喂猪。山羊采食。唯有臭味，适口性差。根、茎、叶入药，有祛风解毒、消肿止痛之功效，近来还用于治疗子宫脱垂。

臭牡丹营养期茎叶的化学成分

生育期	样品	干物质（%）	占干物质比例（%）						
			粗蛋白	粗脂肪	粗纤维	无氮浸出物	粗灰分	钙	磷
营养期	嫩枝叶	85.69	11.75	2.61	29.12	35.83	6.38	1.35	0.27

采集地点：江西省南昌市南昌县莲塘镇；送检单位：江西省农业科学院畜牧兽医研究所。

地蚕

水苏属 *Stachys*
Stachys geobombycis C. Y. Wu

形态特征　多年生草本。根茎横走，肉质，肥大，在节上生出纤维状须根。茎直立，高40~50cm，四棱形，具四槽，在棱及节上疏被倒向疏柔毛状刚毛。茎叶长圆状卵圆形，长4.5~8cm，宽2.5~3cm，先端钝，基部浅心形或圆形，边缘有整齐的粗大圆齿状锯齿，上面绿色，散布疏柔毛状刚毛，下面较淡，主沿脉上密被余部疏被疏柔毛状刚毛，侧脉约4对，上面不明显，下面显著；苞叶变小，最下一对苞叶与茎叶同型，较小，披针状卵圆形，先端钝，基部圆形，具短柄或近于无柄，上部苞叶微小，菱状披针形，通常比萼短，边缘波齿状，无柄；轮伞花序腋生，4~6花，远离，组成长5~18cm的穗状花序；苞片少数，线状钻形，微小，早落；花萼倒圆锥形，细小，外面密被微柔毛及具腺微柔毛，内面无毛，10脉，明显。花冠淡紫至紫蓝色，亦有淡红色，圆柱形，等粗；雄蕊4，前对稍长，均上升至上唇片之下，花丝丝状，中部以下被微柔毛，花药卵圆形，2室，室略叉开，其后极叉开；花柱丝状，略超出雄蕊，先端相等2浅裂；花盘杯状；子房黑褐色，无毛。花期4~5月。

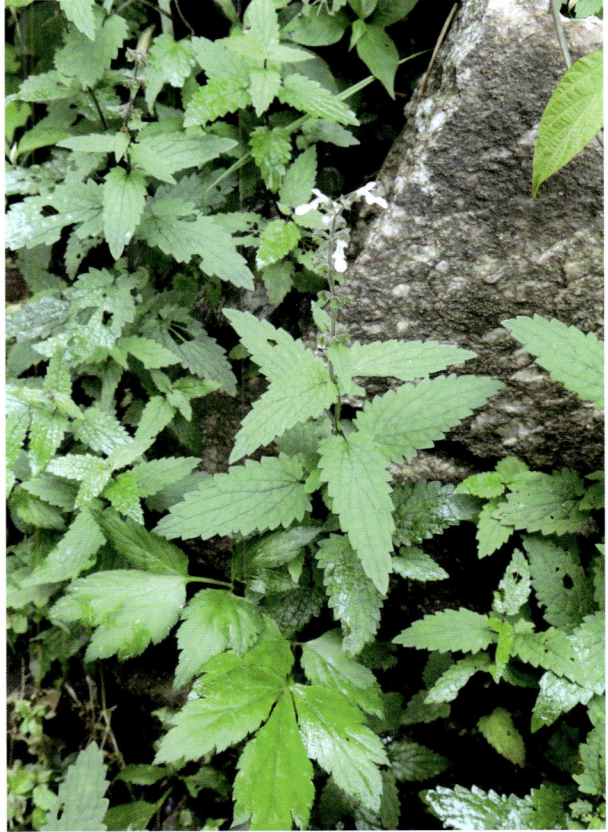

生境与分布　生于荒地、田地及草丛湿地上，萍乡、赣州等地常见。

利用价值　可作猪、鹅饲料。

藿香 | 藿香属 *Agastache*
Agastache rugosa (Fisch. et Mey.) O. Ktze.

形态特征 多年生草本。茎直立，高 0.5~1.5m，四棱形，上部被极短的细毛，下部无毛，在上部具能育的分枝。叶心状卵形至长圆状披针形，长 4.5~11cm，宽 3~6.5cm，向上渐小，先端尾状长渐尖，基部心形，稀截形，边缘具粗齿，纸质，上面橄榄绿色，近无毛，下面略淡，被微柔毛及点状腺体。轮伞花序多花，在主茎或侧枝上组成顶生密集的圆筒形穗状花序，穗状花序长 2.5~12cm，直径 1.8~2.5cm；花序基部的苞叶披针状线形，长渐尖，苞片形状与之相似，较小；轮伞花序具短梗，被腺微柔毛；花萼管状倒圆锥形，被腺微柔毛及黄色小腺体，多少染成浅紫色或紫红色，喉部微斜，萼齿三角状披针形。花冠淡紫蓝色，长约 8mm，外被微柔毛；雄蕊伸出花冠，花丝细，扁平，无毛；花柱与雄蕊近等长，丝状，先端相等的 2 裂；花盘厚环状；子房裂片顶部具茸毛。成熟小坚果卵状长圆形，腹面具棱，先端具短硬毛，褐色。花期 6~9 月，果期 9~11 月。

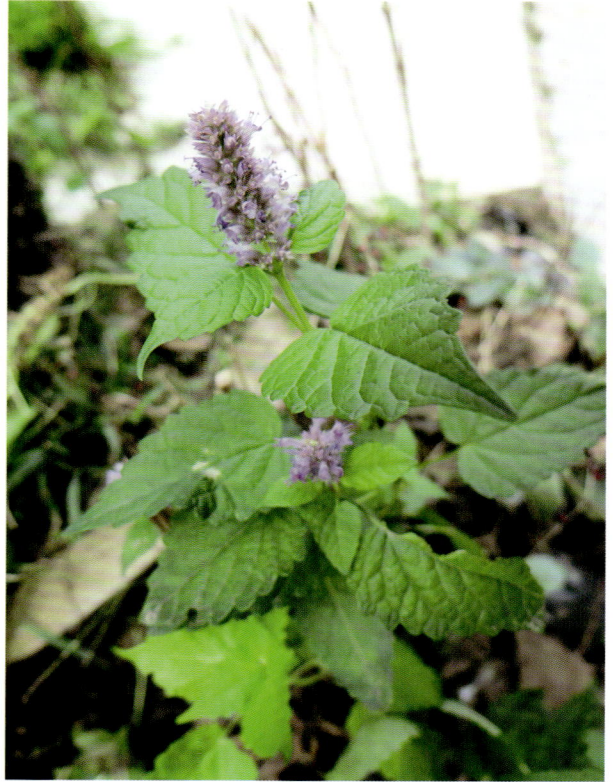

生境与分布 生于田间地头、房前屋后、草地等，全省各地可见。

利用价值 可作饲料添加剂。全草入药，有止呕吐、治霍乱腹痛、驱逐肠胃充气、清暑等功效。果可作香料。叶及茎均富含挥发性芳香油，香味浓郁，为芳香油原料。

通泉草

通泉草属 *Mazus*
Mazus pumilus (N. L. Burman) Steenis

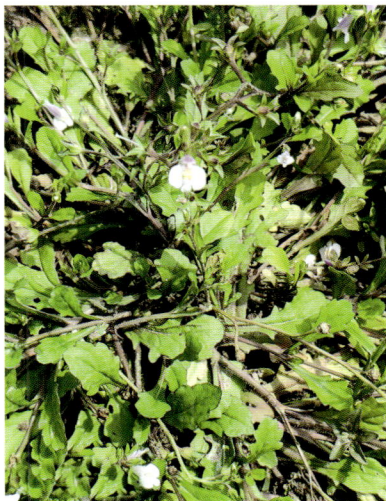

形态特征　一年生草本。无毛或疏生短柔毛。茎高5~30cm，直立或倾斜，不具匍匐茎，通常自基部多分枝。叶对生或互生，倒卵形或至匙形，长2~6cm，基部楔形，下延成带翅的叶柄，边缘具不规则粗齿。总状花序顶生，比带叶的茎段长，有时茎仅生1~2片叶即生花；花梗果期长达10mm，上部的较短，花萼花期长约6mm，果期多少增大，有时长达10mm，直径可达15~20mm；花冠紫色或蓝色，长约10mm，上唇短直，2裂，裂片尖，下唇3裂，中裂片倒卵圆形，平头。蒴果球形，与萼筒平。

生境与分布　生于湿润的草坡、沟边、路旁及林缘，全省常见。

利用价值　可作牛、猪饲料。

麦冬 | 沿阶草属 *Ophiopogon*
Ophiopogon japonicus (L. f.) Ker-Gawl.

形态特征 草本。根较粗,常膨大成椭圆形、纺锤形的小块根,块根长1~1.5cm,直径5~10mm。地下匍匐茎细长。茎短。叶基生或密丛,禾叶状,具3~7条脉。花莛长6~27cm,总状花序轴长2~5cm,具8~10余朵花,花1~2朵生于苞片腋,苞片披针形,最下面的长达7~8mm,花梗长3~4mm,关节位于中部以上或近中部,花被片6片,披针形,顶端急尖或钝,长约5mm,白色或深紫色,雄蕊6枚,花丝很短,花药三角状披针形,长2.5~3mm,子房半下位,花柱长约4mm,较粗,宽约1mm,向上渐狭,顶端钝。种子球形,直径7~8mm。

生境与分布 生于山坡阴湿处、林下或溪旁,全省各地均有分布。
利用价值 牛吃叶片。小块根有生津解渴、润肺止咳之功效。

麦冬营养期茎叶的化学成分

生育期	样品	干物质(%)	占干物质比例(%)						
			粗蛋白	粗脂肪	粗纤维	无氮浸出物	粗灰分	钙	磷
营养期	全株	94.16	14.96	8.56	30.88	31.69	8.07	1.33	0.31

采集地点:江西省南昌市南昌县莲塘镇;送检单位:江西省农业科学院畜牧兽医研究所。

银杏 | 银杏属 *Ginkgo*
Ginkgo biloba L.

形态特征　乔木。高达 40m。幼树树皮浅纵裂，大树之皮呈灰褐色，深纵裂，粗糙；幼年及壮年树冠圆锥形，老则广卵形；枝近轮生，斜上伸展；一年生的长枝淡褐黄色，2 年生以上变为灰色，并有细纵裂纹；短枝密被叶痕，黑灰色，短枝上亦可长出长枝；叶扇形，有长柄，淡绿色，无毛，有多数叉状并列细脉，顶端宽 5～8cm，在短枝上常具波状缺刻，在长枝上常 2 裂，基部宽楔形，幼树及萌生枝上的叶常较大而深裂，有时裂片再分裂，叶在 1 年生长枝上螺旋状散生，在短枝上 3～8 叶呈簇生状；初生叶 2～5 片，宽条形，长约 5mm，宽约 2mm，先端微凹，第 4 或第 5 片起之后生叶扇形，先端具一深裂及不规则的波状缺刻，秋季落叶前变为黄色。球花雌雄异株，单性，生于短枝顶端的鳞片状叶的腋内，呈簇生状；雄球花柔荑花序状，下垂，雄蕊排列疏松，具短梗，花药常 2 个，长椭圆形；雌球花具长梗，梗端常分两叉，每叉顶生一盘状珠座，胚珠着生其上，通常仅一个叉端的胚珠发育成种子，风媒传粉。种子具长梗，下垂，常为椭圆形、长倒卵形、卵圆形或近圆球形，长 2.5～3.5cm。花期 3～4 月，种子 9～10 月成熟。

生境与分布　生于海拔 500～1000m、酸性（pH 值 5～5.5）黄壤、排水良好地带的天然林中，常与柳杉、榧树、蓝果树等针阔叶树种混生，生长旺盛，南北各地有分布。

利用价值　营养含量较高，特别是粗脂肪含量很高。适口性中，山羊采食。营养价值中。优良木材，供建筑、家具、室内装饰、雕刻、绘图版等用。种子可食用（多食易中毒）及药用。叶可作药用和制杀虫剂，亦可作肥料。可作庭园树及行道树。

银杏初始枯黄期叶的化学成分

生育期	样品	干物质（%）	占干物质比例（%）						
			粗蛋白	粗脂肪	粗纤维	无氮浸出物	粗灰分	钙	磷
初始枯黄期	叶片	90.48	9.37	10.26	15.48	41.08	14.29	3.96	0.23

采集地点：江西省赣州市南康区横市镇；送检单位：江西省农业科学院畜牧兽医研究所。

马尾松 | 松属 *Pinus*
Pinus massoniana Lamb.

形态特征　乔木。高达45m，胸径1.5m。树皮红褐色，下部灰褐色，裂成不规则的鳞状块片。枝平展或斜展，树冠宽塔形或伞形，枝条每年生长一轮，淡黄褐色；冬芽卵状圆柱形或圆柱形，褐色，顶端尖。针叶2针一束，稀3针一束，长12~20cm，细柔，微扭曲，两面有气孔线，边缘有细锯齿；叶鞘初呈褐色，后渐变成灰黑色，宿存。雄球花淡红褐色，圆柱形，弯垂，聚生于新枝下部苞腋，穗状；雌球花单生或2~4个聚生于新枝近顶端，淡紫红色，1年生小球果圆球形或卵圆形，褐色或紫褐色，上部珠鳞的鳞脐具向上直立的短刺，下部珠鳞的鳞脐平钝无刺。球果卵圆形、圆锥状卵圆形，有短梗，下垂，成熟前绿色，熟时栗褐色，陆续脱落；中部种鳞近矩圆状倒卵形，或近长方形；鳞盾菱形，微隆起或平，横脊微明显，鳞脐微凹，无刺，生于干燥环境者常具极短的刺；种子长卵圆形；子叶5~8枚；初生叶条形，长2.5~3.6cm，叶缘具疏生刺毛状锯齿。花期4~5月，球果翌年10~12月成熟。

生境与分布　适应性强，丘陵、岗地、瘠薄土壤均能生长，全省各地可见。

利用价值　松针粉可作饲料喂猪。山羊采食。适口性中等，饲用价值中等。供建筑、枕木、矿柱、家具及木纤维工业（人造丝浆及造纸）原料等用。树干可割取松脂，为医药、化工原料。树干及根部可培养茯苓、蕈类，供中药及食用，树皮可提取栲胶。为长江流域以南重要的荒山造林树种。

马尾松开花期叶的化学成分

生育期	样品	干物质 (%)	占干物质比例（%）						
			粗蛋白	粗脂肪	粗纤维	无氮浸出物	粗灰分	钙	磷
开花期	松针	91.33	11.38	3.97	32.63	40.01	3.34	0.63	0.26

采集地点：江西省赣州市龙南县九连山；送检单位：江西省农业科学院畜牧兽医研究所。

芒萁

芒萁属 *Dicranopteris*
Dicranopteris pedata (Houttuyn) Nakaike

形态特征　植株高 45～120cm，直立。根状茎细长而横走。叶疏生，纸质，幼时沿轴及叶脉有锈黄色毛，老时逐渐脱落，叶轴一至二回或多回分叉，各回分叉的腋间有一个休眠芽，密被茸毛，并有一对叶状苞片；基部两侧有一对羽状深裂的阔披针形羽状片，裂片条状披针形，钝头，顶端常微凹，全缘，侧脉每组有小脉 3～5 条。孢子囊群生于每组侧脉的中部，在主脉两侧各排一行。

生境与分布　生于强酸性土的荒坡或林缘或马尾松下，全省各地均有分布。

利用价值　羊吃少量叶；将芒萁入坑埋土，繁殖白蚁喂鸡。还可保持水土。

海金沙 | 海金沙属 *Lygodium*
Lygodium japonicum (Thunb.) Sw.

形态特征　多年生攀缘植物。长可达 4m。叶多数对生于茎上的短枝两侧，短枝长 3～5mm，相距 9～11cm，叶二型、纸质，连同叶轴和羽轴有疏短毛；不育叶尖三角形，长宽各约 10～12cm，二回羽状，小羽片掌状或三裂，边缘有不整齐的钝齿；能育叶卵状三角形，小羽片边缘生流苏状的孢子囊穗，排列稀疏，暗褐色。

生境与分布　生于路边或山坡疏灌丛中，南北各地有分布。

利用价值　牛、羊喜吃嫩叶。具通和小肠，疗伤寒热狂，治湿热肿毒、小便热淋、膏淋、血淋、石淋、经痛、解热毒气。

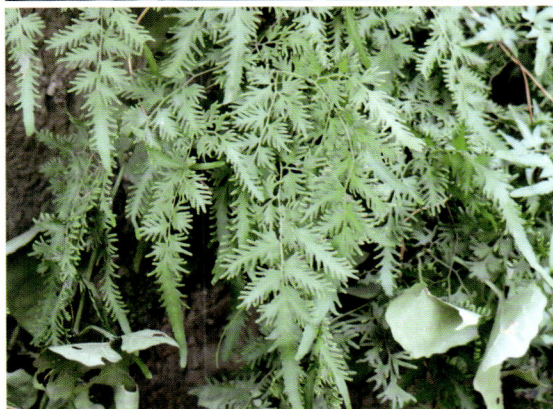

海金沙的化学成分

占干物质比例（%）						
粗蛋白	粗脂肪	粗纤维	无氮浸出物	粗灰分	钙	磷
10.17	——	29.94	——	7.88	0.24	0.12

数据来源：余世俊.江西牧草 [M]. 北京：中国农业出版社，1997:188.

蕨

蕨属 *Pteridium*
Pteridium aquilinum var. *latiusculum* (Desv.)Underw.ex Heller

形 态 特 征　多年生草本。根状茎粗长，横行土上，被茸毛。叶柄长 30~100cm，草黄色，基部色暗，叶呈三角形或阔披针形，革质，三回羽状复叶，下部羽片对生，有长柄，外形三角形，全缘或基部圆齿状分裂；叶脉多数，通常叉状分枝，中脉被毛。孢子囊沿叶缘着生，成连续长线形，叶缘反卷，形成孢子囊群盖。3~4 月萌芽，夏季生长旺盛，10~11 月枯黄。

生境与分布　生于山地阳坡及森林边缘阳光充足的地方，全省各地有分布。

利 用 价 值　在放牧时一般家畜不主动采食，但是刈制后各种家畜均食。夏季采集全草煮熟、晒干或青贮发酵后可用来喂猪。9~10 月挖出根状茎，除去杂质泥土，晒干粉碎后，可作牲畜的精料，也可提取淀粉。嫩苗为味美的山野菜，可炒食或做汤或腌制咸菜，故名蕨菜。根状茎入中药。

蕨营养期茎叶的化学成分

生育期	样品	干物质 (%)	占干物质比例 (%)						
			粗蛋白	粗脂肪	粗纤维	无氮浸出物	粗灰分	钙	磷
营养期	嫩茎叶	91.43	15.74	2.63	33.59	31.72	7.74	0.51	0.29

采集地点：江西省赣州市信丰县古陂镇；送检单位：江西省农业科学院畜牧兽医研究所。

乌蕨

乌蕨属 *Odontosoria*
Odontosoria chinensis J. Sm.

形态特征　植株高矮不一，小的约30cm，大的可达1m。根状茎短而横走，密生赤褐色钻状鳞片。叶近生，厚革质，无毛；叶柄禾秆色至棕禾秆色，有光泽，叶片披针形或长圆状披针形，四回羽状细裂，末回裂片阔楔形，截头或圆截头。有不明显的小牙齿或浅裂成2～3小圆片；叶脉在小裂片上二叉。孢子囊群位于裂片顶部，顶生于小脉上，每裂片1～2枚；囊群盖厚纸质，杯形或浅杯形，口部全缘，或多少啮齿状。

生境与分布　生于林下或灌丛中阴湿地，全省各地均有分布。

利用价值　全草煮熟、晒干或青贮发酵后可用来喂猪。

乌蕨营养期茎叶的化学成分

生育期	样品	干物质（%）	占干物质比例（%）						
			粗蛋白	粗脂肪	粗纤维	无氮浸出物	粗灰分	钙	磷
营养期	茎叶	93.57	7.99	1.32	32.79	46.77	4.69	0.36	0.13

采集地点：江西省萍乡市芦溪县新泉乡；送检单位：江西省农业科学院畜牧兽医研究所。

枫香树 | 枫香树属 *Liquidambar*
Liquidambar formosana Hance

形态特征 落叶乔木。高达 30m，胸径最大可达 1m。树皮灰褐色，方块状剥落。小枝干后灰色，被柔毛，略有皮孔；芽体卵形，略被微毛，鳞状苞片敷有树脂，干后棕黑色，有光泽。叶薄革质，阔卵形，掌状 3 裂，中央裂片较长，先端尾状渐尖；两侧裂片平展；基部心形；叶面绿色，干后灰绿色，不发亮；叶背有短柔毛，或变秃净仅在脉腋间有毛；掌状脉 3～5 条，在两面均显著，网脉明显可见；边缘有锯齿，齿尖有腺状突；叶柄常有短柔毛；托叶线形，游离，或略与叶柄连生，红褐色，被毛，早落。雄性短穗状花序常多个排成总状，雄蕊多数；雌性头状花序有花 24～43 朵。头状果序圆球形，木质；蒴果下半部藏于花序轴内，有宿存花柱及针刺状萼齿；种子多数，褐色，多角形或有窄翅。

生境与分布 性喜光，多生于平地、村落附近及低山的次生林，南北各地可见。

利用价值 嫩枝叶牛羊采食，营养价值良，适口性差，饲用价值中。树脂供药用，能解毒止痛，止血生肌。根、叶及果实亦入药，有祛风除湿、通络活血之功效。木材稍坚硬，可制家具及贵重商品的装箱。

枫香树营养期茎叶的化学成分

生育期	样品	干物质 (%)	占干物质比例 (%)						
			粗蛋白	粗脂肪	粗纤维	无氮浸出物	粗灰分	钙	磷
营养期	嫩枝叶	90.67	20.58	0.94	15.71	42.09	11.35	3.48	0.21

采集地点：江西省景德镇市乐平市接渡镇；送检单位：江西省农业科学院畜牧兽医研究所。

陌上菜

陌上菜属 *Lindernia*
Lindernia procumbens (Krock.) Borbas

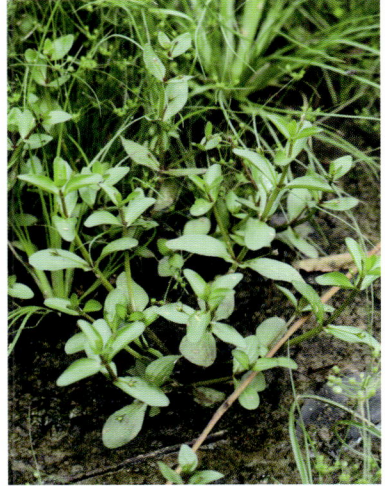

形态特征　直立草本。根纤密成丛。茎高 5～20cm，基部多分枝，无毛。叶无柄；叶片椭圆形至矩圆形多少带菱形，长 1～2.5cm，宽 6～12mm，顶端钝至圆头，全缘或有不明显的钝齿，两面无毛，叶脉并行，自叶基发出 3～5 条。花单生于叶腋，花梗纤细，比叶长，无毛；萼仅基部联合，齿 5，条状披针形，顶端钝头，外面微被短毛；花冠粉红色或紫色；雄蕊 4，全育，前方 2 枚雄蕊的附属物腺体状而短小；花药基部微凹；柱头 2 裂。蒴果球形或卵球形，与萼近等长或略过之，室间 2 裂；种子多数，有格纹。花期 7～10 月，果期 9～11 月。

生境与分布　生于水边及潮湿处，南昌、萍乡等地常见。

利用价值　可作猪、鹅饲料，牛羊亦可食。

泥花草 | 陌上菜属 *Lindernia*
Lindernia antipoda (L.) Alston

形 态 特 征　一年生草本。根须状成丛。茎幼时亚直立，长大后多分枝，枝基部匍匐，下部节上生根，弯曲上升，高可达 30cm，茎枝有沟纹，无毛。叶片矩圆形、矩圆状披针形、矩圆状倒披针形或几为条状披针形，长 0.3~4cm，宽 0.6~1.2cm，顶端急尖或圆钝，基部下延有宽短叶柄，而近于抱茎，边缘有少数不明显的锯齿至有明显的锐锯齿或近于全缘，两面无毛。花多在茎枝之顶成总状着生，花序含花 2~20 朵；苞片钻形；花梗有条纹，顶端变粗，花期上升或斜展，在果期平展或反折；萼仅基部联合，齿 5，条状披针形，沿中肋和边缘略有短硬毛；花冠紫色、紫白色或白色上唇 2 裂，下唇 3 裂，上、下唇近等长；后方一对雄蕊有性，前方一对退化，药消失，花丝端钩曲有腺；花柱细，柱头扁平，片状。蒴果圆柱形，顶端渐尖，长约为宿萼的 2 倍或较多；种子为不规则三棱状卵形，褐色，有网状孔纹。花果期春季至秋季。

生境与分布　多生于田边及潮湿的草地中，全省各地可见。

利 用 价 值　可作猪、鹅饲料，牛、羊亦可采食。全草可药用。

长叶蝴蝶草 | 蝴蝶草属 Torenia
Torenia asiatica L.

形态特征 一年生草本。疏被向上弯的硬毛，铺散或倾卧而后上升。茎具棱或狭翅，自基部起多分枝；枝对生，或由于一侧不发育而成二歧状。叶具长0.3～0.5cm 之柄；叶片卵形或卵状披针形，长 2～3.5cm，宽 1～1.8cm，两面疏被短糙毛，边缘具带短尖的锯齿或圆锯齿，先端渐尖或稀为急尖，基部近于圆形，多少下延。花单生于分枝顶部叶腋或顶生，或 3～5 朵于近顶部的叶腋，排成伞形花序；萼狭长；上部稍扩大；萼齿 2 枚，长三角形，先端渐尖，具 5 枚宽 1～1.5mm 之翅，其中后方有 2 枚较窄；果期萼成长椭圆形，先端渐尖而稍弯曲，常裂成 3～4 枚小齿；花冠暗紫色；上唇倒卵圆形；下唇三裂片近于圆形，各有 1 蓝色斑块。蒴果长椭圆形，长 1.6cm，宽0.4cm。种子小，矩圆形或近于球形，黄色。花果期 5～11 月。

生境与分布 生于沟边湿润处，全省各地可见。

利用价值 可作猪、鹅饲料。

杜英科 ELAEOCARPACEAE

山杜英

杜英属 *Elaeocarpus*
Elaeocarpus sylvestris (Lour.) Poir.

形态特征 常绿乔木。幼枝疏生短毛，后变无毛。叶纸质，狭倒卵形，顶端渐尖或短渐尖，基部楔形，边缘在中部以上有不明显钝齿，无毛，侧脉 5~8 条；叶柄长 5~12mm。总状花序腋生或生于叶痕的腋部，长 2~6cm；花白色；花梗长 2~5mm；萼片披针形，长 3~4mm，外面生短毛；花瓣长 4~5mm，无毛，细裂至中部或中部以下，裂片丝形，雄蕊多数，花药顶孔形裂；子房有绒毛。核果椭圆形。

生境与分布 生于山地、沟谷、杂木林中，中部和南部有分布。

利用价值 春季牛、羊吃少量叶。

第三篇
江西优异野生牧草资源的
保护与开发利用

　　江西省野生资源丰富，不乏优异野生牧草资源，如禾本科的野燕麦、鹅观草、扁穗雀麦；豆科的葛藤、决明、合萌；蓼科的金荞麦和酸模等。其中，金荞麦因人工繁殖快，功能多样，开发价值较高，但江西野生居群却在减少，并已被收入国家二级保护野生植物名录。下面主要介绍金荞麦等优异野生牧草的保护与利用情况，以期加强重点保护的同时，探讨如何进行合理地开发利用。

一、江西金荞麦野生资源的保护与开发利用

（一）金荞麦野生资源的保护与引种栽培

1. 野生金荞麦资源濒危原因

　　江西省 11 个行政区内均分布有野生金荞麦资源，但每个居群的面积在不断缩小，甚至濒临灭绝或已经灭绝，如新余、赣州等地的野生金荞麦居群已小于 1m²；南昌的一个 10m² 左右的金荞麦居群，因城镇化建设，于 2020 年被夷为平地，现在原生境的居群已经灭绝（江西省农业科学院畜牧兽医研究所已将其收集保存于资源圃）。究其原因，主要包括自然因素、人为因素和外来物种入侵等三个方面。

　　（1）自然因素。自然灾害例如暴雨、冰雪、洪水、地震、干旱、水涝、山火、暴风雪、极度的高低气温等恶劣灾害直接或间接地都会对野生金荞麦的生长发育、开花结籽及其分布地造成严重影响。

　　（2）人为因素。长期以来，野生金荞麦多在山坡、沟谷、林地、灌丛、草丛、旷野等处生长，自生自灭，但由于现代工业、交通运输业、集约化农业的发展，矿山的开采，矿渣的倾倒，水库的建设，人口的增加，乡村和城镇的扩建，大规模开荒，放火烧山、乱砍滥挖、生活垃圾的填埋、环境污染等人为活动，侵占了野生金荞麦生长地，改变或破坏了原有自然生态环境，影响了野生金荞麦的正常生长及限制了传播，导致野生金荞麦分布区域萎缩，植株数量和种群逐渐减少。其中对野生金荞麦的分布、生长及其生态环境影响最大的是修路等建设工程。

　　（3）外来物种入侵。外来生态入侵物种通常繁殖力、适应力和抗逆能力极强，生长快，传播方式多样，具有极强劲的生命力，常形成单一优势种群或与当地植物混杂生长。

2. 野生金荞麦的保护措施和对策

　　（1）原生境保护。野生金荞麦经过长期自然选择、生存竞争演化，其生长发育和后代繁衍已适应野外生态环境，特别是其繁殖方式适应原生态环境，因此，原生境保护是最有效的保护方式。为使野生金荞麦延续下来，实现物种多样性、生态多样性、遗传物质多样性的要求，建议在宜春等野生金荞麦种群分布和物种多样性较为集中的区域选点设立多个原生境保护区。

　　（2）人工异地繁殖和野外回归。野生金荞麦除就地保护外，对于陷入濒危境地的物种必须采用人工异地繁殖方式，保存其种质、扩大其种群，以避免种群消失。根据编者的研究，野生金荞麦在异地人为环境条件下均能正常生长并结实，这证明异地人工繁殖是可行

的。但是，在人为环境下并不能完全代替野生环境中处于自然进化历程中的自然种群，因为在长期栽培状态下会丧失野生状态所具有的许多遗传特性。因此，将野生金荞麦通过人工异地繁殖，待其种子达到一定数量时开展回归试验，将其种子播于原产地的原生境中，让其归化自然，逐渐恢复原始状态，增加植株数量、壮大物种种群。

（3）异地保护。异地保存是将需保护的种质资源（种子、花粉、组织和个体）从原产地或自然生境中迁移到一定的保护设施或场所中进行保护的方法，其目的在于尽可能完整地保存种质资源在原产地的遗传多样性和遗传组成。野生金荞麦种质资源异地保存如同电脑备份文件一样，可以大大提高野生金荞麦种质资源保存的安全系数，降低因自然和人为破坏导致野生金荞麦灭绝的风险。鉴于野生荞麦资源的濒危状况，野生金荞麦种质资源的异地保存，主要有以种子保存的种质资源库和以地下块茎保存的种质资源圃两种形式。

①种质资源库低温保存。种质资源库保存是通过对采集到的金荞麦种子材料进行必要的处理（如检疫、灭菌等）以及创造一定的贮藏条件，让种质样本长期和最大限度地保持活力，来达到保证样本基因频率不发生变化而最终保存遗传多样性。种质资源库低温保存是目前保存植物种子最安全、最经济、最有效的方法。

野生金荞麦的种子在自然条件下能保存约 2 年，随着时间的延长逐渐失去萌发力，3 年以上萌发力完全丧失。据研究表明，野生金荞麦的种子在低温（-20℃）条件下保存最长可达 10 年以上。野生金荞麦种质资源若要长期保持其生活力及遗传特性，在自然条件下保存的种子每 1 年或 2 年复种，而在低温保存下的种子最好每隔 3~5 年就要进行复种。

②种质资源圃保存。野生金荞麦为多年生植物，植株地下部分具有块茎营养繁殖器官，选择适合野生金荞麦生长、发育、繁殖的区域及生态环境，通过在异地建立野生金荞麦种质资源圃种植地下繁殖组织，可有效、长久地保存，不会因自然和人为因素的影响而导致种质资源的丢失。

野生金荞麦原生境保护与异地保护相结合，种质资源库、种质资源圃与原生境保护区相补充的多样化保存技术体系，必将大大提高江西野生金荞麦种质资源保存的可靠性和安全性（刘建林，2012）。

3. 野生金荞麦资源的引种栽培

尽管金荞麦已被列为国家二级保护野生植物，但江西省仍未对其进行有效保护，部分居群已经灭绝或濒临灭绝，因此，通过收集其种子或剪取部分茎节，人工异地繁殖和引种栽培，即可对金荞麦资源进行保护，又可将其作为牧草或药草等进行生产，为当地经济发展服务。

（1）选点、整地。结合金荞麦的生物学特性和生长习性，拟种植区域应选择地势干燥、排水良好的砂壤土。将杂草清除后进行耕翻整地 2 次，整地深度 30cm 左右，深翻的同时，每亩地施入 2000kg 左右的农家肥和 50kg 左右的磷肥，让其与土壤充分混合均匀后，将地块整平。

（2）植株繁殖方法。金荞麦的植株繁殖主要分为种子繁殖、块茎繁殖和扦插繁殖，为不破坏原生境，引种时尽量采用种子繁殖和插条繁殖。

①种子繁殖。根据繁殖时间可分为春播和秋播。春播在 3 月中下旬，采用开沟条播法进行播种，开沟起垄宽度 50cm，深度 5cm，均匀播入种子，用细土覆盖，稍用力压，播种后土壤要保持湿润，在气温 10~18℃的条件下，15~20 天即可出苗，4 月上旬即可按照 30cm×50cm 的株行距进行挖穴分苗移栽；秋播在 10 月下旬或 11 月初进行，第 2 年 4 月出苗，出苗率可达 60%~80%。为保证种子在土壤中顺利越冬，播种后的厢面要覆草保温，让种子免受冻害。

②扦插繁殖。选取组织充实、芽眼饱满的枝条，剪成长 15cm 左右的插条，每个插条上有 2~3 个芽眼。将插条的 2/3 埋入苗床，1/3 露在外面，株行距 9cm×12cm。苗床以河沙为基质最佳，且保持湿润，夏天插条约 20 天后生根。繁殖成活后，在秋季按照 30cm×50cm 的株行距进行挖穴分苗移栽。

（3）田间管理。除杂草：幼苗期杂草生长非常迅速，为避免杂草生长势强于金荞麦，影响其生长，要勤除杂草，且必须采用人工除草。

追肥：在苗高 50~60cm 时或在开花前进行一次追肥，每亩用尿素 5kg、钾肥 10kg 兑水进行叶面喷施，每 100g 尿素加 150g 钾肥兑 50kg 水。

排灌水：雨季雨水过多要及时挖沟排水，干旱时要根据具体情况适当补充水分。

病虫害防治：金荞麦的抗病虫害能力较强，病虫危害发生较少较轻，若病虫害发生轻微气候比较干燥可不进行化学防治。金荞麦主要虫害是蚜虫，主要病害是病毒病。 ①蚜虫。蚜虫的若虫吸食金荞麦茎叶汁液，导致金荞麦枯萎，造成危害。防治方法：冬季清园，将枯枝落叶深埋或烧毁，消灭越冬虫；在发生期用 2.5% 溴氰菊酯乳剂 3000 倍液或 40% 吡虫啉水溶剂 1500~2000 倍液等，喷洒植株 1~2 次进行喷杀，每次喷药时间 10~15 天。 ②病毒病。主要危害叶片，被危害叶片呈花叶状或卷曲皱缩。防治方法：繁殖时选择无病毒植株，也可在种子播前用清水浸种 4 小时后捞出，放入 10% 的磷酸三钠溶液中浸 20 分钟后洗净；防治介体，拔除病枝、清除田间杂草等以减少田间侵染来源。当发现病毒病时，用 32% 核苷溴吗啉胍喷施 2~3 次。

（二）金荞麦的开发利用

1. 作为中草药利用

金荞麦是中国重要的传统中药材，在中医学和现代医学中仍有着广泛的应用。据明代兰茂所著《滇南本草》所载，金荞麦"治五淋、（赤）曰浊，杨梅结毒、丹流等症"，《本草拾遗》《李氏草秘》《纲目拾遗》中也均有"性寒、味酸苦，清热，解毒、祛风利湿"的记载。金荞麦的块根活性提取物中富含黄酮类、萜类、酶类、甾体、有机酸和苷类等化合物，其中黄酮类是其主要有效成分，具有清热解毒、清肺排痰、排脓消肿、软坚散结、调经止痛、清除自由基、抗氧化、抗癌防癌等作用。目前，我国已有 18 种药品以金荞麦作为主要原料，如"急支糖浆""威麦宁胶囊""金荞麦片""金荞麦胶囊"等中成药。主治扁桃体炎、肺炎、痢疾、月经不调、腰痛、劳伤等症，研粉搽敷治虫、蛇、犬咬伤，并治痈疽毒疮、跌打损伤等（梁成刚，2018；国家药典委员会，2010）。

2. 在畜禽养殖产业中的应用

金荞麦易繁殖、产量高，其产量与菊苣相当，是苜蓿的 3 倍，苏丹草的 2 倍。相比其他牧草，金荞麦茎叶作为饲草的主要优势还表现在以下 5 个方面。

（1）营养物质丰富，被认为是高蛋白质牧草，可作猪、牛、羊、马、鸡、鹅等畜禽的青绿饲草资源。各种畜禽的日喂量分别为猪 4～8kg，鸡 0.2～0.5kg，鹅 0.5～1.0kg，兔 0.2～0.4kg，牛 10～15kg，羊 4～8kg（邓蓉，2014）。

（2）次生代谢物质独特，富含以芦丁为代表的一系列黄酮类物质以及多种维生素，对于禽畜的健康成长和品质改良有独特作用。

（3）可提高动物抗病性。野生金荞麦已被列入《中国兽药典》，其全株含有抑菌活性成分，可作为饲料添加剂用于抑制畜禽的白痢沙门氏菌、大肠杆菌、金黄色葡萄球菌等病菌。在 1994 年农业部发布的《饲料药物添加剂允许使用品种目录》中，金荞麦是其中 12 种中草药之一；2003 年公布的《无公害食品肉鸡饲养兽医防疫准则》（NY 5036—2001）里，唯一准许使用的中药制剂是金荞麦散。

（4）金荞麦茎叶柔嫩多汁，适口性好，猪、马、牛、羊等均喜食，可作为优质青饲料，且耐刈割，产量高，病虫害少，易于人工栽培管理，易成活，再生性高，适宜推广应用。

（5）具有环境友好性。与全价配合饲料饲喂相比，用金荞麦饲喂可降低猪排泄物中氮、磷和有机质等对环境的污染，有利于生态养殖业的可持续发展。另外，有研究表明，以金荞麦作为饲料喂食牛，可以减少牛的甲烷排放量，对环境保护起到一定作用（朱磊，2019）。

据《药食同源 天然植物饲料原料与应用》记载（刘凤华，2021），金荞麦根粉作为药物在畜禽养殖的用量一般为马、牛 60～150g，羊、猪 15～60g，兔、禽 1~3g。外用鲜品适量。具体方法因应用目的而异：① 提高鸭群免疫水平：在三穗麻鸭日粮中添加 2% 的金荞麦，能显著提高鸭群对禽流感和鸭瘟疫苗的免疫应答，以及体液免疫和细胞免疫水平。② 增强肉鸡免疫力和促生长：饲料二添加 4.50%、8.75% 金荞麦超微粉，连续饲喂白羽肉鸡 7d，可显著提高 AIV 和 NDV 抗体效价、脾脏和法氏囊器官指数，增加肉鸡体重等。③ 肠道保健改善猪屠宰性能和肉品质：用金荞麦代替部分精料饲喂仔猪，可有效降低仔猪直肠粪便中的大肠杆菌和沙门菌的数量，从而降低腹泻率，增强肠道健康。还可提高猪的屠宰率、瘦肉率，降低滴水损失，增加猪肉中粗蛋白、肌内脂肪含量，大大提高肉品质和风味等。④ 改善母猪繁殖性能：新鲜青蒿茎叶 30%、新鲜金荞麦茎叶 50%、新鲜茶叶 20%，在基础日粮中添加 20%，从妊娠 30d 开始至仔猪 21d 断奶饲喂母猪 105d，可减少死胎、提高仔猪初生重、断奶体重，显著降低仔猪腹泻率。⑤ 提高断奶仔猪生长性能、降低腹泻率：黄连 30%，金荞麦、黄柏各 20%，白头翁、黄芪、朱砂莲各 10%，混合，在日粮中添加 0.5% 饲喂断奶仔猪 3d，能提高仔猪平均日增重 21.43%，降低腹泻率 6.30%（$P < 0.05$）。⑥ 提高瘦肉型猪增重和饲料转化率：金荞麦草粉 74.33%，黄芪 6.67%，何首乌、当归、黄连各 3.33%，黄连各 3.33%，党参、金银花各 1.67%，陈皮 5%，维生

素C0.67%，全部粉碎后混合均匀，在基础日粮中添加3%饲喂二元杂交瘦肉型猪90d，显著提高猪日增重12.85%（$P<0.11$）。⑦ 鸡呼吸道感染、细菌性下痢、葡萄球菌病等，每羽1~3g；日粮中添加0.1%金荞麦，饲喂1日龄至14日龄雏鸡，防治雏鸡白痢，保护率可达93%以上。用于奶牛、猪、奶山羊乳腺疾病，奶牛250~400g；羊、猪50g。⑧ 禽支原体病：金银花、金荞麦根、麻黄、杏仁、石膏、桔梗、黄芩、连翘、牛蒡子、穿心莲、甘草。治疗按每鸡每次0.5~1.0g拌料或煎汁饮水，连用5d。预防按上述剂量每隔5日用1次，连用5~8次。

3. 作为保健品开发利用

金荞麦籽粒中含有18种氨基酸，包括苏氨酸、亮氨酸、赖氨酸等人体所必需的8种氨基酸。其多数氨基酸的含量超过或接近栽培苦荞品种和甜荞品种，高于小麦、玉米、水稻等主要粮食作物的含量。金荞麦籽粒中还含有多种微量元素和维生素，如铜、硒、锌、铁、维生素E等；此外，其含有的芦丁等生物类黄酮，可以增加血管的抵抗力，对毛细血管的脆性和通透性有减弱的作用，对心脑血管、贫血等症状也可以起到一定的积极作用。以金荞麦粉和小麦粉、鸡蛋、糖等可制作出营养保健、色泽口感均优的清蛋糕和吐司面包，金荞麦籽粒为原料还可做金荞麦茶、金荞麦挂面等。

金荞麦的茎叶中含有丰富的粗蛋白、钙、磷及丰富的氨基酸，可以被开发成保健茶，与甜荞粉、微晶纤维素等制成金荞麦发酵茶咀嚼片等（刘光德，2006；周美亮，2018；王璐瑷，2019）。

4. 作为蔬菜利用

金荞麦的幼嫩植株部分是深受欢迎的蔬菜之一，与救心菜（*Coral dealbatus*）、板蓝根（*Radix isatidis*）、菜用当归（*Radix angelica*）、苦叶菜（*Ratrinia scabiosaefolia*）等药食兼用蔬菜相比，金荞麦苦味较轻，微酸，口感似马齿苋，属于中产蔬菜品种，可凉拌，亦可炒（周美亮，2018；王璐瑷，2019；何远宽，2018；何远宽，2016）。

5. 作为园林利用

金荞麦为多年生草本，茎直立，高50~100cm，分枝多，叶三角形，单叶互生，花序伞房状，顶生或腋生，花白色，在江西开花期长，5~11月均可开放。因此，具有较高的观赏价值，可作为园林绿化、盆栽、切花等。

（1）园林绿化应用。金荞麦可单独或配合其他花卉，依据不同类型绿地的性质和功能要求，通过时间和空间的合理布局，可打造出集观赏、休闲、体验、娱乐和生态于一体的具有地方特色的园林景观，提高城市园林的自然度（杨素丹，2016）。

①花坛。金荞麦部分品种株形整齐紧密、具有多花性、开花齐整、花期集中且花期长、花色鲜明、群体效果好、便于移栽更换、能耐干旱、抗病虫害、矮生，这些特征符合花坛植物材料的选择要求。且能使花坛生动活泼、野趣横生。

②花丛。金荞麦部分品种耐阴性强或极强，可布置在树林边缘、林下、自然式通道两侧或居住区，管理一般比较粗放。金荞麦的种植，可由三五株到十几株不等组成，各株间株行距不等，自然式栽植。同时，也可与其他生态习性相似、花期不同的花卉混交，

突出整体景观和季相变化，增添更多野趣。在面积较大的林下种植，极易形成生机盎然、充满野趣的自然景观，还可同其他花卉混植，能形成色彩丰富、层次感强、种类多样的林下景观。

③花境。金荞麦花小而量大、花期一致、一次种植多年不用更换，大量种植，近观犹如繁星点点，远观能形成壮观的色带，观赏性强。因此花境中采用金荞麦，既能体现花境的自然美，又能体现花卉本身独特的个体美和自然组合的群体美，使景观亲切自然、朴素美丽。

④四旁绿化。在园林中水旁、墙边、篱边、路边种植金荞麦，利用其色彩淡雅、植株整齐一致，可与各种色彩、质地、形状与建筑协调一致的特点，软化硬质界面，形成自然化的田园风光。

⑤草坪。喜光金荞麦品种种植在树丛、树群、林缘以及开阔草坪的边缘和周围，起到连接和过渡的作用，耐阴金荞麦品种可与草坪搭配种植在林下、背阴处等光强较弱的地方，增加景观的深度和层次；而在单一草坪景观中，可模仿自然风景中野花散生的自然景观人工撒播，打破草坪的单调，营造丰富的自然景观，增加趣味性和观赏性；在自然式园林中，根据地形的变化，结合等高线的形态，在草坪上适当点缀金荞麦，使园林景观更加自然，充满野趣（杨素丹，2016）。

（2）盆栽、切花应用。将荞金麦通过盆栽、插花开发为商品花卉，从而提高其商品价值。利用金荞麦自身优良特性，通过花艺设计，栽植于盆中，可用于公共场合摆放，如广场、公园，也可用于室内摆花，如居室、会议室、阳台等，以美化环境（杨素丹，2016）。

6. 作为绿肥利用

金荞麦茎叶产量高，易腐烂，养分含量高，可作为绿肥利用。

综上所述，金荞麦有着丰富的营养价值和医疗保健功能，是一种开发价值极高的药用资源植物。金荞麦的籽粒是我们日常生活中常吃的杂粮之一，金荞麦的茎叶是一种很有特色的园林植物、蔬菜、饲料原料及牧草资源，金荞麦的根是中国传统医学中的常见药草，可见金荞麦全身是宝。随着人们对健康生活质量要求的提高和国家提倡绿色消费力度的加大，以金荞麦等天然中药材为原料的产品会越来越受到人们的喜爱，金荞麦及其制品将会更加丰富人们的生活，也就意味着金荞麦食品、系列保健品、茶水饮品、女性化妆品等也有着广阔的市场前景。

二、江西其他优异野生资源的开发利用

（一）江西野燕麦资源的开发利用

燕麦（*Avena sativa* L.）在植物学的分类系统中是属于禾本科、燕麦族、燕麦属。全世界大约有30个燕麦属的物种，包括5个栽培种和25个野生种，我国现有27个燕麦物种，一般分为带稃型（皮燕麦）和裸粒型（裸燕麦）两大类栽培种，主要表现出抗旱、耐贫瘠、耐适度盐碱和适应性强等特性，适宜在我国高纬度、高海拔、高寒地区种植，主要分布在内蒙古、青海、甘肃、宁夏、山西、河北等地。

1. 资源保护

江西中部、北部的田间地头、荒地零星分布有带稃型野燕麦，收集种子后可采用异地栽培和低温保存等措施进行异地保护。具体措施如下。

（1）野外采种。江西野燕麦种子于5月初开始陆续成熟，由于野生种成熟期不一致，最好在50%~60%植株成熟时收割。选晴天收割，将穗朝下茎朝上放入网袋，置于通风条件良好的阴凉处，待1~2周经历后熟作用后才开始脱粒。待种子干燥后低温保存。

（2）扩繁种子。5月采集的野生种子，当年9~10月上中旬即可播种扩繁。整地施基肥后播种，每亩播种量为4~6kg，按行距35~40cm条播，也可穴播。播种深度2~3cm，播后盖种。田间管理与种子生产田管理类似。种子收获后可低温保存或用于生产。

2. 栽培模式与关键技术

在江西自然环境下，野燕麦可充分利用冬闲田，与水稻等作物轮作，若以收获饲草为目的，每亩播种量为5~7kg，按行距30~35cm条播。播种深度2~3cm，因其生育期短、再生性稍差，宜与多花黑麦草混播，用种比例以1∶1为宜。苗期每亩追施尿素7.5~10kg，冬闲田种植时注意疏通排水沟，避免田间积水；天气干旱时要及时灌溉或浇施沼液；生长期视情况施肥。每次刈割后，都要追肥一次，每次每亩施尿素5~7.5kg，或浇施沼液1000~2000kg。燕麦前期生长快，一般生长高度在30~60cm可刈割利用，留茬高度6~8cm。每年可收割2~3次，鲜草亩产3000~5000kg。

3. 开发利用

野燕麦株高为100~150cm，多为直立或半直立型，是营养丰富的优质牧草，茎叶、籽实、稃壳都是优良饲料。全株可鲜饲或加工成青贮料饲养牛、羊、鹅、鱼等。干物质含量高，可在天气良好情况下收割晒制青干草，干燥效果比多花黑麦草好。

（二）江西鹅观草野生资源的开发利用

鹅观草（*Roegneria kamoji* Ohwi）是禾本科小麦族鹅观草属植物，在中国、日本和朝鲜等地区分布较为广泛，全世界共有鹅观草130余种，在中国就有约79种，鹅观草的很多种类具有高产、抗寒、耐旱、耐盐碱、耐贫瘠、高抗赤霉病等优良特性（肖苏，2008）。

1. 资源保护

（1）野外采种。江西野生鹅观草种子于5月中旬开始成熟，种子易落粒，当75%的种子成熟时，就要抢晴天收割，收种时只宜割取穗部，留高茬，有利于提高越夏率。割后将穗放入网袋，置于通风条件良好的阴凉处。待种子脱粒干燥后低温保存。

（2）扩繁种子。5~6月采集的野生种子，当年9~11月均可播种扩繁。整地施基肥后播种，每亩播种量为2~3kg，按行距30~35cm条播。播种深度1~2cm，播后盖种。田间管理与种子生产田管理类似。收获种子后可低温保存或直接用于生产。

2. 栽培模式与关键技术

鹅观草为多年生牧草，喜温凉湿润气候，在江西主要是秋、冬、春3季生长，夏季地上部枯黄。虽然鹅观草是优良牧草，但也被定义为多年生杂草，不宜种植于耕地，在江西可种植于荒地、撂荒地、边坡、草山草坡及放牧草地。宜与牛鞭草、毛花雀稗、白三叶等混播，或与象草等暖季型牧草间套作。

一般在头年 9 月至翌年 3 月都可播种。秋冬季节雨水少，应实行"深沟浅播"，有利于抗旱保苗；春季雨水多，要"浅沟深播"，以免渍水。在正常情况下，播种后 10 天左右即可齐苗。播种时每亩施钙磷肥 30~40kg，有条件的亩施 1000~1500kg 有机肥作基肥。出苗后追施一次速效氮肥和钾肥。以收饲草为目的的，宜于拔节前进行收割利用。利用后随即追施速效氮肥 10~20kg，促使它在 6 月中旬前长成 30~40cm 的草丛，保证安全越夏。

3. 开发利用

鹅观草叶片繁盛，产草量大，叶质柔软，可食性高，马、牛、羊、兔、鹅等均喜食，且其营养丰富，适口性好，粗蛋白含量高，是各类畜禽放牧、补饲的优良牧草，也是良好的水土保持植物。

（1）用于天然草地改良。鹅观草是江西本地少有的多年生冷季型草，可与本地常见的暖季型草（如牛鞭草、雀稗属、狼尾草属等）混播建植或改良放牧草地。

（2）用于刈割青饲、青贮或晒制干草。

（3）用于固土护坡，防止水土流失。由于鹅观草根系发达、耐贫瘠等特性，可与其他耐贫瘠的植物如多花木蓝、宽叶雀稗等混播，在保持水土的同时，达到四季常青的效果。

除了具有较高的经济价值，其富含的大量优质的抗逆基因也为牧草育种和作物改良提供了一个天然的基因库。

（三）江西野葛资源的开发利用

野葛 [*Pueraria lobata*（Willd.）Ohwi] 为豆科葛属多年生缠绕性藤本植物，全世界葛属植物有 18 种，我国共 15 种和 1 个变种。野葛适应性强，能耐寒、抗旱、耐瘠，多数种对气候要求不严，能在 -10℃ 低温下越冬。

1. 资源保护

江西野葛资源丰富，葛的生命力强，繁殖快，只要不发生特大自然灾害或严重的人为破坏，一般可自行恢复。采集野葛资源进行繁殖或异地保存时，可于当年的 11 月上旬至 12 月上旬，采集植株纯正、枝节粗壮适中、蔓条节间较密，无病、无虫口、芽眼饱满的藤蔓。采集离头部 30~150cm 之间部分作为种蔓。对种蔓进行杀菌剂处理后，清水洗净，以 20 条为一捆，平放于砂壤田中，深度为 15cm，然后覆盖上一层砂壤土，湿度保持 70% 以上，上面再盖上稻草或地膜，一段时间后，观察出芽与否，选择发芽良好的种蔓，于翌年 2 月初，选择气温 10℃ 以上的晴朗天气扦插于资源圃或苗圃。

2. 栽培模式与关键技术

江西可利用尾矿、荒地种植饲用葛藤，也可利用本省高秆牧草如象草、饲用玉米等与野葛间套作，还可利用禾本科牧草与野葛混播建植人工牧场。

野葛不易结实，种子繁殖不理想，一般采用营养繁殖。通常在 3 月下旬至 4 月上旬，选择天气良好、日均气温稳定在 15℃ 左右的条件下选用壮苗种植，株行距可采用 100cm×150cm（以收葛根为主要目的）或 50cm×60cm（以收葛藤为主要目的）。先在畦面土墩上打出直径为 5cm 的洞，每洞施 0.1kg 左右的钙镁磷肥与土混匀。再将种苗同一方向稍为倾斜插入（与地面成 45°夹角），插的深度以种苗芽刚好贴地面为准，然后浇足定根水。定植 10 天后应及时查苗，发现缺苗、死苗及时补苗。然后中耕除杂草。干旱时及时灌水；积水时及时排水，并及时追肥：苗期每亩追施尿素 10~15kg，钙镁磷肥 10~15kg，每次刈割后结合中耕追施复合肥 10~15kg。葛藤病虫害较少，生长期主要有蟋蟀、金龟子等危害茎叶。遵循以预防为主、防治结合的原则，采用农业防治、物理防治、生物防治和化学防治相结合的综合防治方法。

3. 开发利用

（1）以葛根为原料生产保健食品。江西野葛资源遍布全省各地，葛产业已成为江西省的朝阳产业。目前，江西省栽培葛的主要目的是生产葛根粉、葛饮料等保健食品。

（2）作为饲草栽培。葛藤枝繁叶茂，其根、茎、叶富含蛋白质和碳水化合物等易消化吸收的营养物质，含粗蛋白 21.21%、粗脂肪 5.80%、粗纤维 23.39%、粗灰分 10.00%、无氮浸出物 39.60%、钙 2.63%、磷 0.40% 和水 78.38%，是极具开发潜力的绿色饲料植物。葛藤可直接放牧，其根、茎、枝、叶也可粉碎饲喂或打成浆汁后，拌入糠麸饲喂，还可以干燥粉碎后作为主要的配合饲料掺入饲料中。猪、牛、羊、鹅、兔均喜食。

此外，葛藤被用于纺织业、酿酒业，同时也是造纸的优良材料。

（四）江西合萌野生资源的开发利用

合萌（*Aeschynomene mdica* L.）是一年生"水陆两栖"草本或亚灌木状植物，为豆科合萌族合萌属，中药名为梗通草，俗名田皂角、水皂角、水槐子等。

1. 资源保护

（1）野外采种。江西合萌种子于 8 月底、9 月初开始陆续成熟，由于野生种成熟期不一致，最好在 50%~60% 植株成熟时收割。选晴天收割，将种荚朝下茎朝上放入网袋，置于通风条件良好的阴凉处，待 1~2 周经历后熟作用后才开始脱粒。待种子干燥后低温保存。

（2）扩繁种子。采集的野生种子，可于翌年春季播种扩繁。整地施基肥后播种，去壳种子每亩播种量为 0.3~0.4kg、带壳种子 0.7~0.8kg。按行距 35~40cm、株距 25~30cm 点播。播种深度 2~3cm，播后盖种。田间管理与种子生产田管理类似。种子收获后可低温保存或用于生产。

2. 栽培模式与关键技术

合萌可种植于田间地头、河湖滩涂、地势低洼的荒地、撂荒地；可与牛鞭草、巴哈雀稗、狗牙根、假俭草等混播；亦可与水稻等作物套种。

用种子繁殖，育苗移栽。将带壳种子经 65℃ 温水、脱壳种子经 30℃ 温水浸泡 24 小时后均匀撒播畦上，并盖草木灰一层，经常保持湿润。5～10天出苗，苗高4～5cm时，施人畜粪水提苗，苗高16～20cm可移栽。行距30～35cm，株距25～30cm，每穴栽苗2株。也可以直接播种。

苗期应保持土壤湿润，结合间苗，补苗，保证全苗。苗期经常松土除草，合理施肥，9～10月采收，齐地割取地上部分。

3. 开发利用

合萌的利用价值主要是药用、饲用、绿化和绿肥等方面。

（1）药用。合萌收载于《中国药用植物志》，具有清热利湿、利尿、通乳之功效；主治血淋、目赤肿痛、夜盲、尿道感染或结石、关节疼痛、胆囊炎、消肿、解毒、肺炎、咳嗽等，其鲜草捣烂外敷可治外伤。作为民间常用药，可拔毒生疮肌，在《江西民间草药》中就有记载，"治风火牙痛可用合萌根七钱，同鸭蛋炖服"。同时还可以作为兽药使用，能治牛肺炎、咳嗽等病症（朱媛媛，2017）。

（2）饲用。合萌株高100～160cm，年均亩产鲜草6000kg，再生能力强，播种一次可以刈割3～4次。萧运峰等研究发现，在滁州市大柳种羊场地区，合萌是牛羊最喜食的野生优良牧草之一。据跟群放牧调查，它的适口性被评为最喜食级。在营养期，地上部分均可利用，只是花期以后仅采食其嫩枝叶和果实。在当地豆科牧草中，其适口性仅次于南苜蓿、野豌豆属的个别种，而比鸡眼草、葛藤和胡枝子属、木蓝属的几个种都好。合萌初花期刈割粗蛋白含量达19%以上。特别值得注意的是，合萌含有动物所需要的全部氨基酸，而且各种氨基酸的含量也较高，甚至各种氨基酸的含量接近或高于瘦肉型猪最佳配合饲料的氨基酸含量。微量元素铜、锌、铁和锰的含量依序为25.06mg/kg、20.00mg/kg、239.35mg/kg和52.44mg/kg（萧运峰，1989）。

（3）绿化。由于合萌为无限花序，开花果期延续时间长，荚果成熟不一致，收获种子难度较大，但作为绿化植物，却有观花时间长的优势。

（4）用作绿肥。合萌根瘤发达，固氮能力强，且地上部分含氮、磷及钾等营养元素。据江西省赣州市农业科学研究所化验：风干的田皂角（即合萌）茎叶含氮1.77%、磷酸0.55%，氧化钾1.36%。500kg田皂角的鲜茎相当于16.5kg硫酸铵的肥效。合萌极耐阴耐涝，在水稻严重遮阴下，仍能苗壮生长。因此，很适宜于作水稻行间套种的一种绿肥作物。

（5）杀灭钉螺与血吸虫毛蚴。魏强强等研究得出，阿魏、合萌、苦楝子、毛茛、羊蹄这5种中草药不同浓度的浸煮液对钉螺及血吸虫毛蚴均有杀灭作用（魏强强，2014）。胡彦龙等通过实验观察不同浓度合萌甙对钉螺糖原和钉螺蛋白含量的影响，发现高浓度合萌甙处理钉螺可影响钉螺的能量代谢而抑制其生长（胡彦龙，2014）。

（6）可以净化重金属废水中的Cu、Pb。刘晓维等研究发现8种常州地区常见代表性湿地植物对废水中Cu的净化能力强弱依次为：鸭舌草＞碎米莎草＞合萌（即田皂角）＞辣蓼＞马唐＞酸膜叶蓼＞茭笋＞长芒稗（刘晓维，2007）。

（7）可以作为灭虱子等杀虫剂（王晓萍，2010）。

参考文献

邓福才，朱高栋，2019. 南风面蕴藏珍稀的森林 [J]. 森林与人类 (04)：110-119.

邓蓉，陈莹，陈燕萍，等，2014. 黔金荞麦 1 号牧草生产技术规范 [J]. 江苏农业科学，42 (8)：204-205, 312.

刁星宇，2019. 江西相山地区旅游地学资源特征及其旅游开发策略研究 [D]. 华东理工大学：1, 33.

董雨萌，2020. 植物性蒙药代替抗生素对肉羊饲喂效果的影响 [D]. 呼和浩特：内蒙古农业大学.

范可章，杨家新，王荣，等，2013. 贼小豆基本生物学特性及其饲用价值探索——与赤小豆和家绿豆比较研究 [J]. 广西植物，33 (3)：410-415.

甘兴华，李翔宏，戴征煌，等，2011. 江西草地资源调查监测报告 [J]. 江西畜牧兽医杂志 (1)：16-19.

《赣南野生牧草》编委会，1985. 全国草场资源调查丛书 - 赣南野生牧草 [M]. 赣州：江西省赣州地区农牧渔业局.

郭英荣，雷平，晏雨鸿，等，2015. 江西武夷山黄岗山西北坡植物物种多样性沿海拔梯度的变化 [J]. 生态学杂志，34(11)：3002 − 3008.

郭英荣，晏雨鸿，雷平，等，2015. 森林蓄积构成特征及其海拔梯度差异——江西武夷山黄岗山西北坡 [J]. 南方林业科学，43 (5)：10-17.

国家药典委员会，2010. 中华人民共和国药典一部 [M]. 中国医药科技出版社.

何贱来，2016. 黄岗山结合生态旅游打造中心村建设 [J]. 中国农垦 (5)：80.

何远宽，闵家媛，邓禄生，等，2018. 5 种药食兼用蔬菜引种栽培试验 [J]. 现代农业科技，(6)：74, 77.

何远宽，赵 维，马杰，等，2016. 菜用金荞麦高产栽培技术优化 [J]. 贵州农业科学，44 (1)：52-55.

胡豆豆．2014. 鄱阳湖大湖池湿地草地群落分布及其土壤理化特性的研究 [D]. 南昌：江西农业大学：5.

胡彦龙，赵红梅，安娜，等，2014. 田皂角对钉螺糖原和蛋白含量的影响 [J]. 兽药饲料 (09)：96-97.

孔凡前，方院新，罗成凤，等，2022. 江西南风面国家级自然保护区蝶类多样性及区系分析 [J]. 林业科技，47 (6)：39-42, 47.

李平，杨特武，1990. 一种新的饲料资源—— 多花木蓝 [J]. 湖北农业科学，(11)：34-35.

梁成刚，喻武鹃，汪燕，等，2018. 无公害药用金荞麦种植技术探讨 [J]. 中国现代中药，20 (12)：1526-1532.

刘斌，曾昭金，于徐根，等，2001. 于都屏山牧场人工草地建植技术初步总结 [J]. 江西畜牧兽医杂志 (6)：

38-40.

刘凤华，戴小枫，段金廒，等，2021. 药食同源 天然植物饲料原料与应用 [M]. 北京：中国农业大学出版社.

刘光德，李名扬，祝钦泷，等，2006. 资源植物野生金荞麦的研究进展 [J]. 中国农学通报，22 (10)：380-389.

刘建林，唐宇，夏明忠，等，2012. 四川野生荞麦种质资源的保护研究 [J]. 西昌学院学报，26 (1)：1-7.

刘倩，郑翔，邓邦良，等，2017. 武功山草甸不同海拔对土壤和植物凋落物磷含量的影响 [J]. 草业科学，34 (11)：2183-2190.

刘晓维，王洁琼，堵燕钰，等，2007. 净化废水中重金属的湿地植物筛选研究 [J]. 常州工学院学报，20 (5)：38-46.

施新明，2000. 江西食草畜牧业后劲十足 [N]. 中国畜牧水产报，11.19 (001).

汪华光，谢海燕，2002. 铅山县黄岗山生态文化旅游发展初探 [J]. 江西社会科学 (3)：180-181.

王建福，2017. 玉米秸秆和苜蓿饲用化利用价值评价与数据库建立 [D]. 兰州：甘肃农业大学.

王娟，胡倩，刘铃，2017. 合萌的化学成分及药理作用研究概况 [J]. 中国民族民间医药，26 (9)：72-74.

王璐瑷，黄娟，陈庆富，等，2019. 金荞麦的研究进展 [J]. 中药材，42 (9)：2206-2208.

王婷，胡亮，2009. 鄱阳湖植物类型及利用现状 [J]. 安徽农业科学，37(17)：8255-8256.

王晓萍，2010. 田皂角组织培养及无性系建立的研究 [J]. 天津农业科学，16 (2)：3232-3235.

王元素，罗京焰，李莉，2015. 贵州饲用植物彩色图谱 [M]. 北京，化学工业出版社.

魏强强，苏加义，王洁，等，2014. 五种中草药杀灭钉螺与血吸虫毛蚴的比较研究 [J]. 黑龙江畜牧兽医综合版 (8)：105-106.

吴学群，2012. 赣州西部三县生态旅游发展与对策研究 [D]. 南京：南京林业大学.

肖苏，张新全，马啸，等，2008. 野生鹅观草种质的醇溶蛋白遗传多样性分析 [J]. 草业科学，17 (5)：138-144.

萧运峰，孙发政，尹良冶，1989. 合萌的生态生物学特性及其经济性状评价 [J]. 中国草地 (05)：23-28.

熊彩云，黄晓凤，单继红，等，2009. 江西南风面自然保护区野生动物资源调查分析 [J]. 江西林业科技 (2)：39-40.

徐欢欢，2007. 武夷山自然保护区植被垂直分布与特征 [J]. 武夷科学 (23)：177-180.

杨素丹，刘红梅，夏凯生，等，2016. 荞麦属野生种质资源开发价值及园林应用 [J]. 内江师范学院学报，31 (12)：42-47.

余世俊，1997. 江西牧草 [M]. 南昌：中国农业出版社.

虞道耿，2012. 海南莎草科植物资源调查及饲用价值研究 [D]. 海口：海南大学.

袁荣斌，叶岑，2015. 黄岗山一千米高差，六个植被带 [J]. 森林与人类 (02)：56-59.

张学玲，2017. 江西武功山草甸区景观格局时空演变及土壤有机碳库的响应 [D]. 南昌：江西农业大学.

张友辉，2016. 江西山地土壤系统分类和垂直地带性研究 [D]. 武汉：华中农业大学.

《中国草地资源》编委会，1995. 中国草地资源 [M]. 北京：中国科学技术出版社.

中国科学院《中国植物志》编委会，2022. 中国植物志全文电子版 [OB/OL]. 北京：科学出版社.

《中国饲用植物志》编委会，1987. 中国饲用植物志，第 1 卷 [M]. 北京，农业出版社.

《中国饲用植物志》编委会，1989. 中国饲用植物志，第 2 卷 [M]. 北京：中国农业出版社.

《中国饲用植物志》编委会, 1991. 中国饲用植物志, 第 3 卷 [M]. 北京, 农业出版社 .

《中国饲用植物志》编委会, 1992. 中国饲用植物志, 第 4 卷 [M]. 北京, 农业出版社 .

《中国饲用植物志》编委会, 1995. 中国饲用植物志, 第 5 卷 [M]. 北京, 中国农业出版社 .

《中国饲用植物志》编委会, 1997. 中国饲用植物志, 第 6 卷 [M]. 北京, 中国农业出版社 .

周国宏, 聂小荣, 2019. 江西省森林旅游发展优势及现状分析 [J]. 现代农村科技 (12) : 88-89.

周美亮, 2018. 西藏荞麦的创新利用和发展前景 [J]. 西藏农业科技 , (1) : 7-10.

周志光, 钟平华, 高友英, 等, 2019. 遂川南风面资源冷杉种群及群落结构分析 [J]. 南方林业科学, 47 (5) : 31-35.

朱磊, 2019. 纳米硒在金荞麦中富集及对其产量与活性物质的影响 [D]. 吉首 : 吉首大学 .

朱永定, 陈茂明, 熊诗宁, 1993. 武功山地区草地资源开发利用的基本模式 [J]. 中国草地 (2) : 70-73.

朱媛媛, 2017. 合萌黄酮类成分的提取分离及其生物活性的研究 [D]. 镇江 : 江苏大学 .

A

阿穆尔莎草 / 159
艾 / 178

B

菝葜 / 243
白顶早熟禾 / 95
白花地胆草 / 193
白花蛇舌草 / 341
白栎 / 302
白茅 / 70
白三叶 / 145
白檀 / 333
白羊草 / 45
白英 / 363
百喜草 / 87
稗 / 58
斑茅 / 100
半边莲 / 357
棒头草 / 98
苞片小牵牛 / 366
北美车前 / 354
萹蓄 / 224
扁穗牛鞭草 / 69
扁穗雀麦 / 46
扁穗莎草 / 158

C

苍耳 / 213
藜草 / 91
草地早熟禾 / 96
草木樨 / 135

车前 / 353
赤楠 / 272
赤小豆 / 150
翅果菊 / 203
臭根子草 / 44
臭牡丹 / 384
楮 / 309
串叶松香草 / 208
垂柳 / 299
刺儿菜 / 190
刺槐 / 139
刺苋 / 234
丛毛羊胡子草 / 163
丛枝蓼 / 221
粗毛碎米荠 / 256
酢浆草 / 266

D

打碗花 / 370
大车前 / 352
大托叶猪屎豆 / 121
大吴风草 / 199
大油芒 / 109
淡竹叶 / 75
稻槎菜 / 204
灯芯草 / 249
荻 / 78
地蚕 / 385
地耳草 / 277
地肤 / 235
地锦草 / 286
地桧 / 275

地桃花 / 280
丁癸草 / 151
丁香蓼 / 267
豆腐柴 / 375
杜虹花 / 373
杜鹃 / 332
短尖飘拂草 / 167
短叶水蜈蚣 / 168
多花黑麦草 / 74
多花木蓝 / 127

E

鹅肠菜 / 260
鹅观草 / 60

F

繁缕 / 259
飞扬草 / 284
风花菜 / 254
风轮菜 / 380
枫香树 / 396
拂子茅 / 48
附地菜 / 359
复序飘拂草 / 165

G

杠板归 / 226
狗尾草 / 104
狗牙根 / 53
枸杞 / 365
构 / 308
菰 / 114

谷精草 / 241
广布野豌豆 / 146
广东紫珠 / 372
鬼针草 / 183
过路黄 / 350

H

海金沙 / 393
含羞草山扁豆 / 120
薅菜 / 253
合欢 / 118
合萌 / 117
何首乌 / 223
红凤菜 / 200
红裂稃草 / 102
虎杖 / 228
华肖菝葜 / 244
画眉草 / 63
黄鹌菜 / 214
黄背草 / 112
黄果茄 / 364
黄花草 / 252
黄花蒿 / 176
黄花稔 / 278
黄杨 / 300
火棘 / 292
火炭母 / 225
藿香 / 386
藿香蓟 / 173

J

鸡屎藤 / 344

鸡眼草 / 129
积雪草 / 328
蕺菜 / 251
戟叶蓼 / 227
蓟 / 189
檵木 / 298
荚蒾 / 348
假地豆 / 125
假俭草 / 65
尖叶长柄山蚂蝗 / 126
菅 / 111
箭头蓼 / 222
浆果薹草 / 154
接骨草 / 347
结缕草 / 115
截叶铁扫帚 / 131
金锦香 / 273
金毛耳草 / 340
金茅 / 67
金荞麦 / 215
金色狗尾草 / 105
金丝草 / 97
金线草 / 219
荩草 / 40
救荒野豌豆 / 147
菊苣 / 188
橘草 / 52
卷耳 / 261
决明 / 142
蕨 / 394
爵床 / 371

K
看麦娘 / 38
糠稷 / 84
苦参 / 144
苦苣菜 / 211
苦荬菜 / 202
苦槠 / 301
栝楼 / 270
阔叶丰花草 / 338

阔叶猕猴桃 / 271

L
狼耙草 / 184
狼尾草 / 88
类芦 / 80
藜 / 237
鳢肠 / 192
荔枝草 / 376
莲子草 / 231
两歧飘拂草 / 164
蓼子草 / 218
裂稃草 / 103
林泽兰 / 197
龙葵 / 361
龙芽草 / 289
龙爪茅 / 54
芦苇 / 92
鹿藿 / 138
乱草 / 64
络石 / 336
落葵薯 / 264
绿穗苋 / 233
葎草 / 318

M
马鞭草 / 374
马齿苋 / 263
马兰 / 182
马松子 / 281
马唐 / 56
马尾松 / 391
麦冬 / 388
芒 / 77
芒萁 / 392
毛花雀稗 / 86
毛蓼 / 217
毛葡萄 / 321
毛酸浆 / 360
毛轴莎草 / 157
毛竹 / 93

茅瓜 / 269
茅栗 / 303
茅莓 / 295
玫瑰茄 / 279
陌上菜 / 397
墨西哥玉米 / 113
牡蒿 / 179
牡荆 / 383
木薯 / 288

N
南苜蓿 / 132
南天竹 / 250
囊颖草 / 101
泥胡菜 / 201
泥花草 / 398
牛筋草 / 59
牛虱草 / 61
糯米团 / 316
女贞 / 335

P
佩兰 / 198
婆婆纳 / 355
蒲儿根 / 203
朴树 / 317

Q
奇蒿 / 177
茅 / 255
畦畔莎草 / 155
千金子 / 73
千里光 / 205
茜草 / 343
窃衣 / 326
琴叶榕 / 306
青葙 / 236
求米草 / 81
球穗扁莎 / 169
球柱草 / 152
雀稗 / 85

R
忍冬 / 346
如意草 / 257
箬竹 / 71

S
三裂叶薯 / 369
三脉紫菀 / 181
三叶委陵菜 / 297
桑 / 307
山杜英 / 400
山油麻 / 319
珊瑚樱 / 362
蛇床 / 329
蛇莓 / 294
蛇葡萄 / 320
十字薹草 / 153
石胡荽 / 186
石荠苎 / 377
疏花雀麦 / 47
鼠曲草 / 205
鼠尾粟 / 110
薯莨 / 247
双蝴蝶 / 349
水葱 / 171
水苦荬 / 356
水蓼 / 220
水芹 / 327
水莎草 / 161
水虱草 / 166
水团花 / 345
水蔗草 / 39
水烛 / 245
四脉金茅 / 66
苏丹草 / 107
粟米草 / 262
酸模 / 229
碎米莎草 / 160

T
天蓝苜蓿 / 133

天名精 / 185
田菁 / 143
田麻 / 283
甜高粱 / 108
甜麻 / 282
铁苋菜 / 287
通奶草 / 285
通泉草 / 387
筒轴茅 / 99
土牛膝 / 230
豚草 / 175

W
茵草 / 43
望江南 / 141
苇状羊茅 / 68
蕹菜 / 368
乌蕨 / 395
乌蔹莓 / 322
五节芒 / 79
雾水葛 / 312

X
豨莶 / 207
细柄草 / 50
细柄黍 / 83
下田菊 / 172

夏枯草 / 379
显子草 / 90
香附子 / 162
象草 / 89
小二仙草 / 268
小果蔷薇 / 290
小果珍珠花 / 331
小槐花 / 136
小藜 / 238
小蓬草 / 195
小叶女贞 / 334
小叶石楠 / 293
新耳草 / 342
星毛金锦香 / 274
星宿菜 / 351
杏香兔儿风 / 174
锈毛莓 / 296
序叶苎麻 / 313
悬铃叶苎麻 / 315
薜荔 / 305
血见愁 / 381
荨麻 / 311

Y
鸭儿芹 / 330
鸭舌草 / 242
鸭跖草 / 239

盐肤木 / 324
羊乳 / 358
野艾蒿 / 180
野扁豆 / 123
野大豆 / 124
野灯芯草 / 248
野葛 / 137
野古草 / 41
野胡萝卜 / 325
野花椒 / 323
野豇豆 / 148
野菊 / 187
野老鹳草 / 265
野蔷薇 / 291
野青茅 / 55
野茼蒿 / 191
野燕麦 / 42
野鸢尾 / 246
一点红 / 194
一年蓬 / 196
一枝黄花 / 210
异型莎草 / 156
异药花 / 276
益母草 / 378
薏苡 / 51
银杏 / 389
萤蔺 / 170

硬秆子草 / 49
有芒鸭嘴草 / 72
箬竹 / 76
榆树 / 304
圆叶牵牛 / 367

Z
早熟禾 / 94
贼小豆 / 149
长叶蝴蝶草 / 399
柘 / 310
知风草 / 62
栀子 / 339
中华胡枝子 / 130
中华结缕草 / 116
皱果苋 / 232
猪殃殃 / 337
竹叶草 / 82
苎麻 / 314
紫花地丁 / 258
紫花苜蓿 / 134
紫花野百合 / 122
紫马唐 / 57
紫苏 / 382
紫云英 / 119
棕叶狗尾草 / 106
钻叶紫菀 / 212

学名索引

A

Acalypha australis L. / 287

Achyranthes aspera L. / 230

Actinidia latifolia (Gardn. et Champ.) Merr. / 271

Adenostemma lavenia (L.) O. Kuntze / 172

Adina pilulifera (Lam.) Franch. ex Drake / 345

Aeschynomene indica L. / 117

Agastache rugosa (Fisch. et Mey.) O. Ktze. / 386

Ageratum conyzoides L. / 173

Agrimonia pilosa Ldb. / 289

Ainsliaea fragrans Champ. / 174

Albizia julibrissin Durazz. / 118

Alopecurus aequalis Sobol. / 38

Alternanthera sessilis (L.) DC. / 231

Amaranthus hybridus L. / 233

Amaranthus spinosus L. / 234

Amaranthus viridis L. / 232

Ambrosia artemisiifolia L. / 175

Ampelopsis glandulosa (Wall.) Momiy. / 320

Anredera cordifolia (Tenore) Steenis / 264

Apluda mutica L. / 39

Arivela viscosa (Linnaeus) Rafinesque / 252

Artemisia annua L. / 176

Artemisia anomala S. Moore / 177

Artemisia argyi Levl. et Van. / 178

Artemisia japonica Thunb. / 179

Artemisia lavandulifolia Candolle / 180

Arthraxon hispidus (Trin.) Makino / 40

Arundinella hirta (Thunb.) Tanaka / 41

Aster indicus L. / 182

Aster trinervius subsp. *ageratoides* (Turczaninow) Grierson / 181

Astragalus sinicus L. / 119

Avena fatua L. / 42

B

Bassia scoparia (L.) A.J.Scott / 235

Beckmannia syzigachne (Steud.) Fernald. / 43

Bidens pilosc L. / 183

Bidens tripartita L. / 184

Boehmeria clidemioides var. *diffusa* (Wedd.)Hand.-Mazz. / 313

Boehmeria nivea (L.) Gaudich. / 314

Boehmeria platanifolia Franeh.et Savatier / 315

Bothriochloa bladhii (Retz.) S. T. Blake / 44

Bothriochloa ischaemum (L.) Keng / 45

Bromus japonicus Vahl. / 46

Bromus remotiflorus (Steud.) Ohwi / 47

Broussonetia kazinoki Sieb. / 309

Broussonetia papyrifera (Linn.) L'Hér. ex Vent. / 308

Bulbostylis barbata (Rottb.) C. B. Clarke / 152

Buxus sinica (Rehd. et Wils.) Cheng / 300

C

Calamagrostis epigeios (L.) Roth / 48

Callicarpa pedunculata R. Br. / 373

Callicarpa kwangtungensis Chun / 372

Calystegia hederacea Wall. / 370

Capillipedium assimile (Steud.) A. Camus / 49

Capillipedium parviflorum (R.Br.)Stapf / 50

Capsella bursa-pastoris (Linn.) Medic. / 255

Cardamine hirsuta L. / 256

Carex baccans Nees / 154

Carex cruciata Wahlenb. / 153

Carpesium abrotanoides L. / 185

Castanea seguinii Dode / 303

Castanopsis sclerophylla (Lindl. et Paxton) Schottky / 301

Causonis japonica (Thunb.) Raf. / 322

Celosia argentea L. / 236

Celtis sinensis Pers. / 317

Centella asiatica (L.) Urban / 328

Centipeda minima (L.) A. Br. et Aschers. / 186

Cerastium arvense subsp. *strictum* Gaudin / 261

Chamaecrista mimosoides Standl. / 120

Chenopodium album L. / 237

Chenopodium ficifolium Smith / 238

Chrysanthemum indicum Linnaeus / 187

Cichorium intybus L. / 188

Cirsium arvense var. *integrifolium* C. Wimm. et Grabowski / 190

Cirsium japonicum Fisch. ex DC. / 189

Clerodendrum bungei Steud. / 384

Clinopodium chinense (Benth.) O. Ktze. / 380

Cnidium monnieri (L.) Cuss. / 329

Codonopsis lanceolata (Sieb. et Zucc.) Trautv. / 358

Coix lacryma-jobi L. / 51

Commelina communis L. / 239

Corchoropsis crenata Siebold & Zucc. / 283

Corchorus aestuans L. / 282

Crassocephalum crepidioides (Benth.) S. Moore / 191

Crotalaria sessiliflora L. / 122

Crotalaria spectabilis Roth / 121

Cryptotaenia japonica Hassk. / 330

Cymbopogon goeringii (Steud.) A. Camus / 52

Cynodon dactylon (L.) Persoon. / 53

Cyperus amuricus Maxim. / 159

Cyperus compressus L. / 158

Cyperus difformis L. / 156

Cyperus haspan L. / 155

Cyperus iria L. / 160

Cyperus pilosus Vahl / 157

Cyperus rotundus L. / 162

Cyperus serotinus Rottb. / 161

D

Dactyloctenium aegyptium (L.) Willd. / 54

Daucus carota L. / 325

Deyeuxia pyramidalis (Host) Veldkamp / 55

Dicranopteris pedata (Houttuyn) Nakaike / 392

Digitaria sanguinalis (L.) Scop. / 56

Digitaria violascens Link / 57

Dioscorea cirrhosa Lour. / 247

Duchesnea indica (Andr.) Focke / 294

Dunbaria villosa (Thunb.) Makino / 123

E

Echinochloa crusgalli (L.) Beauv. / 58

Eclipta prostrata (L.) L. / 192

Elaeocarpus sylvestris (Lour.) Poir. / 400

Elephantopus tomentosus L. / 193

Eleusine indica (L.) Gaertn. / 59

Elymus kamoji (Ohwi) S. L. Chen / 60

Emilia sonchifolia (L.) DC. / 194

Eragrostis ferruginea (Thunb.) Beauv. / 62

Eragrostis japonica (Thunb.) Trin. / 64

Eragrostis pilosa (L.) Beauv. / 63

Eragrostis unioloides (Retz.) Nees ex Steud. / 61

Eremochloa ophiuroides (Munro) Hack. / 65

Erigeron annuus (L.) Pers. / 196

Erigeron canadensis L. / 195

Eriocaulon buergerianum Körn. / 241

Eriophorum comosum Nees / 163

Eulalia quadrinervis (Hack.)Kuntze / 66

Eulalia speciosa (Debeaux) Kuntze / 67

Eupatorium fortunei Turcz. / 198

Eupatorium lindleyanum DC. / 197

Euphorbia hirta L. / 284

Euphorbia humifusa Willd. / 286

Euphorbia hypericifolia L. / 285

F

Fagopyrum dibotrys (D. Don) Hara / 215

Farfugium japonicum (L. f.) Kitam. / 199

Festuca arundinacea Schreb. / 68

Ficus pandurata Hance / 306

Ficus pumila Linn. / 305

Fimbristylis bisumbellata (Forsk.) Bubani / 165

Fimbristylis dichotoma (L.) Vahl / 164

Fimbristylis littoralis Grandich / 166

Fimbristylis squarrosa var. *esquarrosa* Makino / 167

Fordiophyton faberi Stapf / 276

G

Galium spurium L. / 337

Gardenia jasminoides Ellis / 339

Geranium carolinianum L. / 265

Ginkgo biloba L. / 389

Glycine soja Siebold et Zucc. / 124

Gonocarpus micranthus Thunberg / 268

Gonostegia hirta (Bl.) Miq. / 316

Grona heterocarpos (L.) H. Ohashi et K. Ohashi / 125

Gynura bicolor (Willd.) DC. / 200

H

Hedyotis chrysotricha (Palib.) Merr. / 340

Hedyotis diffusa Willd. / 341

Hemarthria compressa (L. f.) R. Br. / 69

Hemisteptia lyrata (Bunge) Fischer et C. A. Meyer / 201

Hibiscus sabdariffa L. / 279

Houttuynia cordata Thunb / 251

Humulus scandens (Lour.) Merr. / 318

Hylodesmum podocarpum subsp. *oxyphyllum* (Candolle) H. Ohashi et R. R. Mill / 126

Hypericum japonicum Thunb. / 277

I

Imperata cylindrica (L.) Beauv. / 70

Indigofera amblyantha Craib / 127

Indocalamus tessellatus (Munro) P. C. Keng. / 71

Ipomoea aquatica Forsskal / 368

Ipomoea purpurea Lam. / 367

Ipomoea triloba L. / 369

Iris dichotoma Pall. / 246

Ischaemum aristatum L. / 72

Ixeris polycephala Cass / 202

J

Jacquemontia tamnifolia Griseb. / 366

Juncus effusus L. / 249

Juncus setchuensis Buchen. ex Diels / 248

Justicia procumbens Linnaeus / 371

K

Kummerowia striata (Thunb.) Schindl. / 129

Kyllinga brevifolia Rottb. / 168

L

Lactuca indica L. / 203

Lapsanastrum apogonoides (Maxim) Pak & K. Bremer / 204

Leonurus japonicus Houttuyn / 378

Leptochloa chinensis (L.) Nees / 73

Lespedeza chinensis G. Don / 130

Lespedeza cuneata (Dum.-Cours.) G. Don / 131

Ligustrum lucidum Ait. / 335

Ligustrum quihoui Carrière / 334

Lindernia antipoda (L.) Alston / 398

Lindernia procumbens (Krock.) Borbas / 397

Liquidambar formosana Hance / 396

Lobelia chinensis Lour. / 357

Lolium multiflorum Lam. / 74

Lonicera japonica Thunb. / 346

Lophatherum gracile Brongn. / 75

Loropetalum chinense (R. Br.) Oliver / 298

Ludwigia prostrata Roxb. / 267

Lycium chinense Miller / 365

Lygodium japonicum (Thunb.) Sw. / 393

Lyonia ovalifolia var. *elliptica* (Sieb.et Zucc.) Hand.-Mazz. / 351

Lysimachia christinae Hance / 350

Lysimachia fortunei Maxim. / 351

M

Maclura tricuspidata Carriere / 310

Manihot esculenta Crantz / 288

Mazus pumilus (N. L. Burman) Steenis / 387

Medicago lupulina L. / 133

Medicago polymorpha L. / 132

Medlicago sativa L. / 134

Melastoma dodecandrum Lour. / 275

Melilotus officinalis (L.) Pall. / 135

Melochia corchorifolia L. / 281

Microstegium vimineum (Trin.) A. Camus / 76

Miscanthus floridulus (Labill.) Warburg ex K. Schumann / 79

Miscanthus sacchariflorus (Maxim.) Benth. & Hook. f. ex Franch / 78

Miscanthus sinensis Andersson. / 77

Monochoria vaginalis (Burm. f.) C. Presl ex Kunth / 242

Morus alba L. / 307

Mosla scabra (Thunb.) C. Y. Wu et H. W. Li / 377

N

Nandina domestica Thunb. / 250

Neanotis thwaitesiana (Hance) Lewis / 342

Neyraudia reynaudiana (Kunth.) Keng ex Hitchc. / 80

O

Odontosoria chinensis J. Sm. / 395

Oenanthe javanica (Bl.) DC. / 327

Ohwia caudata (Thunberg) H. Ohashi / 136

Ophiopogon japonicus (L. f.) Ker-Gawl. / 388

Oplismenus compositus (L.) Beauv. / 82

Oplismenus undulatifolius (Ard.) Roemer & Schult. / 81

Osbeckia chinensis L. / 273

Osbeckia stellata Buch.-Ham. ex D. Don / 274

Oxalis corniculata L. / 266

P

Paederia foetida L. / 344

Panicum bisulcatum Thunb. / 84

Panicum sumatrense Roth ex Roemer et Schultes / 83

Paspalum dilatatum Poir. / 86

Paspalum notatum Flugge. / 87

Paspalum thunbergii Kunth ex steud. / 85

Pennisetum alopecuroides (L.) Spreng. / 88

Pennisetum purpureum Schum. / 89

Perilla frutescens (L.) Britt. / 382

Persicaria barbata (L.) H. Hara / 217

Persicaria criopolitana (Hance) Migo / 218

Persicaria filiformis (Thunb.) Nakai / 219

Persicaria hydropiper (L.) Spach / 220

Persicaria posumbu (Buch.-Ham. ex D. Don) H. Gross / 221

Persicaria sagittata (Linnaeus) H. Gross ex Nakai / 222

Phaenosperma globosa Munro ex Benth. / 90

Phalaris arundinacea L. / 91

Photinia parvifolia (Pritz.) Schneid. / 293

Phragmites australis (Cav.) Trin. ex Steud. / 92

Phyllostachys edulis (Carriere) J. Houzeau / 93

Physalis philadelphica Lamarck / 360

Pinus massoniana Lamb. / 391

Plantago asiatica L. / 353

Plantago major L. / 352

Plantago virginica L. / 354

Pleuropterus multiflorus (Thunb.) Nakai / 223

Poa acroleuca Steud. / 95

Poa annua L. / 94

Poa pratensis L. / 96

Pogonatherum crinitum (Thunb.) Kunth / 97

Polygonum aviculare L. / 224

Polygonum chinense L. / 225

Polygonum perfoliatum L. / 226

Polygonum thunbergii Sieb. et Zucc. / 227

Polypogon fugax Nees ex Steud. / 98

Portulaca oleracea L. / 263

Potentilla freyniana Bornm. / 297

Pouzolzia zeylanica (L.) Benn. / 312

Premna microphylla Turcz. / 375

Prunella vulgaris L. / 379

Pseudognaphalium affine (D. Don) Anderberg / 205

Pteridium aquilinum var. *latiusculum* (Desv.)Underw. ex Heller / 394

Pueraria lobata (Willd.) Ohwi / 137

Pycreus flavidus (Retzius) T. Koyama / 169

Pyracantha fortuneana (Maxim.) Li / 292

Q

Quercus fabri Hance / 302

R

Reynoutria japonica Houtt. / 228

Rhododendron simsii Planch. / 332

Rhus chinensis Mill. / 324

Rhynchosia volubilis Lour. / 138

Robinia pseudoacacia L. / 139

Rorippa globosa (Turcz.) Hayek / 254

Rorippa indica (L.) Hiern. / 253

Rosa cymosa Tratt. / 290

Rosa multiflora Thunb. / 291

Rottboellia cochinchinensis (Loureiro) Clayton / 99

Rubia cordifolia L. / 343

Rubus parvifolius L. / 295

Rubus refexns Ker. / 296

Rumex acetosa L. / 229

S

Saccharum arundinaceum Retz. / 100

Sacciolepis indica (L.) A. Chase / 101

Salix babylonica L. / 299

Salvia plebeia R. Br. / 376

Sambucus javanica Blume / 347

Schizachyrium brevifolium (Sw.) Nees ex Buse / 103

Schizachyrium sanguineum (Retz.) Alston / 102

Schoenoplectiella juncoides (Roxburgh) Lye / 170

Schoenoplectus tabernaemontani (C. C. Gmelin) Palla / 171

Senecio scandens Buch.-Ham. ex D. Don / 206

Senna occidentalis (Linnaeus) Link / 141

Senna tora (Linnaeus) Roxburgh / 142

Sesbania cannabina (Retz.) Poir. / 143

Setaria palmifolia (koen.) Stapf / 106

Setaria pumila (Poiret) Roemer et Schultes / 105

Setaria viridis (L.) Beauv. / 104

Sida acuta Burm. F. / 278

Sigesbeckia orientalis Linnaeus / 207

Silphium perfoliatum L. / 208

Sinosenecio oldhamianus (Maxim.) B. Nord. / 209

Smilax china L. / 243

Smilax chinensis (F. T. Wang) P. Li & C. X. Fu / 244

Solanum lyrctum Thunberg / 363

Solanum nigrum L. / 361

Solanum pseudocapsicum L. / 362

Solanum virginianum Linnaeus / 364

Solena heterophylla Lour. / 269

Solidago decurrens Lour. / 210

Sonchus oleraceus L. / 211

Sophora flavescens Alt. / 144

Sorghum dochna (Forssk.) Snowden / 108

Sorghum sudanense (Piper) Stapf / 107

Spermacoce alata Aublet / 338

Spodiopogon sibiricus Trin. / 109

Sporobolus fertilis (Steud.) W. D. Clayt. / 110

Stachys geobombycis C. Y. Wu / 385

Stellaria aquatica (L.) Scop. / 260

Stellaria media (L.) Villars / 259

Symphyotrichum subulatum (Michx.) G.L.Nesom / 212

Symplocos tanakana Nakai / 333

Syzygium buxifolium Hook. et Arn. / 272

T

Teucrium viscidum Bl. / 381

Themeda triandra Forssk. / 112

Themeda villosa (Poir.) A. Camus / 111

Torenia asiatica L. / 399

Torilis scabra (Thunb.) DC. / 326

Trachelospermum jasminoides (Lindl.) Lem. / 336

Trema cannabina var. *dielsiana* (Hand.-Mazz.) C.J.Chen / 319

Trichosanthes kirilowii Maxim. / 270

Trifolium repens L. / 145

Trigastrotheca stricta (L.) Thulin / 262

Trigonotis peduncularis (Trev.) Benth. ex Baker et Moore / 359

Tripterospermum chinense (Migo) H. Smith / 349

Typha angustifolia L. / 245

U

Ulmus pumila L. / 304

Urena lobata L. / 280
Urtica fissa E. Pritz. / 311

V

Verbena officinalis L. / 374
Veronica polita Fries / 355
Veronica undulata Wall. / 356
Viburnum dilatatum Thunb. / 348
Vicia cracca L. / 146
Vicia sativa L. / 147
Vigna minima (Roxb.) Ohwi et Ohashi / 149
Vigna umbellata (Thunb.) Ohwi et Ohashi / 150
Vigna vexillata (L.) Rich. / 148
Viola arcuata Blume / 257
Viola philippica Cav. / 258
Vitex negundo var. *cannabifolia* (Sieb.et Zucc.) Hand.-

Mazz. / 383
Vitis heyneana Roem. et Schult / 321

X

Xanthium strumarium L. / 213

Y

Youngia japonica (L.) DC. / 214

Z

Zanthoxylum simulans Hance / 323
Zea mexicana (Schrad.) Kuntze / 113
Zizania latifolia (Griseb.) Stapf / 114
Zornia gibbosa Spanog. / 151
Zoysia japonica Steud. / 115
Zoysia sinica Hance / 116

胡利珍 1980 年 9 月生，湖南邵东人，副研究员，园林工程师。江西省农业科学院畜牧兽医研究所反刍动物与牧草研究室副主任。中国草学会饲料生产专业委员会理事、中国草学会草业生物技术委员会理事。主要研究草类植物优异种质资源的挖掘与栽培利用技术。主持或参与省部、厅级科研项目 20 余项；主持选育并通过认定金荞麦品种 1 个；撰写并颁布地方标准 2 项；申请国家发明专利 2 项；发表论文 30 余篇；出版《华中草地饲用植物》、《中国南方牧草志·豆科》（第一卷）、《中国南方牧草志·禾本科》（第二卷）等著作。

徐　俊 1986 年 1 月生，江西南昌人，副研究员，江西省农业科学院畜牧兽医研究所副所长，南方草食动物产业创新联盟理事会常务理事，江西省畜牧兽医学会常务理事，江西省省情特约研究员。主要研究反刍动物营养与牧草资源高效利用。主持国家自然科学基金和省级科研项目 10 余项；获省科技进步一等奖 1 项，农业部科普二等奖 1 项和三等奖 2 项，江西省首届科普视频优秀奖 1 项；发表论文 50 余篇；授权发明专利 5 项，实用新型专利 6 项；颁布实施地方标准 6 项；主编、参编著作 4 部。